"十四五"高等学校新工科计算机类专业系列教材
数据科学与大数据技术

总主编 陈 明

大数据基础

王 燕 惠宝山◎编著

中国铁道出版社有限公司
CHINA RAILWAY PUBLISHING HOUSE CO., LTD.

内容简介

本书是“十四五”高等学校新工科计算机类专业系列教材之一，针对高等学校理工类专业大数据通识课程教学要求，以大数据处理流程为主线，介绍了大数据基础理论和实践应用，主要包括大数据概论、数据、数据采集与预处理、数据存储与计算、数据分析与应用、数据可视化、数据安全与保护等内容。

本书面向理工专业本科生，针对专业和需求设置不同层次的教学内容和上机操作，以启发式语言引导读者深入思考、积极实践，构建自己的知识体系，提升自主学习能力。

本书适合作为高等学校理工类专业大数据课程的教材，也适合对大数据感兴趣的人员参考。

图书在版编目（CIP）数据

大数据基础 / 王燕, 惠宝山编著. -- 北京 : 中国铁道出版社有限公司, 2025. 4. -- (“十四五”高等学校新工科计算机类专业系列教材). -- ISBN 978-7-113-31481-1

Ⅰ. TP274

中国国家版本馆CIP数据核字第2024YF8871号

书　　名：**大数据基础**
作　　者：王　燕　惠宝山

策　　划：秦绪好　刘丽丽　　　　编辑部电话：（010）51873202
责任编辑：刘丽丽　包　宁
封面设计：崔丽芳
责任校对：刘　畅
责任印制：樊启鹏

出版发行：中国铁道出版社有限公司（100054，北京市西城区右安门西街8号）
网　　址：https://www.tdpress.com/51eds
印　　刷：北京联兴盛业印刷股份有限公司
版　　次：2025年4月第1版　2025年4月第1次印刷
开　　本：787 mm × 1 092 mm　1/16　印张：16.5　字数：444千
书　　号：ISBN 978-7-113-31481-1
定　　价：56.00元

序

习近平同志在党的二十大报告中回顾了过去五年的工作和新时代十年的伟大变革，指出："我们加快推进科技自立自强，全社会研发经费支出从一万亿元增加到二万八千亿元，居世界第二位，研发人员总量居世界首位。基础研究和原始创新不断加强，一些关键核心技术实现突破，战略性新兴产业发展壮大，载人航天、探月探火、深海深地探测、超级计算机、卫星导航、量子信息、核电技术、新能源技术、大飞机制造、生物医药等取得重大成果，进入创新型国家行列。"辉煌成就，鼓舞人心。更激发了广大科技工作者再攀科技高峰的决心和信心！

"新工科"建设是我国高等教育主动应对新一轮科技革命与产业革命的战略行动。新工科重在打造新时代高等工科教育的新教改、新质量、新体系、新文化。教育部等五部门在2023年2月21日印发的《普通高等教育学科专业设置调整优化改革方案》"深化新工科建设"部分指出，"主动适应产业发展趋势，主动服务制造强国战略，围绕'新的工科专业，工科专业的新要求，交叉融合再出新'，深化新工科建设，加快学科专业结构调整"。新的工科专业，主要指以互联网和工业智能为核心，包括大数据、云计算、人工智能、区块链、虚拟现实等相关工科专业。工科专业的新要求，主要是以云计算、人工智能、大数据等技术用于传统工科专业的升级改造。交叉融合再出新，指推动现有工科交叉复合、工科与其他学科交叉融合、应用理科向工科延伸，形成新兴交叉学科专业，培育新的工科领域。相对于传统的工科人才，未来新兴产业和新经济需要的是实践能力强、创新能力强、具备国际竞争力的高素质复合型新工科人才。而新工科人才的培养急需有适应新工科教育的教材作为支撑。

在此背景下，中国铁道出版社有限公司联合北京高等教育学会计算机教育研究分会、河南省高等学校计算机教育研究会、河北省计算机教育研究会等组织共同策划组织"'十四五'高等学校新工科计算机类专业系列教材"。本系列教材充分吸收了教育部推出"新工科"计划以来的理念和内涵、新工科建设探索经验和研究成果。

本系列教材涉及范围除了本科计算机类专业核心课程教材之外，还包括与计算机专业相关的蓬勃发展的特色专业的系列教材，例如人工智能、数据科学与大数据技术、物联网工程等专业系列教材。各专业系列教材以子集形式出现，主要有：

- “系统能力课程”系列
- “网络工程专业”系列
- “软件工程专业”系列
- “网络空间安全专业”系列
- “物联网工程专业”系列
- “数据科学与大数据技术专业”系列
- “人工智能专业”系列

本系列教材力图体现如下特点：

（1）在育人功能上：坚持立德树人，为党育人、为国育才，把思想政治教育贯穿人才培养体系，注重培养学生的爱国精神、科学精神、创新精神以及历史思维、工程思维，扎实推进习近平新时代中国特色社会主义思想进教材、进课堂、进头脑。

（2）在内容组织上：为了满足新工科专业建设和人才培养的需要，突出对新知识、新理论、新案例的引入。教材中的案例在设计上充分考虑高阶性、创新性和挑战度，并把高质量的科研创新成果在教材中进行了充分体现。

（3）在表现形式上：注重以学生发展为中心，立足教学适用性，凸显教材实践性。另外，教材以媒体融合为亮点，提供大量的视频、仿真资源、扩展资源等，体现教材多态性。

本系列教材由教学水平高的专家、学者撰写。他们不但从事多年计算机类专业教学、教改，而且参加和完成多项计算机类的科研项目和课题，将积累的经验、智慧、成果融入教材中，努力为我国高校新工科建设奉献一套优秀教材。热忱欢迎广大专家、同仁批评、指正。

“十四五”高等学校新工科计算机类专业系列教材总主编 陳明①

2023 年 8 月

---

① 陈明：中国石油大学（北京）教授，博士生导师。历任北京高等教育学会计算机教育研究分会副理事长，中国计算机学会开放系统专业委员会副主任，中国人工智能学会智能信息网络专业委员会副主任。曾编著13部国家级规划教材、6部北京高等教育精品教材，对高等教育教学、教改、新工科建设有较深造诣。

前　言

数据作为数字时代的新型生产要素，打破了传统生产要素的质态，是构成新质生产力的优质生产要素。大数据正日益对全球生产、流通、分配、消费活动以及经济运行机制、社会生活方式和国家治理能力产生重要影响，并能够催生新产业、新模式和新动能。大数据课程将大数据思维、理念、技术和实践传递给学生，激励学生与时俱进，成为数字化时代的引领型人才。

本书是“十四五”高等学校新工科计算机类专业系列教材之一，针对高等学校理工类专业大数据通识课程教学需要编写。最大的特点是适用性，从读者的角度出发，突出“以读者为中心”。

首先，针对读者不同需求对知识和技能进行分层，方便个性化选择学习内容。书中标注星号*章节为专业性较强、难度较大部分，感兴趣的读者可以自主深入扩展学习。

其次，本书内容组织和安排非常适合读者自主探究。本书每一章都有学习目标、学习指导、扩展阅读、小结、思考与练习等，方便读者对照自查自测。本书遵循学生认知和学习规律，通过提出问题、引导思考、适度留白等引导读者自主构建知识体系。实践部分则提供详细清晰的操作步骤与详尽的程序注释，帮助读者真正掌握理论知识、提升实践能力。

再次，本书可以多角度、多层次帮助读者理解与掌握相关理论和技术应用。以第3章的数据清洗中异常值处理为例，首先阐述基础理论，介绍3σ原则和箱形图法的基本概念和方法。接下来是实验操作，首先使用Excel展示异常值处理的操作步骤，然后使用Python编写程序实现异常值处理，这种差异化安排不仅加深理解，还可以让不同需求的读者都有收获与提高。

最后，数字时代大数据技术发展突飞猛进，本书紧跟学科发展前沿，在相关章节介绍当前国内外科学研究的最新成果，丰富教学内容，开阔读者视野，提升格局。

全书共分7章，系统介绍了大数据的原理、技术和应用等相关知识。

第1章　大数据概论，简单介绍大数据的概念、特征、发展、关键技术、处理流程、应用案例、个人隐私与数据安全，最后阐述了与大数据密切相关的云计算、物联网和人工智能的概念及它们之间的关系。

第2章　数据，主要介绍进制、不同数据类型在计算机中的存储方式、文件系统、关系型数据库、MySQL数据库等。

第3章　数据采集与预处理，主要介绍大数据的三种类型、数据采集方式、编写Python爬虫获取数据、数据清洗和数据脱敏的理念，最后分别使用Excel和Python实现数据预处理，如缺失值、重复值和异常值等。

第4章　数据存储与计算，主要介绍Hadoop大数据处理架构，包括HDFS、MapReduce，大数据四种计算类型，即批量计算、流计算、图计算和查询分析计算，最后简单介绍了大数据生态系统。

第 5 章 数据分析与应用，主要介绍数据挖掘，包括线性回归、关联规则中的 Apriori 算法、决策树等理论及 Python 编程实现，分类和聚类的简单原理，大数据应用主要介绍搜索引擎和推荐系统的原理及 Python 简单编程实现。

第 6 章 数据可视化，主要介绍数据可视化的理论基础，如色彩空间、图表类型和可视化工具简介。演示分别使用 Excel 和 Python 实现各种图形的绘制，重点是 Python 案例，使用 Matplotlib、pyecharts 和 seaborn 编程实现数据可视化，最后介绍了一个实时爬取全国主要城市 $PM_{2.5}$ 数据并可视化的 Python 实现案例。

第 7 章 数据安全与保护，主要介绍计算机病毒与数据加密保护技术。计算机病毒主要讲述 Stuxnet 震网病毒、挖矿木马病毒，重点介绍危害国家安全和社会稳定的 APT（advanced persistent threat）。数据加密介绍加密算法 DES 和 RSA 等。隐私保护主要介绍身份认证、访问控制、数据脱敏、安全多方计算、差分隐私、联邦学习的简单原理。大数据安全与隐私保护主要介绍了硬件技术 SGX、网络安全态势感知、可搜索加密和抗量子密码算法等当前热点技术。

附录 A 是大数据编程导引，主要介绍大数据编程学习路径、大数据生态组件总结，最后通过高校学生画像大数据平台和农业大数据预测平台两个案例展示大数据项目的开发流程。

作为高等学校理工类专业大数据通识教育课程教材，本书内容可以安排 32 学时或者按照学校需求自行设置。32 学时的教学安排可参阅本书配套资源中的教学日历，课程思政教学设计可参阅本书配套资源中的教学大纲，每一章节都有相关内容的详细说明。

本书由王燕和惠宝山共同确定内容的选取和组织，由王燕具体执笔，最后由王燕和惠宝山定稿。

本书配套参考资料包括 PPT 教案、教学大纲、教学日历、源代码、参考网址等技术资料，读者可登录中国铁道出版社教育资源数字化平台（https://www.tdpress.com/51eds）下载。

本书的编写得到了中国石油大学（北京）人工智能学院的大力支持，感谢学校和学院提供平台和各种资源。特别感谢陈明教授提供这个机会。

由于编著者水平有限，加上大数据技术发展的日新月异，书中难免会有不足之处，恳请读者批评指正，期待大家对本书提出宝贵的意见和建议。

编著者
2024 年 12 月

目录

第1章 概论

“大数据”是继云计算、物联网之后信息技术的又一次颠覆性技术变革。大数据技术无处不在，对国家、社会和个人都有巨大的影响，广泛应用于地图导航、购物推荐、智慧物流等领域，给人们的生活提供了各种方便。

学习目标

◎掌握大数据的概念、特征。
◎了解大数据的发展史。
◎掌握大数据核心技术概念术语。
◎理解大数据处理流程。
◎学会分析大数据应用案例。
◎养成自主学习探究的习惯。

学习指导

本章建议通读三遍。第一遍速读，了解本章涉及哪些内容，确定重点和难点，为下一次阅读做准备。第二遍精读，主要是对重点难点进行深入理解并掌握，如大数据核心技术、大数据处理流程等。遇到疑惑之处先认真思考，然后再查阅相关资料，最后对自己补充扩展的内容做好总结、归纳和整理。第三遍略读，主要是评价自己对已学内容的掌握程度，对知识和技能进行分类处理，如概念性的知识加深理解记忆，算法性的知识复盘思考分析，操作性的实验可以再动手重复验证等。请尽可能按照本章知识呈现顺序同步思考，逐步探索适合自己的学习方法，以期达到阅读学习的最大收获。

1.1 大数据的概念

什么是大数据？请思考。大数据就是“大”的“数据”。请继续思考，什么是“数据”？请再思考，多大是“大”？

这里所说的数据是指在计算机中存储的一系列符号。计算机只能存储0和1两种符号，所以先从计算机谈起。虽然世界各国对量子计算机、光子计算机、生物计算机等新一代计算机的科学研究如火如荼，但目前通用的计算机（又称经典计算机）基本属于冯·诺依曼（von Neumann）计算机，经典计算机的设计与制造遵循冯·诺依曼体系结构。冯·诺依曼是匈牙利科学家，20世纪40年代提出数字计算机的基本思想，即数制采用二进制，计算机按照程序顺序执行指定操作。冯·诺依曼型计算机由五部分组成：运算器、控制器、存储器、输入设备和输出设备。图1-1所示为冯·诺依曼型计算机体系结构。

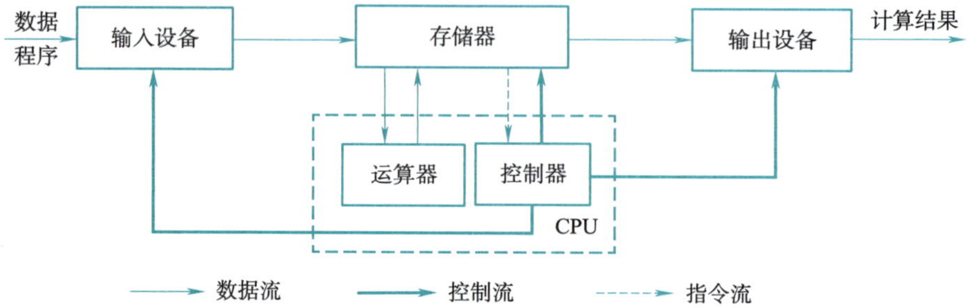

图1-1 冯·诺依曼型计算机体系结构

冯·诺依曼型计算机五个组成部分的功能见表1-1。

表1-1 冯·诺依曼型计算机五个组成部分的功能

组成部分	功 能
输入设备	将外部信息转换为计算机能够识别的数据形式
输出设备	将计算结果转换为人们熟悉的形式
存储器	存放数据和程序
运算器	实现计算机的计算功能，包括算术运算和逻辑运算两种类型
控制器	根据存放在存储器中的程序（指令序列）协调和指挥整个计算机的操作

在计算机中，数据以二进制0、1的形式表示。数据可以理解为能够输入计算机中，可以被计算机分析和处理的所有0和1。由此可知，在计算机中存储的3.141 592 6、100是数据，“hello”和“小朵”是数据，计算机中类似图1-2所示的图片是数据，存储的电影视频等同样也是数据。

图1-2 Hadoop的小象Logo

数据在计算机中一般以文件或者数据库两种方式存储，常见的文件有文本文件、图像文件、音频文件和视频文件等。文本文件如txt文件、doc文件，图像文件有bmp文件、jpg文件等，音频文件有mp3文件和wav文件等，视频文件有avi文件、wmv文件、mpeg文件和mp4文件等。

数据库目前使用较多的有Oracle、SQL Server和MySQL等。

至此理解了数据的概念，那多大是大呢？思考一下手机的存储容量。目前一般手机的存储容量是128 GB或者256 GB。现在计算机硬盘大小一般都是以TB衡量，1 TB是1 024 GB，1 024 TB是1 PB。目前PB级别的就是大数据级。这里的B是字节Byte的意思。1 Byte等于8 bit，bit翻译为中文“位”的意思，二进制的一个“0”或一个“1”占1位。计算机存储单位的具体换算见表1-2。

表1-2 计算机存储单位换算

单位名称	换算关系
bit	位，存储一位0或者1
Byte	1Byte=8 bit
KB（KiloByte）	1KB=2^{10} Byte=1 024 Byte
MB（MegaByte）	1MB=2^{10} KB=1 024 KB
GB（GigaByte）	1GB=2^{10} MB=1 024 MB
TB（TeraByte）	1TB=2^{10} GB=1 024 GB
PB（PetaByte）	1PB=2^{10} TB=1 024 TB
EB、ZB、YB、BB、DB、NB	依次是前一个的2^{10}倍

大数据目前没有统一的定义，可以参考如下几种不同方法。

百度百科：大数据（big data），又称巨量资料，指的是所涉及的资料量规模巨大到无法通过主流软件工具，在合理时间内达到撷取、管理、处理、并整理成为帮助企业经营决策更积极目的的资讯。

牛津词典：大数据是信息的集合，这个信息集合太大或太复杂，无法用标准方法处理、分析或使用。

综上，可以将大数据理解为数据量太大、太复杂，以至于不能在合理时间范围内用常规软件工具进行获取、存储、处理和分析的数据集合。

1.2 大数据的特征

了解大数据的基本概念后，试着思考一下大数据有什么特点，然后继续往下看。根据大数据的定义，可以得出的特点有数据量大，常规软件处理困难，别的还有哪些功能。

说到大数据，不得不提英国人维克托·迈尔-舍恩伯格（Viktor Mayer-Schönberger）和肯尼思·库克耶（Kenneth Cukier）于2013年出版的《大数据时代：生活、工作与思维的大变革》（*Big Data*：*A Revolution That Will Transform How We Live*，*Work*，*and Think*）。在这本书中，舍恩伯格将大数据的特征概括为4V，即规模性（volume）、多样性（variety）、高速性（velocity）、价值性（value）。

1. 规模性

随着信息技术的高速发展，数据开始爆发式增长。大数据中的数据不再以GB或TB为单位衡量，而是以PB、EB或ZB为计量单位。例如，目前一个中型城市的视频监控信息一天就能达到几十TB的数据量。百度导航每天需要提供的数据超过1.5 PB，如果将这些数据打印出来，会超过5 000亿张A4纸。

2. 多样性

多样性主要体现在数据来源多、数据类型多和数据之间关联性强这三个方面。

①数据来源多。企业所面对的传统数据主要是交易数据，互联网和物联网的发展，带来了如社交网站、传感器等多种来源的数据。由于数据来自不同的应用系统和不同的设备，决定了大数

据形式的多样性。

②数据类型多，并且以非结构化数据为主。数据大体可以分为三种类型：一是结构化数据，如财务系统中的数据、信息管理系统中的数据、医疗系统中的数据等；二是非结构化的数据，如视频、图片、音频等；三是半结构化数据，如XML文件、JSON文件等。传统的企业中，数据都是以表格的形式保存，而大数据中有70%~85%的数据是如图片、音频、视频、网络日志、链接信息等非结构化和半结构化的数据。

③数据之间关联性强，频繁交互。如游客旅游途中上传的照片和日志，就与游客的位置、行程等信息有很强的关联性。

3. 高速性

高速性是大数据区别于传统数据的最显著的特征。数据的增长速度和处理速度是大数据高速性的重要体现。大数据对处理数据的响应速度有更严格的要求，业界对大数据的处理能力有一个要求即“1秒定律”，也就是说可以从各种类型的数据中快速获得高价值的信息，快速一般是指1秒以内或者毫秒级别。大数据的快速处理能力充分体现出它与传统的数据处理技术的本质区别。

4. 价值性

企业拥有大量数据，虽然发挥价值的仅是其中非常小的部分，但是背后潜藏的价值巨大。以安防监控视频为例，在1小时的视频中，有用的数据可能仅仅只有一两秒，但是却非常重要。由于大数据中有价值的数据所占比例很小，而大数据真正的价值体现在从大量不相关的各种类型的数据中，挖掘出对未来趋势与模式预测分析有价值的数据。对海量数据使用机器学习方法、人工智能方法深度分析，以期在农业、金融、医疗等领域创造更大的价值。

大数据由于体量不断加大，单位数据的价值密度在不断降低，然而数据的整体价值在提高。数据成为与土地、劳动力、资本、技术并列的重要生产要素，被誉为“新黄金”“新石油”，这意味着大数据当中蕴含了无限的商业价值，谁拥有数据谁就拥有未来。

1.3 大数据的发展

1.3.1 理念发展

“大数据”这个术语是什么时候出现的呢？大数据是由一个研究未来的学者提出的。1980年美国著名未来学家阿尔文·托夫勒（Alvin Toffle）在其所著的《第三次浪潮》（*The Third Wave*）中首先提出大数据的概念。托夫勒认为人类迄今已经历了两次文明，第一次是“农业革命”，即人类从原始的渔猎时代进入以农业为基础的社会，历时几千年；第二次是“工业革命”，历时大约300年，它摧毁了古老的文明社会。第三次浪潮时期以电子工业、宇航工业、海洋工业、遗传工程组成工业群，社会进步不再以技术和物质生活标准来衡量，而以丰富多彩的文化来衡量。在《第三次浪潮》中，托夫勒将“大数据”称为“第三次浪潮的华彩乐章”。

2013年《大数据时代：生活、工作与思维的大变革》出版，书中指出大数据是一场生活、工作与思维的大变革，大数据正在改变人们的生活以及理解世界的方式，正在成为新发明和新服务的源泉。

2012年7月广西师范大学出版社出版了涂子沛的《大数据：正在到来的数据革命，以及它如何改变政府、商业与我们的生活》，被称为中国大数据领域第一本专著，引领了中国社会对大数据战略、数据治国和开放数据的讨论。

2014年5月，涂子沛的《数据之巅：大数据革命，历史、现实与未来》由中信出版社出版，从小数据时代到大数据的崛起，以宏大的历史观、文化观、大数据观，给人们描绘了一幅数据科学、智慧文化的全景图。

1.3.2 技术发展

大数据的概念如何落地，即如何实现大数据由概念到技术的转变呢？人们通常认为，大数据起源于Google的“三驾马车”，即三篇论文：2003年的Google文件系统GFS、2004年的分布式计算框架MapReduce和2007年的BigTable。2007年Amazon也发表了一篇关于Dynamo系统的论文，这几篇论文奠定了大数据时代的基础。

为什么是一家搜索引擎公司率先提出并解决大数据的问题呢？接下来根据提示，请同学一步一步构建出自己的答案。

首先，Google是做搜索的，搜索功能如何实现的？

搜索不就是找东西吗？“大海捞针”不是解决问题的好方法，因为它只是表明“针在大海里”，但是海太大了，所以大海捞针一般是比喻极难找到。那怎么搜索呢？

再换一个图书馆借书的例子。想一想在学校图书馆怎么找到《大数据时代：生活、工作与思维的大变革》这本书？同学会到图书馆一层一层一架一架地去找吗？当然不是。一般来说，首先是在图书馆网站的馆藏书目中检索这本书的书目信息，得到表1-3所示信息。

表1-3 图书书目信息

名 称	信 息
题名/责任者	大数据时代：生活、工作与思维的大变革/（英）维克托・迈尔-舍恩伯格，肯尼思・库克耶著，盛杨燕，周涛译
出版发行项	杭州：浙江人民出版社，2013
ISBN及定价	978-7-213-05254-5/CNY49.90
载体形态项	x，261页；23 cm
统一题名	Big Data：A Revolution That Will Transform How We Live，Work，and Think
其他题名	生活、工作与思维的大变革
丛编项	湛庐文化.财富汇
个人责任者	迈尔-舍恩伯格 著
个人责任者	库克耶 著
个人次要责任者	盛杨燕 译
个人次要责任者	周涛 译
学科主题	网络经济-通俗读物
中图法分类号	F062.5-49
随书附盘	无记录
书目附注	有书目（第249~261页）

然后，根据中图法分类号F062.5-49查找号码所对应的楼层和书架，在相应的书架上按照数字顺

序找到想要的图书，这是从读者角度的图书检索。图书馆的图书检索功能具体是如何实现的呢?

图书馆藏书很多，为方便读者借阅，需要事先做一些准备工作。首先，给每本图书建立书目信息，记录图书的书名、作者、出版社和分类号等信息。然后，建立一个文件记录存储分类号对应的楼层书架位置信息。这样读者可以根据书名找到图书分类号，再根据图书分类号找到存放图书的具体位置，方便图书借阅。

网络搜索的实现原理与这个类似。搜索引擎公司首先要对互联网上浩瀚的网页信息进行处理，建立索引信息，对应于图书馆的书目和位置信息。当用户搜索时，能够根据索引信息快速提供用户所查找的信息结果。现在互联网有多少网页？对这些网页建立索引需要处理多少信息?

全球互联网数据实时汇总目前网站数目大约20亿，Google平均每秒处理40 000多个搜索查询，相当于全球每天超过35亿次搜索，每年约1.2万亿次搜索。

这就是为什么一些搜索引擎公司率先实现了大数据从概念到应用。

根据Google发表的三篇论文，2006年1月，“大数据之父”道格·卡丁（Doug Cutting）把对GFS、MapReduce的实现形成开源大数据处理平台Hadoop。Hadoop的主要贡献者还有Yahoo，除此之外Facebook、LinkedIn、Twitter等公司也都贡献了一些影响深远的项目。Hadoop是开源（open source，开放源代码）项目，开源最大的特点是开放，任何人都可以得到软件的源代码并进行学习分析，加以修改迭代，再重新开源。

大数据处理之所以命名为Hadoop，还有一段趣事。Doug Cutting正在思考把这项技术叫什么名字，看到儿子抱着黄色小象，亲昵地叫hadoop，他灵感一现就命名为hadoop，而且还用了黄色小象作为标志。不过，事实上的小象瘦瘦长长，不像标志上呈现的那么圆胖。

1.3.3 大数据思维

1. 思维方式

《大数据时代：生活、工作与思维的大变革》中阐述了大数据时代的思维方式，主要有以下三种：

（1）全样而非抽样

长期以来，由于缺乏有效的方式大规模收集、准确分析大量的、结构多样的数据，只能通过选择总体数据中的部分样本进行分析研究。随机采样的方式自身存在缺陷，由于很难确定样本的随机性，一旦采样过程中出现任何偏差，分析结果就会相差甚远，这就是误差放大问题。人类需要对数据进行分析从而认识世界，然而技术还处于相对落后状态，缺乏有效地处理海量数据的工具，导致了随机采样的产生。

现在，技术水平有了很大程度的改善，数据分析技术已产生颠覆性的变革。大数据技术具有高扩展性的数据存储能力，同时成本更低，能够存储几乎全部基础信息数据。信息处理已从“随机样本”扩展到“全体样本”，可以更准确地反映出数据内部隐藏的规律与知识。人们应该从更全面、更广阔的角度来理解事物，把“样本等于总体”这种思维模式深入到思维方式当中。

（2）效率而非精确

在数据缺乏的时代技术追求极高的精确性。收集样本时，传统的样本分析需要用各种策略来减少甚至规避样本数据的错误，几乎不能容忍错误数据的存在，努力追求样本的精确。然而，这种策略在大数据时代根本行不通。一方面，这种操作模式耗费过于巨大；另一方面，对海量纷繁复杂数据的收集要保持标准一致性比较困难。

在大数据时代，如果继续用传统的思维模式来思考的话，有可能错过更重要的信息。大数据技术能够实现采集更全面的数据，存储与该现象相关的全部数据。因此不必担心数据会对整个数据分析产生不利影响。处理这些包含混杂信息的全部数据，通过数据的普遍性可以追求更精确的数据分析结果。

（3）相关而非因果

大数据技术是针对大规模数据进行统计分析，它的分析结果与分析使用的工具和分析过程之间都存在着相关关系。实际上，在大数据技术产生之前，就已经有人证明了相关关系有大作用，但是对它的应用却相对较少。主要原因一方面是数据量相对较少，另一方面对数据的收集与存储也相当费时费力。

在大数据技术高速发展的时代，依靠大数据技术对海量数据进行统计和分析，可以高效率处理成千上万结构复杂的数据，无须依赖人工挑选部分相似的数据或关联物进行逐个分析。大数据相关关系分析的这种方法有助于对事物的分析不再要求一定揭示其内在的运行机制。通过对事物相关性分析，能最大程度地做到降低主观因素对分析结果的影响。

2. 科学范式

范式（paradigm）一般指已经形成模式的，可直接套用的某种特定方案或路线。在科学发现领域，目前进行科学研究的范式有实验、理论、计算和数据四种。

（1）第一范式

人类最早的科学研究，主要以记录和描述自然现象为特征，通过观察和实验获得和检验科学结论，称为“实验科学”。如伽利略比萨斜塔的自由落体实验和哈维1628年发表的《动物心血运动的解剖研究》。英国生理学家、医生William Harvey历经数年通过对40余种动物进行了活体心脏解剖、结扎、灌注等实验，创立血液循环理论，把生理学确立为科学。

科学实验过程的步骤一般为：定义问题→提出假设→设计实验→观察对象→检验假设→得出结论。

（2）第二范式

当实验条件不具备的时候，为了研究更精确的自然现象，第二范式，即理论研究为基础的科学研究模式随之而来。理论科学用数学公式、模型、算法等形式表示，强调普遍性规律的形式化，通过演绎推导出科学结论。

在这个阶段，科学家将无法用实验模拟的科学原理用模型简化，去掉一些复杂的因素，只留下关键因素，然后通过演算得到结论。如牛顿三大定律、麦克斯韦电磁学理论和混沌理论等。

理论科学过程的步骤一般为：收集资料→定义概念→逻辑思维→推理模型→形式化。

（3）第三范式

随着电子计算机的高速发展，利用电子计算机对科学实验进行模拟仿真的模式得到迅速普及，不论在基础科学研究还是工程实验中，计算机仿真越来越多地取代实验，成为科学研究的常用方法。

计算科学使用计算机技术解决复杂数学计算问题，通过建立数学模型，设计求解方法。如模拟核试验、天气预报等。

计算科学过程的步骤一般为：提出问题→收集数据→建立模型→仿真模拟→结果分析。

（4）第四范式

1998年的图灵奖得主，著名的计算机科学家吉姆·格雷（Jim Gray）2007年1月11日，发表了著名的演讲：科学方法的一次革命（*eScience-a transformed scientific method*）。在这篇演讲中，吉姆·格雷将科学研究的范式分为四类，除了之前的实验范式、理论范式、计算仿真范式之外，新的信息技术已经促使新的范式出现，即数据密集型科学发现（data-intensive scientific discovery）。所谓的“数据密集型”，也就是现在所称的“大数据”。

第四范式是在第一、第二和第三范式的基础上发展起来，科学实验、理论模型、计算机模拟和密集型数据处理组成四种范式研究框架。

第三范式和第四范式看上去类似，二者之间的区别为：计算范式是先提出可能的理论，再搜集数据，然后通过仿真模拟进行理论验证。而数据密集型范式，是先有了大量的已知数据，然后通过计算得出之前未知的、可信的、有价值的理论。如搜索引擎、机器学习等。

数据科学过程的步骤一般为：数据采集→数据处理→数据挖掘分析→数据应用。

四种科学范式的比较见表1-4。

表1-4　四种科学范式的比较

科学范式	简　介
实验	描述自然现象
理论	运用模型，总结一般规律
计算	模拟复杂现象
数据	处理海量数据，分析总结规律

1.4　大数据核心技术

大数据技术是因为数据的海量爆发而出现的，面对大量的数据，计算机无法使用传统的软件进行存储和处理，因此大数据的核心技术就是解决海量数据的存储和处理问题。在计算机中，对数据的处理一般称为计算，这里的计算不是数学中的加减乘除，而是处理数据。因此大数据的核心技术是海量数据的存储和计算。

开源的大数据平台Hadoop框架最核心的设计包括两部分：HDFS和MapReduce。HDFS为海量的数据提供存储，MapReduce则为海量的数据提供计算。

Hadoop是一个开源软件应用程序的集合，通过使用多台计算机组成的集群来解决涉及大量数据和计算的问题。它使用MapReduce编程模型为分布式存储和处理大数据提供了一个软件框架。

HDFS是Hadoop分布式文件系统。它为Hadoop框架提供的一个分布式、可扩展、可移植的文件系统，使用Java语言编写。

MapReduce是一种编程模型，是在计算机集群上使用分布式算法处理和生成大数据集的相关实现。

这一节的内容较少，都是一些重要术语，在本节中大家只要熟悉这些术语即可，因为在第4章中将会详细介绍相关内容。目前需要大家了解的相关术语见表1-5。

表1-5　大数据基本术语及解释

术语名称	读　音	解　释
Hadoop	[hædu:p]	开源的大数据处理平台
HDFS	HDFS	分布式存储
MapReduce	[mæp] [rI'dju:s]	分布式计算编程模型

一般来说，英文首字母缩写词的读音有两种方法，一种是如果根据缩写词字母的顺序，能够

按照英文单词的一般拼读规则读出就直接读，如ASCII是American Standard Code for Information Interchange美国信息交换标准码的缩写，发音为['æski]。另一种是不能直接读出的，则按照字母的顺序和字母原本的读音读出，如GDPR是general data protection regulation（通用数据保护条例）的缩写，直接按GDPR字母音读，HDFS也属于此种情况。

1.5　大数据处理流程

大数据无法使用常规软件进行存储和处理，需要使用专门的大数据技术。简单起见，本文将大数据处理流程分为三个主要步骤：数据采集与预处理、数据存储与计算、数据分析与应用。

1.5.1　数据采集与预处理

数据采集（data acquisition），又称数据获取（data capture）。大数据的数据采集是指接收来自客户端（包括Web、App或者传感器等）的数据并将其存储到大数据集群中，可以对这些数据进行一些简单的查询和处理工作。

在大数据的采集过程中，主要特点和挑战是并发数高，因为同时有可能有成千上万的用户进行访问和操作。比如火车票售票网站和购物网站，它们并发的访问量在峰值时达到上百万。同时，数据来自不同客户端，数据之间的类型差异性较大，需要进行数据预处理。

从不同客户端采集的数据，类型存在结构不同的情况，称为数据异构。同时，由于采集的数据有时存在重复或无用等情况，将这些数据导入数据库前，需要进行简单的数据清洗和预处理工作。数据预处理过程的特点和挑战主要是导入的数据量大，每秒的导入量经常会达到百兆，甚至千兆级别。

1.5.2　数据存储与计算

海量数据无法使用传统的文件或数据库的方式进行存储，而且对海量数据进行计算也面临极大的挑战。分布式存储与分布式计算成为解决上述问题的关键。

①分布式存储：包括分布式数据库、分布式文件系统、分布式对象存储和分布式缓存。数据分散存储到多个存储器上，这些分散的存储资源构成一个虚拟的存储设备。分布式存储的优点是提高了系统的可靠性、经济性和易扩展性。

②分布式计算：指在分布式系统上执行的计算，它将一个大型计算任务分成很多部分交给多个计算节点处理，最后将所有计算结果合并为原问题的解决方案。分布式计算的优点是高效可靠、易扩展和相对廉价。

1.5.3　数据分析与应用

大数据处理最重要的环节就是数据分析。在大数据时代下，海量数据分析和挖掘已经广泛地应用到生活中各个领域。数据挖掘（data mining, DM）是一门汇聚多个学科的交叉性学科，将统计学、高性能计算、机器学习、数据可视化等多个范畴的理论和技术融合在一起，进行基于各种算法的计算和分析，从海量数据里挖掘出潜在的、前所未有的知识，从而进行预测并辅助决策。

综上，大数据处理过程如图1-3所示。

整个大数据处理至少应该包含这三个方面的内容，才能算得上是一个比较完整的大数据处理流程。

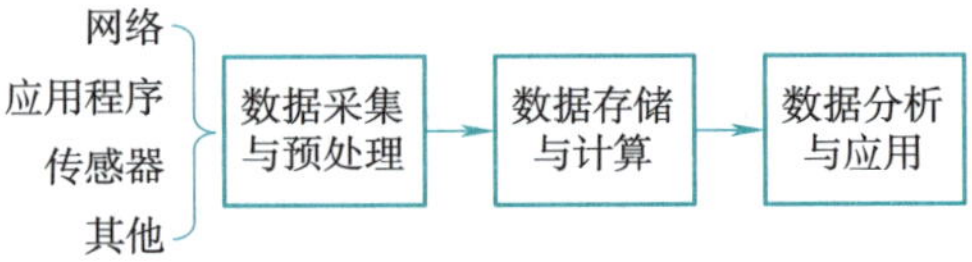

图1-3 大数据处理流程

1.6 大数据应用案例

大数据的应用领域广泛，如购物、交通、物流、医疗、教育、能源、政务等。下面介绍几个简单例子，感兴趣的读者可以自行查阅其他案例。

1.6.1 推荐系统

由于省时省力、随时随地、支付安全等优点，网上购物日益成为现代生活中不可或缺的购物形式。为方便用户网上购物，购物网站不仅会提供商品搜索，一般还会有商品推荐，如“猜你喜欢”“买了又买”“看了又看”等。

推荐系统最早投入大规模使用的是Amazon。图1-4所示为Amazon的推荐页面。Amazon采用了一种关联推荐方法，当用户购买了一件商品之后，页面上会出现提示“与这件商品经常一起购买的商品如下”，“买了这件商品的顾客还买了下面商品”，这都属于商品推荐系统功能。推荐系统根据商品内容和用户的特点，针对不同用户的喜好，通过计算找到与当前用户相同喜好的用户，或者计算与当前用户购买商品类似的商品，从而对当前用户给出更加精确的推荐。

图1-4 Amazon的购物推荐

除了针对每个用户的个性化之外，推荐系统还有基于大多数人行为的推荐方式，如“新闻热搜”“本站热门”“电影评分”或各种排行榜等。这种方法对每个用户都给出同样的推荐。该推荐是基于系统所有用户的数据计算或者由系统静态设定而成。

1.6.2 地图导航

地图导航已经成为出行必不可少的软件，无论是日常通勤，还是自驾旅游，人们都会使用地图导航软件来查询规划行程。导航软件的主要功能包括地点查找、路线规划、实时路况、语音提示等，其中实时路况功能可以提示规避拥堵路线，大大提高了用户出行体验。

实时路况信息是根据多方数据汇总计算之后所得出的。这些数据主要由三部分构成，包括交通管控部门提供的道路实况信息、用户的实时反馈和用户的大数据反馈。

交通运输部门设有车流量监控设施，并对重点路段进行流量监控。导航软件通过传感器、路口摄像头、北斗系统等实现路况信息监测，并将路况信息实时发送到导航软件服务器上。

导航软件给用户提供了可以实时反馈路况的功能接口。软件会根据用户反馈进行实时更新，从而对道路状况进行判断。比如遇到拥堵，用户可以反馈上报原因是路段拥堵、事故或者其他问题。

打开导航软件，程序运行时北斗系统就会对用户定位，并测算实时位置和速度状态，同时手机利用网络将这些信息传递给服务器。服务器将收集到的所有相关信息进行归类和整理，最终给出反馈和建议。当有众多车辆在同一路段行驶缓慢时，导航软件将会获取这一信息。如果这一区域有很多正在使用导航软件的手机都出现了相似的信息，那么导航软件就判定该路段存在拥堵情况，再根据车辆速度对拥堵程度进行划分，并最终显示在用户界面，供用户参考。

此外，导航软件还可以根据已有道路数据对重点路段道路状况进行预测，再结合实时数据加以修正和辅助，从而能对路况做出更精准的判断。

1.6.3 大数据杀熟

大数据在给人们生活带来便利的同时，也产生了一些负面影响，“大数据杀熟”便是其中之一。大数据杀熟是指同样的产品或服务，老客户看到的价格反而比新客户要贵出许多的现象。

大数据杀熟的第一个案例，可以追溯到Amazon的一次“差别价格实验”。2000年9月，Amazon选择了对68种畅销DVD进行试验，根据潜在用户的人口统计资料、购物历史、上网行为等，将这些DVD光盘进行差别定价。其中一张名为《泰特斯》（*Titus*）的DVD光盘，对新用户的报价为22.74美元，而对那些老用户的报价为26.24美元。在实验进行还不到一个月的时候，一名Amazon老用户发现了这个问题，最终Amazon CEO贝佐斯不得不亲自道歉。

虽然Amazon的差别定价实验以失败告终，但是，这种定价策略，却被其他电商效仿，后来还出现了一种“动态定价”方法。使用动态定价算法，商品会根据需求、用户的购物模式、竞争对手的价格、利润率、库存以及其他各种数据等因素，价格每天变动数次。动态定价不专门针对新用户或老用户某一群体，在一定程度上消除了顾客被“杀熟”的体验。

1.7 个人隐私与数据安全

大数据与云计算、互联网等新一代信息技术相结合，给人们的生活、工作、出行带来极大方便。但是，大数据也是一把双刃剑，当人们越来越清晰感知到生活、工作更为便捷的同时，也察觉了一些隐患。随着海量数据的采集、存储、使用、分享及相关产业的出现，数据不安全和个人隐私难以保护也随之而来。

先来看几个数据泄露的例子，分别涉及黑客、系统漏洞和工作人员等因素。

2013年黑客获取了Yahoo用户的姓名、出生日期、电话号码和密码，以及用于重置密码的安全问题和电子邮件地址，泄露事件影响了30亿个账户。

2018年Twitter建议其超过3.3亿用户更改密码，据称是因为漏洞导致一些密码以明文形式存储在内部系统中。

除了数据泄露，个人隐私问题也令人担忧。很多人有过这样的经历，在某网站或App上搜索了一个商品后，再去浏览其他软件时，总会弹出和刚刚搜索的商品有关的信息广告。

智能手机是当今收集用户信息和个人隐私的重要工具。现在很多App都在过度收集用户信息，用户存储在手机中的文字信息和图片、短信记录、通话记录、位置等信息都可以被监控。

由于大数据的多维度和全面性，通过技术可以从很多碎片数据中复原一个人的全貌。通过这些大数据分析，不仅可以复原一个人的全部信息，并且可以了解这个人的生活细节或组织内部的各种信息，甚至了解这个人的心理活动。个人信息一旦泄露，很有可能被不法分子利用，如实施精准诈骗、擅自刷卡转账等，对个人财产和安全等构成威胁。

保障个人隐私与安全需要技术、法律、道德等方面协同发力。

大数据时代想要实现隐私保护，技术的支撑非常重要。一方面要实现重要信息与敏感信息不易被识别和被还原；另一方面要普及匿名发布技术，适当隐藏用户的信息来源与细节。

保障大众的隐私安全，还必须严格立法，完善现有法律条款，制定相应的网络隐私和数据安全保护法，让各类侵权事件的处理有法可依。

同时，个人也要具备一定的安全意识，不暴露自己的重要信息，尽可能不将敏感信息留在智能设备上，每个人都要严于律己，不触犯他人的权益。

1.8 大数据与云计算、物联网、人工智能

随着物联网、云计算、移动互联网等网络新技术的应用、发展与普及，社会信息化进程进入数据时代，海量数据的产生与处理成为常态，大数据正在成为世界多国全面提升现代治理能力的重要手段。本节将介绍与大数据关系密切的云计算、物联网和人工智能及其之间的关系。

1.8.1 大数据与云计算

1. 简介

云计算（cloud computing）是分布式计算的一种，是指通过网络将抽象的、可伸缩的、便于管理的存储方式、网络资源、计算能力等以服务的方式提供给用户使用。Google公司2006年率先提出“云计算”的概念，2007年10月IBM和Google宣布在云计算领域的合作以来，云计算迅速成为产业界和学术界研究的热点。云计算本质上是一种服务提供模型，通过该模型可以随时、随地、按需地通过网络访问共享资源池的资源，资源池内容包括计算资源、网络资源和存储资源等。

2. 服务层次

云计算体系结构自下而上包括基础设施层、平台层和应用层，如图1-5所示。

（1）基础设施即服务（infrastructure as a service, IaaS）

IaaS属于云服务的底层，面向企业或开发者使用，主要是提供给用户所有可利用的计算基础设施，如CPU、内存、存储、网络等，在此之上用户能够部署和运行任意应用程序和操作系统。IaaS通过网络为用户提供按需付费的弹性基础设施服务，典型代表如阿里云和Amazon弹性云计算（Amazon elastic compute cloud, Amazon EC2）等。

（2）平台即服务（platform as a service, PaaS）

PaaS主要面向开发者。提供服务包含应用程序的开发、部署、测试所需的各种工具，帮助企业用户和开发人员在平台上快速开发出让用户满意的应用程序。PaaS将软件研发的平台作为一

种服务提供给用户，典型代表如科大讯飞的语音识别平台，人脸识别平台等。

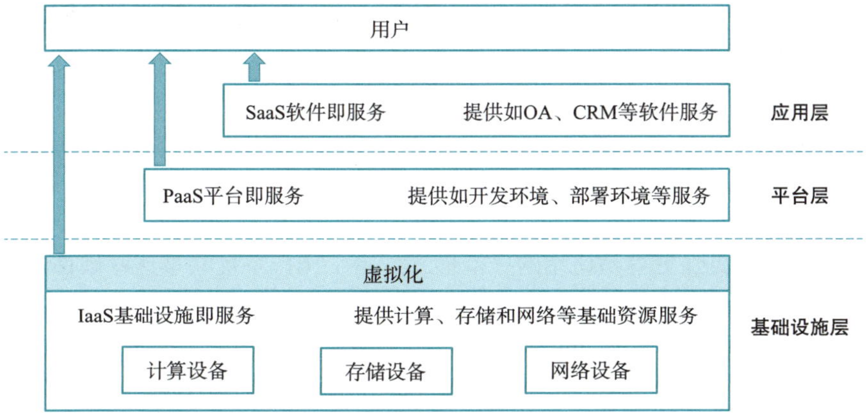

图1-5 云计算系统的体系结构

（3）软件即服务（software as a service, SaaS）

SaaS属于最上层，是一种通过网络提供软件的模式，用户无须购买软件，而是租用服务商运行在云计算基础设施上的软件。该软件各个模块可以由每个客户自己定制、配置、组装来得到满足自身需求的软件系统。SaaS典型代表如在线客户关系管理服务（client relationship management, CRM）、办公自动化（office automation, OA）、各种云盘等。

3. 服务模式

云计算通过网络提供可扩展的、廉价的分布式计算能力，用户在具备网络接入条件的任何地方，可以随时获得所需的各种IT资源。云计算主要有私有云、社区云、公有云和混合云四种部署模式。

（1）私有云（private cloud）

私有云专供单个组织内的多个消费者（如内部的各个业务部门）独家使用。私有云可部署于组织内部或外部，服务和基础结构在私有网络上进行维护。私有云硬件和软件等资源专供一个用户使用，方便用户自定义资源以满足特定的IT需求。私有云的使用对象通常为政府机构、金融机构以及其他具备业务关键性运营且希望对环境拥有更大控制权的中型到大型组织。

（2）社区云（community cloud）

社区云是指在一定的地域范围内，由云服务提供商（cloud service provider, CSP）统一提供计算资源、网络资源、软件和服务能力所形成的云计算形式。社区云建立在一个特定的组织内部的多个目标相似的用户之间，成员共享一套基础设施，可以获取云中信息和使用应用程序，除此之外的人和机构都无权租赁和使用云端资源。

（3）公有云（public cloud）

公有云是最常见的云计算部署类型，所有资源（如硬件、软件和其他支持性基础结构）由第三方云服务提供商拥有和管理，并通过网络供给公众用户使用，所有用户共享相同的硬件、存储和网络设备。公有云可以由企业、学术机构、政府组织或某种组合拥有、管理和运营。微软的Azure等属于公有云。

（4）混合云（hybrid cloud）

混合云可以为企业提供灵活的云计算服务，同时帮助企业在成本和安全性之间取得平衡。混合云由两个或两个以上的云（私有云、社区云、或公共云）组成，它们各自独立，但通过标准化技术或专有技术绑定在一起，云之间实现了数据和应用程序的可移植性。应用混合云模式，用户可以将次要的应用和数据部署到公有云上，充分利用公有云在扩展性和成本上的优势；同时将任务关键性应用和数据放在私有云中，安全性更高。

4. 虚拟化

1959年，牛津大学计算机教授Christopher提出并论述了虚拟化技术概念。1998年，VMware软件公司成立，推出VMware Workstation等虚拟化产品。

虚拟化（virtualization）是一种资源管理技术，将计算机物理资源（如CPU、内存、磁盘、网络等）转化为更通用更强更容易使用的虚拟形式，多个操作系统共享这些硬件物理资源，提升单机的利用率，最大化地利用物理资源，同时提供与主机操作系统和其他虚拟机的完全隔离，确保安全。如在Windows系统下使用Linux一般都是安装WMware，然后再创建Linux虚拟机。

虚拟化技术给资源的使用和调度带来极大方便，系统通过使用Hypervisor软件，根据应用的实际负载情况及时进行资源调度，实现IT资源的动态分配、灵活调度和跨域共享，从而提高IT资源的利用率。虚拟化技术使IT资源真正成为计算基础设施，满足各种应用灵活多变的需求，用户可以最大限度利用计算机资源，而不受地理、物理上的限制。

虚拟化技术包括内存虚拟化、存储虚拟化、硬件虚拟化、软件虚拟化等各项技术。虚拟化是云计算重要的技术基础，主要提供以下几个作用：

①提供虚拟机。所有操作系统和应用程序都是运行在虚拟机中的，这为云计算提供了基础。

②帮助实现高可用性。通过虚拟机的动态分配和负载均衡，可以提高云服务的可用性。如果某个服务器出现问题，可以将虚拟机迁移到其他服务器上，用户端感知不到中断。

③促进可扩展性。通过动态调整虚拟机的资源（如CPU、内存等），可以按需扩展或收缩云计算服务，实现水平和垂直可伸缩。

④提高资源利用率。通过将多台物理服务器虚拟化，有效利用资源，提高硬件资源利用率。

⑤加强隔离性。虚拟机之间相互隔离，可以各自独立地在同一物理机上运行多个操作系统或应用，提高安全。

1.8.2 大数据与物联网

1. 简介

物联网（internet of things, IoT）最早的雏形可追溯到1991年英国剑桥大学的“特洛伊”咖啡壶，1995年比尔·盖茨在《未来之路》（*The Road Ahead*）中提出了物联网的思想，模糊地描绘了一种基于无线网络、硬件设备与传感器共同组成的形态。1999年，美国麻省理工学院提出“物联网”的概念，指将所有物品通过射频识别等信息传感设备与互联网连接起来，实现智能化识别和管理的网络。2005年，国际电信联盟（International Telecommunication Union, ITU）发布了《ITU互联网报告2005：物联网》，对物联网的含义进行了扩展，指出世界上所有的物体都可以通过因特网主动进行信息交换。

我国2017年发布的国家标准《物联网术语》给出物联网的定义：“通过感知设备，按照既定协议，连接物、人、系统和信息资源，实现对物理和虚拟世界的信息进行处理并做出反应的智能服务系统。”

物联网行业在生活中已经遍布社会生活的每个角落，成为不可或缺的一部分，如智能电网、智能交通、智能医疗等。除此之外，还有应用领域更广泛的智慧农业、智慧城市等，这些应用均以自动感知为基础、数据采集为手段、智能控制为核心、精细管理和服务提升为目的，实现了物联网技术的综合集成应用。

2. 关键技术

物联网的主要技术包括识别技术、传感技术、网络与通信技术和数据挖掘与融合技术等，本文有选择性地进行简单介绍。

（1）RFID

射频识别（radio frequency identification, RFID），又称电子标签（e-tag），是一种非接触式的自动识别技术，如公交一卡通、门禁等。RFID通过射频信号自动识别目标对象并获取相关数据，识别过程无须人工干预，具有条形码所不具备的防水、防磁、耐高温、使用寿命长、读取距离大、标签上数据可以加密、存储数据容量更大、存储信息更改自如等优点。

RFID系统一般由读写器、电子标签和中央信息系统三部分组成。读写器（reader）是用于读取或擦写标签信息的设备，可外接天线，用于发送和接收射频信号。电子标签由耦合天线及芯片构成，每个标签具有唯一的电子产品代码，主要用于存储数据，并附着在被标识的物体或对象上。中央信息系统包括中间件、信息处理系统、数据库等，主要完成采集和处理读写器读取的信息和数据。

当电子标签处于阅读器的识别范围内时，阅读器发射特定频率的无线电波能量。电子标签接收到这一射频信号，产生感应电流。借助电流产生的能量，电子标签发送存储在芯片中的信息。阅读器接收到电子标签返回的信息后，进行解码，然后传送到相关应用软件或者数据管理系统，进行数据处理。

（2）传感技术

传感技术即传感器技术，传感器通常由敏感元件和转换元件组成，可以感知到被测量对象的特定量，并能将感受到的信息，按一定规则转换为电信号或其他形式输出，以满足信息的传输、处理、存储、显示、记录和控制等要求。

传感器可以感知周围环境或者特殊物质，比如气体感知、光线感知、温湿度感知等，把模拟信号转化成数字信号，传送给中央处理器处理，最终形成气体参数、光线强度参数、温度湿度数据等并显示出来。

以手机为例，常见的传感器有自动旋转屏幕、移动检测、拍照稳定等功能中使用的加速度传感器，用于指南针、导航等功能的磁力计，用于自动调节亮度、节能等功能的光线传感器，用于接近感应、自动亮屏等功能的距离传感器，用于安全认证、支付等功能的指纹识别传感器等。

*（3）边缘计算

物联网的快速发展和4G/5G无线网络的普及，传感器、智能手机、可穿戴设备以及智能家电等设备将成为万物互联的一部分，并产生海量数据，而现有云计算的带宽和计算资源还不能高效处理这些数据。因此，在网络边缘端处理源数据，筛选出有效的信息并发送到云端将成为一种新的计算模型，这种模型能够有效降低云中心的网络带宽和计算负载。

边缘计算（edge computing）是指在网络边缘执行计算的一种计算模型，基本理念是将计算任务在接近数据源的计算资源上运行，可以有效减小计算的延迟，减少数据传输带宽，缓解云计算中心压力，提高可用性，并能够保护数据安全和隐私。

边缘计算通过在终端设备和云之间引入边缘设备，将云服务扩展到网络边缘。边缘计算架构包括终端层、边缘层和云层。图1-6所示为边缘计算的体系架构。

①终端层：是最接近终端用户的层，它由各种物联网设备组成，如传感器、智能手机、智能车辆、智能卡、读卡器等。终端设备负责收集原始数据，并上传至上层进行计算和存储。终端层

主要通过移动网络连接上一层。

②边缘层：位于网络的边缘，由大量的边缘节点组成，通常包括路由器、网关、交换机、接入点、基站、特定边缘服务器等。这些边缘节点广泛分布在终端设备和云层之间，对终端设备上传的数据进行计算和存储。由于这些边缘节点距离用户距离较近，适合运行对延迟比较敏感的应用，从而满足用户的实时性要求。边缘节点也可以对收集的数据进行预处理，再把预处理的数据上传至云端，从而减少核心网络的传输流量。边缘层主要通过因特网连接上层。

③云层：由多个高性能服务器和存储设备组成，它具有强大的计算和存储功能，可以执行复杂的计算任务。云模块通过控制策略可以有效地管理和调度边缘节点和云计算中心，为用户提供更好的服务。

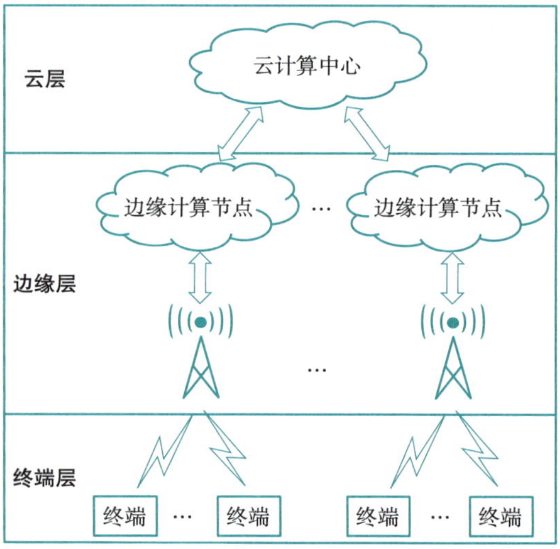

图1-6 边缘计算的体系架构

（4）网络与通信技术

物联网中的通信包括有线通信和无线通信两种类型，有线通信利用金属导线、光纤等有形媒质传送信息，无线通信包括近距离无线通信和远距离无线通信。近距离无线通信如人们熟悉的Wi-Fi、蓝牙（bluetooth）、NFC（near field communication）和ZigBee等。NFC的最大传输距离通常不超过10 cm；蓝牙的最大传输距离通常在10 m左右，离太远就会断开；Wi-Fi传输距离通常会受到多种因素影响，一般在100~300 m；ZigBee传输距离一般为10~100 m。

物联网中的远距离无线通信有LoRa、NB-IoT等。LoRa（long range radio）是远距离无线通信，传输距离范围城镇可达2~5 km，郊区可达15 km。

NB-IoT（narrow band internet of things）是窄带物联网，是华为公司联合国际相关通信公司共同制定的窄带物联网技术标准。NB-IoT网络是4G移动通信网络的一个重要组成部分，也将随着5G网络的部署进一步提高性能。NB-IoT具有功耗低、覆盖广、易组网、成本低等优势。

3. 三者关系

大数据与云计算、物联网的区别主要是三者的内涵不同。大数据侧重于海量数据的存储、处理和分析，目的是从海量数据中发现价值，以服务于生产和生活；云计算本质是整合和优化各种IT资源，并通过网络以服务的方式廉价地提供给用户；物联网是将万物连接至网络，实现物品与物品、物品与人之间的通信。

三者密切联系，云计算为大数据提供分布式存储和分布式计算的技术基础，大数据为云计算提供了用武之地；物联网是大数据的重要来源，大数据技术为物联网数据分析提供技术支撑；云计算为物联网的海量数据提供存储，物联网为云计算提供了广阔的应用空间。

1.8.3 大数据与人工智能

1. 简介

人工智能是研究人类智能活动的规律并用人工方法在机器、计算机、软件、网络等一系列非生物载体中模拟、实现、替代和扩展人类智慧的一门技术科学。

人工智能的发展可以追溯到20世纪四五十年代，来自数学、心理学、工程学、经济学等不同领域的学者们开始研究制造人工大脑的可能性。

1950年，“人工智能之父”图灵（Alan Mathison Turing）在其划时代的论文《计算机器与智能》（*Computing Machinery and Intelligence*）中，预言了创造出具有真正智能的机器的可能性，并提出了验证机器是否具有智能的方法——图灵测试。

1956年，达特茅斯夏季人工智能研讨会（summer research project on artificial intelligence）召开，麦卡锡（McCarthy）正式提出人工智能（artificial intelligence）术语，该次会议被认为是AI诞生的标志。

1997年，IBM的深蓝（deep blue）超级计算机击败了国际象棋世界冠军卡斯帕罗夫，显示出计算机在某些智力领域上超越人类的能力。

2016年，Google的AlphaGo击败了韩国围棋棋手李世石，是人工智能在自主学习能力上的一个突破。

ChatGPT是OpenAI开发的自然语言处理模型，2022年11月底推出，被广泛应用于聊天机器人、语言翻译等领域。ChatGPT能够通过理解和学习人类的语言进行对话，根据聊天的上下文进行互动，真正像人类一样来聊天交流，甚至能完成撰写邮件、视频脚本、文案、翻译、代码，写论文等任务。2023年9月25日，OpenAI官网宣布推出新版ChatGPT，增加了语音输入和图像输入两项新功能。

2023年8月31日，百度文心一言率先向全社会全面开放。文心一言定位于人工智能基座型的赋能平台，有文学创作、商业文案创作、数理逻辑推算、中文理解、多模态生成五大能力。

2. 分类

人工智能可以分为弱人工智能、强人工智能和超人工智能三类。

①弱人工智能（artificial narrow intelligence, ANI）：擅长于单领域的人工智能。如AlphaGo，它只会下围棋。鉴于弱人工智能在功能上的局限性，人们更愿意将弱人工智能看成是人类的工具，而不会将弱人工智能视为威胁。

②强人工智能（artificial general intelligence, AGI）：是一种类似于人类级别的人工智能。强人工智能是在各方面都能和人类比肩的人工智能，人类能从事的脑力活动如思考、计划、解决问题、抽象思维、理解复杂理念、快速学习和从经验中学习等操作它都能一样得心应手。创造强人工智能比创造弱人工智能困难得多，目前还做不到。

③超人工智能（artificial super intelligence, ASI）：科学家把超人工智能定义为在几乎所有领域都比最聪明的人类大脑都聪明很多，包括科学创新、通识和社交技能。超人工智能可以是各方面都比人类强一点，也可以是各方面都比人类强万亿倍的，目前还停留在幻想的阶段。与弱人工智能、强人工智能相比，超人工智能的定义最为模糊，因为没人知道超越人类最高水平的智慧会表现为何种能力。

3. 核心要素

人工智能的三大核心要素是数据、算法、算力。

①数据：是人工智能的重要基础，人工智能中很多机器学习算法需要大量数据作为训练样本。如图像、文本、语音的识别，都需要大量样本数据进行训练并不断优化，数据决定了整个系统预测的准确度和稳定性。数据标注实现将海量的数据标记为机器可以理解的形式，整个过程中需要大量的手动方法，但目前仍是主流有效的数据学习方式。

②算法：是人工智能的核心，是指处理、计算大量数据并从中学习的方法和规则。人工智能

深度学习框架实现了对算法的封装，如Google的TensorFlow和Facebook的PyTorch等，国内也涌现出了多个深度学习框架，如百度的PaddlePaddle和华为的MindSpore等。

③算力：是指用于支持算法的计算能力。人工智能对计算力的要求很高，以往在研究人工智能时，经常受到单机计算力的限制。近几年云计算的发展对计算力的提升起到了至关重要的作用。随着硬件技术的发展，特别是GPU技术的出现，计算能力得到了极大的提升，大幅度缩短了计算时间，使得处理更庞大的数据成为可能。高性能的计算机设备可以大大提高机器学习和深度学习算法的训练效率和准确性，促进人工智能技术的发展和应用。

4. 关键技术

1）人工智能发展层次

人工智能技术随着人工智能层次的发展不断进步。人工智能发展层次包括感知智能和认知智能。

①感知智能：实现扩展人类的感知能力（perception），感知能力是人类通过感官受到环境的刺激，察觉消息的能力，简单地说就是人类看、听、说、读、写等能力，学习人类的感知能力是AI当前热点领域，如人脸识别（face recognition）、语音识别（sound recognition）、自然语言处理（natural language processing，NLP）、机器翻译（machine translation）、语音生成（sound generation）、语音文本转换等（speech-to-text，text-to-speech）。

②认知能力（cognition）：是指人类通过学习、判断、分析活动获取掌握知识的过程与能力。认知智能是对人类认知的模仿与学习，主要包括分析识别能力（如产品推荐、垃圾邮件识别、信用风险分析、消费行为分析等）、预测能力（如灾害预防、天气预报、金融财经等）、判断能力（如自动驾驶）、学习能力（如机器学习）等。

2）人工智能的关键技术

人工智能的关键技术分为通用技术和领域技术两种。通用技术包括机器学习、知识图谱、类脑智能、量子智能、模式识别等，通用技术是人工智能领域技术的基础。人工智能的领域技术包括自然语言处理、智能语音、计算机视觉、生物特征识别、虚拟现实/增强现实、人机交互等。下面对其中一些技术进行简单介绍。

（1）机器学习

机器学习（machine learning, ML）是一门多领域交叉学科，涉及统计学、系统识别、逼近理论、神经网络、优化理论、计算机科学、脑科学领域多门学科。

机器学习是使用计算机模拟人类的学习活动，它是研究计算机识别现有知识、获取新知识、不断改善性能和实现自身完善的方法。这里的学习意味着从数据中学习，它包括监督式学习（supervised learning）、非监督式学习（unsupervised learning）和半监督式学习（semi-supervised learning）。

机器学习常用算法包括决策树（decision tree）、随机森林（random forest）、人工神经网络（artificial neural network）、关联规则（association rules）、朴素贝叶斯分类（native Bayes classifier）、支撑向量机（support vector machine）等。

（2）知识图谱

2012年5月16日，Google为了提升搜索引擎返回的结果质量和用户查询的效率，发布了知识图谱（knowledge graph）。知识图谱本质是为了表示知识，思想可以追溯到20世纪五六十年代所提出的一种知识表示形式——语义网络（semantic network）。语义网络由相互连接的节点和边组成，节点表示概念或者对象，边表示它们之间的关系，如is-a关系、part-of关系。

知识图谱是由一些相互连接的实体和它们的属性构成的，如图1-7所示。从中可以了解“昌平是北京的一部分”“小朵的籍贯是北京”等知识。

从应用深度的角度，知识图谱主要可以分为通用知识图谱和行业知识图谱两大类。

①通用知识图谱：无须特别深的行业知识及专业内容，一般是解决科普类、常识类等问题，如互联网的搜索、推荐、问答等场景。

②行业知识图谱：根据对某个行业或细分领域的深入研究而定制的版本，主要是解决当前行业或细分领域的专业问题。

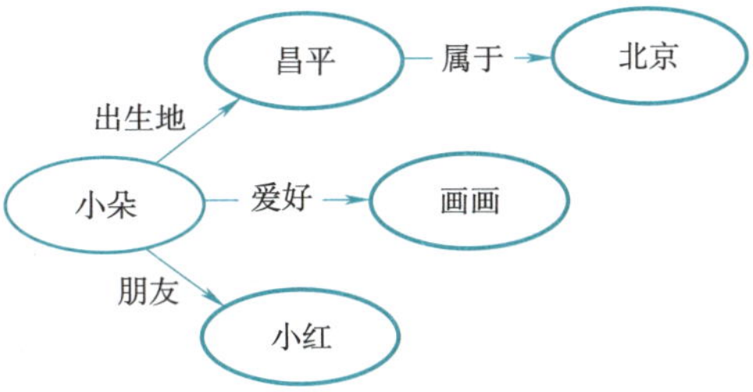

图1-7　简单知识图谱示例

建立知识图谱的过程包括知识表示、知识获取、知识融合、知识加工几个阶段。知识表示将现实世界中的各类知识表达成计算机可存储和计算的结构。知识获取包括实体识别与链接、实体关系学习、事件知识学习。知识融合将不同的知识图谱融合为一个统一、一致、简洁的形式，为使用不同知识图谱的应用程序间的交互提供可操作性。知识加工目的是从事实中获得结构化、网络化的知识体系，主要包括本体构建、知识推理和质量评估三方面内容。

目前知识图谱技术主要用于智能语义搜索、移动个人助理及深度问答系统。

*（3）类脑智能

人工智能的研究主要体现在两方面：一是数据智能的学习驱动；二是类脑智能的仿生驱动。当前人工智能的主流发展路线是以模拟学习为主的数据驱动，如机器学习、深度学习等。随着海量数据高质量标注困难、自主学习能力和自适应模式受限于模型的构建，逻辑分析和推理能力不足及计算资源消耗较大等问题的出现，人工智能的发展受到一定影响。

随着脑科学的深入研究，许多研究学者逐渐意识到类脑智能将是打破人工智能桎梏的重要方式，因此通过模拟脑神经网络的运行机制来构建类脑智能网络是当下研究的热点。类脑智能作为研究脑内部运行机制的学科，借鉴生物大脑的神经运行机制和高级认知行为机制，以构建仿生模型为手段，实现信息技术与神经机理的深度融合，从而实现信息在大脑内部以逻辑变化的方式进行学习与记忆。类脑智能研究可分为两大方向：类脑模型与类脑信息处理、类脑芯片与计算平台。

*（4）量子智能

现阶段，量子计算机是国际学界的研究焦点，也是各个国家竞争激烈的领域。传统计算机用0和1存储与处理数据，俗称经典比特或位（bit）。量子计算机的特殊之处在于，它的基本计算单元量子比特（quantum bit, qubit）或量子位可同时处于多种状态，这些状态以不同的概率发生，这种状态即“量子叠加态”。但是一旦测量它的数值时，它就会“坍缩”到一个确定的状态。也就是说，只要不被探测器观察，量子比特就处于叠加态而无法预测其值，在被观察的那一刻，它就会坍缩为两种极化状态中的一种，类似于“薛定谔的猫”探讨的不确定的状态。

假设有一个内存为n位的经典计算机模型，它有2^n种状态，n=4时，有16种状态。对于经典计算机，在任意一个时刻，它只能处于其中的一种状态，而对于量子计算机，4个量子比特都可处于叠加态，可以简化理解为能同时工作在上述16种状态中，即上述的一台量子计算机等于16台经典计算机并行工作。

与传统计算机相比，量子计算机具有以下几个优势：

①高速计算。量子计算机可以在同一时间内处理多个计算任务，从而大大提高计算速度和效率。对于一些复杂的计算问题，量子计算机可以在经典计算机无法完成的时间内完成计算。

②处理大数据。量子计算机可以处理大量的数据，包括大规模的数据挖掘和分析，从而帮助企业更好地了解市场需求和用户行为，制定更加有效的市场营销策略。

③数据安全和保护。量子计算机可以用于加密和解密信息，利用量子技术可以加强现有的加密算法和协议，从而提高信息安全和保密性。

④人工智能方面。量子计算机可用于人工智能领域，包括机器学习、自然语言处理、图像识别等方面，能够处理更加复杂的数据和算法，从而提高人工智能的效率和精度。

量子计算机的概念是物理学家费曼于1982年首次提出，他认为没有任何经典计算机能像量子现象那样达到指数级加速，而且确信量子力学效应应该可以为计算提供一些全新的东西。

1994年，贝尔实验室的Shor发表了分解大数素因数分解的量子算法。

1995年，舒马赫（Benjamin Schumacher）第一次提出“量子比特”的概念。

1996年，Grover提出量子搜索算法，从大量无序的数据中找到想要的数据。量子搜索算法现已成为一类有代表性的量子算法。

2012年，Google宣布成立量子人工智能实验室（Quantum Artificial Intelligence Lab）。

2020年3月，Google发布了Tensor Flow Quantum（TFQ），一个可快速搭建量子机器学习模型的开源库。TFQ提供量子计算和机器学习研究相融合所必需的工具，以控制、建模自然或人工的量子系统，使开发人员可以同时使用经典计算技术和量子计算机电路来创建混合AI算法。

2023年6月，中国科学技术大学潘建伟、陆朝阳、刘乃乐等组成的研究团队，基于“九章”光量子计算原型机完成了对“稠密子图”和“Max-Haf”两类图论问题的求解，比全球最快的超级计算机使用当前最优经典算法，精确模拟同一实验的速度快了约1.8亿倍。

2023年9月6日，中国科学技术大学发布消息，该校潘建伟院士、苑震生教授等与清华大学马雄峰副教授、复旦大学周游副研究员合作，近期使用光晶格中束缚的超冷原子，通过多项创新技术制备出多原子纠缠态，向制备和测控大规模中性原子纠缠态迈出重要一步，为研制新型高性能量子计算机奠定基础。

量子智能（artificial quantum intelligence, AQI）是一个探究量子物理与人工智能交叉的学科领域，一方面人工智能的方法和技术可以用来解决量子科学中的问题；另一方面，量子计算的发展也可能为人工智能，尤其是机器学习，提供新的方式，极大促进人工智能的发展。

近年来量子计算和机器学习相结合的研究越来越多，已有的量子机器学习主要可以分为以下三类：

①量子机器学习：该类算法将机器学习中复杂度较高的部分替换为量子版本进行计算，从而提高其整体运算效率。该类量子机器学习算法整体框架沿用原有机器学习的框架，其主体思想不变，不同点在于将复杂计算转换成量子版本运行在量子计算机上，从而得到提速。

②量子机器学习：该类算法的特点是寻找量子系统的力学效应、动力学特性与传统机器学习处理步骤的相似点，将物理过程应用于传统机器学习问题的求解，产生出新的机器学习算法。该类算法与第一类不同，其全部过程均可在经典计算机上进行实现。

③量子机器学习：该类算法主要借助传统机器学习强大的数据分析能力，帮助物理学家更好地研究量子系统，更加有效地分析量子效应。作为物理学家对量子世界研究的有效辅助，该类算法的提出将促进我们对微观世界进一步的了解，并解释量子世界的奇特现象。

（5）模式识别

模式识别是人类的一项基本智能。在现实生活中，人们无时无刻不在进行识别活动。例如，读书看报是在做文字识别；用眼睛判断事物是在做视觉识别；用耳朵辨别出不同的声音是在做声音识别，等等。

随着社会科技的不断发展，要识别的对象种类越来越多，内容越来越复杂，人们研究用计算机来代替人完成复杂工作，有些场合环境恶劣、存在危险因素，这就需要用机器来完成。模式识别广泛应用于医学、图像处理、自然语言处理、金融等领域，可以帮助人们快速高效地处理大量信息，发现规律和趋势，提高决策和判断的准确性。

模式识别（pattern recognition）是研究如何用计算机实现人类模式识别能力的一门学科，目的是利用计算机，根据研究对象的某些特征进行识别和分类。

模式识别系统一般包括数据获取、预处理、特征提取选择、分类器四部分，如图1-8所示。

图1-8　模式识别系统

①数据获取：首先通过传感器或者测量设备获得目标对象的特征信息，然后经过提取信息和量化信息，把目标对象转换为计算机可以识别技术的数据符号。

②预处理：在模式信息的获取过程中，需要对噪声进行滤除，预处理的过程主要功能就是去除干扰，增强有效数据。

③特征提取与特征选择：一般把原始数据组成的空间称为测量空间，把分类识别赖以进行的空间称为特征空间，特征的提取与选择功能就是把维数较高的测量空间的模式变为维数较低的特征空间的模式。为了有效地实现分类识别，还需要对原始数据进行变换，得到对分类有意义的并且最能反映分类本质的特征。

④分类决策：首先按设想的分类模型对训练样本进行训练，得到分类的判决规则；其次使用判决规则对待识别模式的特征进行识别，输出识别结果；最后对比识别的分类结果与已知的正确分类，不断改进判决规则和特征选择与提取方法，制定出使错误率最小的判决规则和特征选择与提取策略。

（6）自然语言处理

自然语言处理（natural language processing, NLP）是指计算机拥有识别理解人类文本语言的能力。自然语言处理是计算机科学与人类语言学等学科的交叉学科，主要包括如下步骤：

①分词处理：也就是将文章按词组分开。

②词法分析：分析分词处理后的词汇类型，标明词汇的词性也就是确定词的类型，如名词、动词、形容词、副词、介词等。

③语法分析：分析出句子的语法成分。

④语义分析：指的是让计算机能够理解自然语言。

自然语言处理研究方向主要包括语法语义分析、信息抽取、文本挖掘、信息检索、机器翻译、问答系统和对话系统七个方向。

①语法语义分析：是对于给定的语言提取词进行词性和词义分析，然后分析句子的句法、语义角色和多词义选取。

②信息抽取：是指从给定的一段文字中抽取时间、地点和人物等主要信息，以及因果关系等句子关系。

③文本挖掘：对大量的文档提供自动索引，通过关键词或其他有用信息的输入自动检索出需要的文档信息。

④信息检索：有广义和狭义之分。广义的信息检索是指将信息按一定的方式组织起来，根据用户需求找出有关信息的过程和技术。狭义的信息检索是从信息集合中找出所需要信息的过程。

⑤机器翻译：输入源文字并自动将源文字翻译为另一种语言，根据媒介的不同可以分为很多的细类，如文本翻译、图形翻译及手语翻译等。

⑥问答系统：是提出一个文字表达的问题，计算机可以给出准确的答案。问答过程中需要对问题进行语义分析，然后在资料库中寻出对应答案。

⑦对话系统：指计算机可以联系上下文和用户进行聊天及交流等任务，针对不同的用户采用不同的回复方式。

自然语言处理的关键困难在于消除歧义问题，简称消歧。例如，网络上的一句“以前是谁也看不上，现在是谁也看不上”，人仔细品味可以理解其中的意思，但是对计算机来说就存在问题。歧义的存在导致计算机“理解”自然语言时有一点难度，并很可能出现错误。

（7）智能语音

智能语音技术的发展可以追溯到20世纪50年代，主要是将人工智能技术应用于音频领域，赋予机器“听”和“说”的能力。智能语音是一门跨学科的技术，它涉及声学、语言学、心理学、数字信号处理、计算机科学等学科。智能语音技术实现人机语言的通信，主要包括语音识别技术和语音合成技术。

语音识别技术（auto speech recognize, ASR）通过模式识别或深度学习的方法将语音信息转化为机器可识别的文本信息，目的就是能让机器“听懂并理解”人类的语言信息。该技术可使机器对人类所发出的语音词汇进行识别判断，并将这些语音信息转换为文字或者二进制数据或字符序列等能让计算机输入的模式。

语音合成技术（text to speech, TTS）将文本内容转变为声音内容，让机器开口说话，模拟人的声音，从而自动将任意文本实时转换为自然语言。语音合成技术的核心是按照一定规则将文本信息转换成声音信息。

（8）计算机视觉

人们认识世界，91%是通过视觉来实现。计算机视觉（computer vision, CV）是一门研究如何使机器“看”的科学，使用计算机代替人眼对目标进行识别、跟踪和测量，并处理成为更适合人眼观察或传送给仪器检测的图像。计算机视觉的最终目标就是让计算机能够像人一样通过视觉来观察世界、理解世界，并拥有自主适应环境的能力。目前，计算机视觉最广泛的应用是人脸识别和图像识别。

计算机视觉技术主要包括图像分类、目标检测、目标追踪、语义分割以及实例分割五种类型。

①图像分类（image classification）：通常是指为整张图像分配特定的标签，如判断图像是猫还是狗。

②目标检测（object detection）：即检测图像中包含的对象并进行分类。如检测一幅图像中是否有交通工具、行人等。

③目标追踪（object tracking）：旨在追踪随着时间不断移动的对象，它使用连续视频作为输入，是在给定的场景中追踪感兴趣的一个或多个特定对象的过程。

④语义分割（semantic segmentation）：实现了图像像素级别的分类。它能够将一张图片或者视频，按照类别的异同，分为多个块。如划分一张图片中哪部分是道路、哪部分是建筑物、哪部分是树木等。图1-9所示为一街道场景的语义分割示例。

⑤实例分割（instance segmentation）：就是目标检测和语义分割的结合。相对目标检测的边界框，

实例分割可精确到物体的边缘；相对语义分割，实例分割需要标注出图上同一物体的不同个体。

图1-9 街道场景语义分割示例

（9）生物特征识别

生物特征识别（biometrics，简称生物识别）是指计算机通过获取和分析人体固有的生理和行为特征，实现自动身份鉴别（“你是谁?”）、状态分析（“姿态/喜怒哀乐?”）、属性估计（“性别/年龄?”）的科学和技术。生理特征包括指纹、静脉、掌型、视网膜、虹膜、人体气味、脸型、血管、DNA、骨骼等；行为特征包括签名、语音、行走步态等。

生物特征识别流程一般包括注册阶段和识别阶段，如图1-10所示。

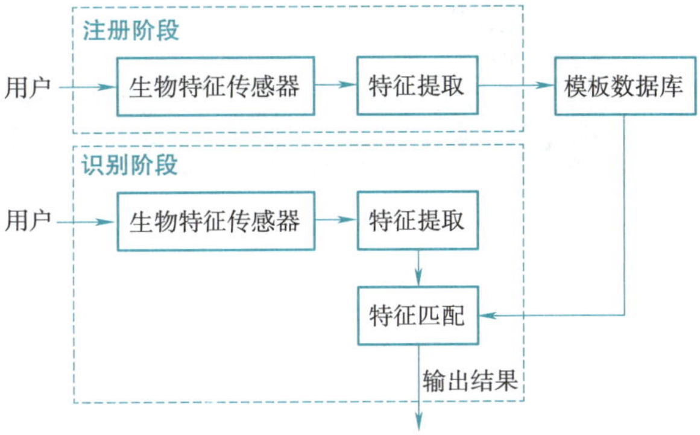

图1-10 生物特征识别流程

在注册阶段，首先通过传感器对用户的生物特征进行采集，然后对采集到的生物特征进行特征向量提取，最后将特征向量存储到模板数据库。

在识别阶段，采用的是与注册阶段相同的方式得到特征向量，然后将特征向量与数据库中的模板进行对比，输出识别结果。

生物特征识别过程涉及图像处理、计算机视觉、语音识别、机器学习等技术。目前市场应用领域最广的两种识别技术为指纹识别和人脸识别，主要原因是二者具有较高的技术易用性，在安全级别上可以满足日常使用且成本适中。除此之外，还有静脉识别、虹膜识别、步态识别和多模态生物特征识别，下面简单介绍。

①静脉识别：使用近红外线读取静脉模式，再与存储的静脉模式进行比较，从而实现对个人进行身份鉴定。静脉识别又分为指静脉识别和掌静脉识别，前者反应速度快，后者安全系数更高，但二者都具备精确度高、活体识别的优势。由于静脉隐藏于皮肤内部，并且只有流动中的血液才可吸收特定波长光线、形成清晰的图像，所以，假手模型或手部图像是无法通过静脉识别的。可以说，静脉识别是指纹识别的升级版本，不仅克服了传统指纹识别速度慢的缺点，也不受手部表皮状态影响，还无须接触。图1-11所示为手指静脉图感兴趣区域（region of interest，ROI）提取流程。

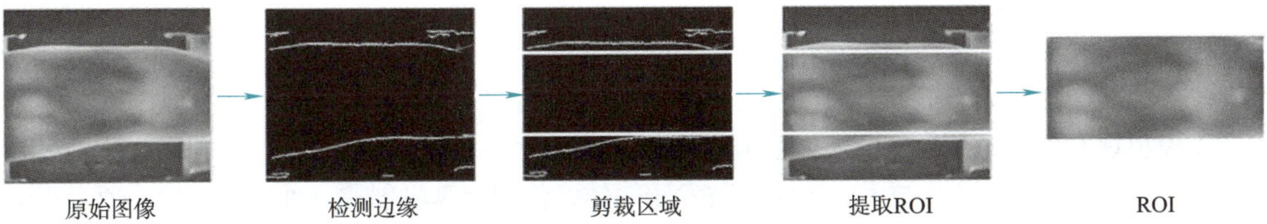

图1-11 手指静脉图感兴趣区域提取流程

②虹膜识别：使用特定的摄像器材对人的整个眼部进行拍摄，并将拍摄到的图像传输给虹膜识别系统的图像预处理软件，经过虹膜定位、虹膜图像归一化以及图像增强后，系统提取特征点并对其进行编码，最后将特征编码与数据库中的虹膜图像特征编码逐一匹配，判断是否为相同虹膜，从而达到身份识别的目的。虹膜是在胎儿发育阶段形成，除非遭遇重大创伤，否则其在整个生命历程中保持不变。因此，虹膜识别技术适用于具有高度保密需求的场所，如银行、监狱、煤矿单位等。

③步态识别：是近年新提出的生物特征识别方法。步态识别利用图像和视频序列，通过建立模型提取目标人物步态轮廓特征，从而对目标人物进行身份识别。与虹膜识别、指纹识别和人脸识别等方法相比，步态识别具有可以在远距离、非受控和多视角等情况下根据行人的步态及形体特征进行身份识别的优点，是最适合在视频监控中应用的生物特征识别方法之一。图1-12所示为行人步态序列示例图。

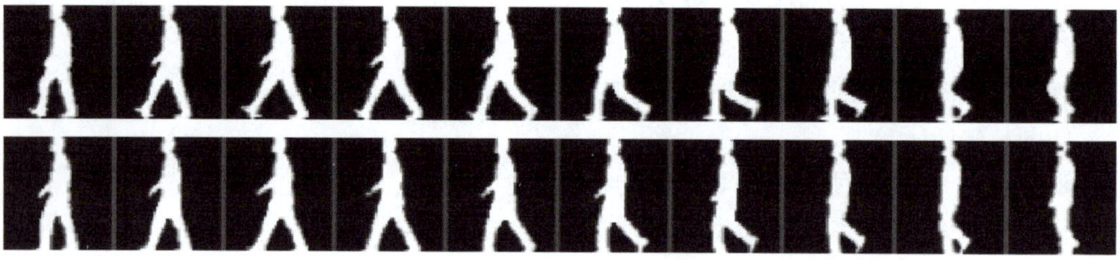

图1-12　行人步态序列示例图

各种生物特征在普遍性、唯一性、永久性、可获取性、易用性和安全性等方面存在各自的优劣，没有一种生物模态可以满足所有的应用需求。近年来，国内外研究人员提出了大量的多模态融合算法，有基于不同操作方式的融合、基于不同层面的融合以及最近比较热门的基于深度神经网络的融合。

④多模态生物特征识别：是利用多种生理特征或行为特征进行身份识别，又称多生物特征识别。多生物特征识别由于综合利用了多个信息，具有更高的可靠性，可以对多个特征取长补短，能够满足不同应用场合对识别准确率的严格要求。同时多生物特征识别能够解决某种生物特征的非普适性问题。

相较于单模态生物特征识别系统，使用多种生物特征具备如下优势：

更高的识别精度：通过精心设计融合算法，可以综合考虑各个模态对身份识别的贡献，从而显著提高身份的识别精度。

更广的适用范围：由于疾病或外界因素的影响，少部分用户不具有某种模态，多模态生物识别系统可以在单模态缺少的情况下正常工作，因而适用于更广的人群。

更强的防伪能力：同时使用多种生物特征可以弥补某些生物特征容易被伪造的弱点。同时对攻击者而言，伪造多个生物特征比伪造单个生物特征要困难很多。

（10）虚拟现实和增强现实

虚拟现实和增强现实是以计算机为核心的新型视听技术，结合其他相关技术，在一定范围内生成与真实环境在视觉、听觉、触感等方面高度近似的数字化环境。

①虚拟现实（virtual reality, VR）是20世纪末发展起来的一门涉及众多学科的高新技术。它集计算机技术、传感技术、仿真技术、微电子技术于一体，使用计算机创建一种虚拟环境，通过视觉、听觉、触觉、嗅觉等作用，让用户产生和现实中一样的感觉。用户借助必要的设备以自然的方式与

虚拟环境中的对象进行交互作用、相互影响，从而产生如同真实环境的感受和体验。尽管该环境并不真实存在，但它作为一个逼真的三维环境，仿佛就在周围，使用户产生身临其境的感觉。

虚拟现实技术具有的三个最突出特征：交互性（interactivity）、沉浸感（immersion）和构想性（imagination）。

交互性：是指用户通过使用专门的输入和输出设备，感知对虚拟环境内物体的可操作程度和从环境得到反馈的自然程度。这种交互的产生主要借助于各种专用的三维交互设备（如头盔显示器、数据手套等），它们使人类能够利用自然技能，如同在真实的环境中一样与虚拟环境中的对象发生交互关系。计算机能够根据用户的头、手、眼、语言及身体的运动来调整系统呈现的图像及声音。例如，用户可以用手去直接抓取虚拟环境中虚拟的物体，不仅有握着东西的感觉，还能感觉物体的重量，视场中被抓的物体也能立刻随着手的移动而移动。

沉浸感：又称临场感，是虚拟现实最重要的技术特征，是指用户借助交互设备和自身感知觉系统，置身于虚拟环境中的真实程度。使用者已感觉不到自身所处的外部环境，而是“融合”进了计算机所给出的虚拟世界里。理想的虚拟环境应该达到使用户难以分辨真假的程度。

构想性：又称创造性，是虚拟世界的起点。构想性可以帮助人类解决在许多领域都面临着的越来越多、前所未有而又必须解决和突破的问题。例如，载人航天、核试验、核反应堆维护、新武器等产品的设计研究、气象及自然灾害预报、医疗手术的模拟与训练以及多兵种军事联合训练与演练等。借助于VR技术，人有可能从定性和定量综合集成的虚拟环境中得到感性和理性的认识，进而使人能深化概念，产生新意和构想。

②增强现实（augmented reality, AR）是把真实环境和虚拟信息实时叠加到同一个画面，把原本在现实世界的一定空间范围内，难以体验到的实体信息叠加生成3D内容的技术。AR技术将虚拟内容投射进现实世界之中，被人类感官所感知，从而达到超越现实的感官体验。

增强现实的定义有两种，一种是1994年由Paul Milgram和Fumio Kishino提出的现实-虚拟连续统（Milgram’s reality-virtuality continuum）将真实环境与虚拟环境放置在两端，其中靠近真实环境的称为增强现实，靠近虚拟环境的称为增强虚拟，位于中间的称为混合现实，如图1-13所示。另一种是Ronald Azuma提出的以虚实结合、实时交互、三维注册为特点，利用附加的图片、文字信息对真实世界进行增强的技术。

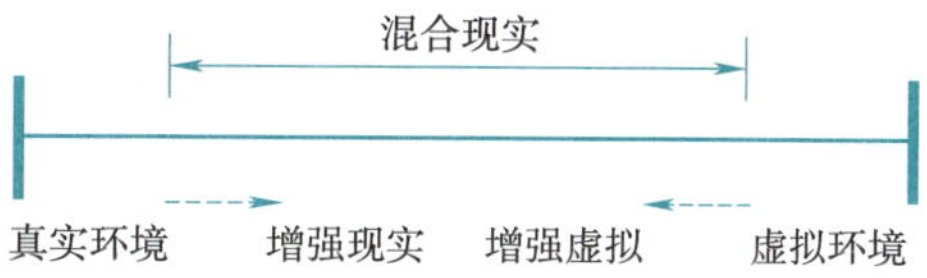

图1-13　现实-虚拟连续统

增强现实与虚拟现实不同，VR技术让用户完全沉浸在由计算机生成的虚拟三维世界中，而AR的最终目的则是把计算机产生的虚拟场景无缝地融合到用户所能观察到的真实世界当中。使用增强现实技术可以增强用户的视觉感受，延伸用户视觉系统的功能，并能通过多种方式与真实和虚拟相融合的环境进行交互，更好地完成某些任务。与VR技术相比，增强现实技术对硬件要求更低，却有着更高的注册精度和更具视觉冲击力的真实感。

（11）人机交互

人机交互（human-computer interaction, HCI）是研究人、计算机系统以及它们之间的相互影响，通过计算机输入、输出设备，以有效的方式实现人与计算机系统对话的技术。人机交互是与认知心理学、人机工程学、多媒体技术、虚拟现实技术等密切相关的综合学科。人机交互可以包括计算机硬件和软件的设计，以及用户与计算机之间的交互方式和界面设计等方面。

人与计算机之间的信息交换主要依靠交互设备进行。人到计算机的交互设备有键盘、鼠标、操纵杆、数据服装、眼动跟踪器、位置跟踪器、数据手套以及压力笔等。计算机到人的交互设备包括打印机、绘图仪、显示器、头盔式显示器以及音箱等。

人机交互方式主要包括触控交互、声控交互、动作交互、眼动交互、虚拟现实输入、多模态交互等。触控交互通过触觉进行交互，声控交互通过语音识别和语音合成进行交互，动作交互如通过手势识别、姿势识别等进行交互。

不同形式的输入组合（如语音、手势、触摸、凝视等）称为多模态交互模式，即通过文字、语音、视觉、动作、环境等方式进行人机交互，充分模拟人与人之间的交互方式。多模态交互目标是向用户提供与计算机进行交互的多种方式，提升用户满意度。人机交互模式已从语言命令交互阶段、图像用户界面交互阶段发展到自然和谐的人机交互阶段。

人机交互在各个领域都有广泛的运用，例如：

①软件界面设计：在软件开发过程中，设计师需要设计人机交互的界面，使用户可以轻松地使用软件。

②用户体验设计：人机交互设计可以改善用户体验，提高用户满意度和忠诚度。

③智能家居：智能家居系统可以通过人机交互的方式，实现人与家居设备之间的交互和控制。

④虚拟现实：虚拟现实技术可以通过人机交互的方式，使用户身临其境，实现沉浸式体验。

⑤医疗健康：人机交互技术可应用于医疗健康领域，如远程诊断、康复治疗等。

5. 挑战

人工智能技术的应用给人类的生活和工作带来了许多便利和创新，但人工智能技术的未来发展也面临着许多挑战和问题，如数据隐私和安全问题、技术瓶颈和算法局限性问题、伦理和法律等社会问题等。

人工智能伦理挑战表现在两个方面：一是受历史条件和发展阶段限制，人类对人工智能产品的道德风险，存在认知滞后性；二是人工智能产品缺少完善的伦理控制，同时被赋予更多的自主决策权，催生更多的伦理道德问题。

人工智能涉及的法律问题这里以生成式人工智能为例说明。生成式人工智能是指基于算法、模型、规则生成文本、图片、声音、视频、代码等内容的技术。随着机器深度学习的发展，人工智能越发智能，成为创新创意的新引擎，不断投入文学、艺术等领域，将对著作权市场产生重大影响。

与人类创作的内容相比，人工智能生成内容是利用计算机系统自动生成的内容，因此具有如下特征：

①低成本、高产出：相对于人类创作而言，人类创作需要灵感，灵感的获得并非易事也无法掌控，而人工智能几秒之内就能生成内容，耗费时间少，效率高。同时生成内容的成本低且可以反复多次利用。

②领域广：人工智能生成内容涉及领域广泛，主要涵盖文本类，包括新闻、剧本、小说、诗歌等；音频类，如乐曲、歌曲等；图像类，如设计图、照片、绘画等；视频类，包括短片、动画等；互动内容类，如3D游戏、3D模型等。

③难区分：人工智能生成的内容本质上是计算机依据大数据和算法计算的结果，但是从表现形式上看和人类创作的作品难以区分，在现阶段，尽管人工智能生成内容不能像传统的作品一样获得法律保护，但对此类内容的法律性质应当给予必要的思考与关注。

6. 大数据与人工智能的关系

大数据与人工智能既有区别又有联系。

区别在于人工智能是一种计算形式，允许机器模拟实现人类的认知功能。而大数据是一种计算，它不会根据结果采取行动，只是寻找结果。同时，二者要达成的目标和实现目标的手段不同。人工智能是辅助代替人类完成任务、做出决定，大数据是通过对数据进行分析计算得出更优方案。

联系体现在人工智能需要海量数据来建立其智能。大数据是人工智能的基石，特别是机器学习需要海量数据。目前的深度学习主要是建立在大数据的基础上，即对大数据进行训练，并从中归纳出可以被计算机运用在类似数据上的知识或规律。大数据技术为人工智能提供了强大的存储能力和计算能力。同时，大数据的分析计算需要使用人工智能提供的算法，能够更好地从海量数据中提取价值。

扩展阅读

阅读完本章内容，哪些部分让你产生疑惑或者引发了你的思考呢？先看看下面的内容，希望能够丰富相关知识，拓宽你的思考。

1. 大数据的特征

大数据的特征到底是几V?《大数据时代：生活、工作与思维的大变革》中将大数据的特征用4V描述。随着大数据技术的不断发展，对大数据的特征认识也在逐步完善，涵盖范围也更加全面。有人在4V的基础上又增加了以下几个特征：

①准确性（veracity）：强调有意义的数据必须真实、准确。

②动态性（vitality）：强调整个数据体系的动态性。

③可视性（visualization）：强调数据的显性化展现。

④合法性（validity）：强调数据采集和应用的合法性，特别是对于个人隐私数据的合理使用。

由此可见，认识事物是循序渐进的发展过程，认知过程是一个从浅到深、从外到内、从表象到实质不断发展的进阶过程。

2. 未来与科幻

大数据最先是由阿尔文·托夫勒在其著作《第三次浪潮》中提出。《第三次浪潮》是托夫勒的未来三部曲中的第2部，1970年出版《未来的冲击》，1980年出版《第三次浪潮》，1990年出版《权力的转移》，这三部作品对当今社会思潮有广泛而深远的影响。托夫勒是未来学家，这让人不禁想起航空发射中的“倒计时”首先是在1927年德国的科幻电影《月球少女》中出现的，影片中“10，9，8，…，3，2，1，发射！”的倒数发射方式引起火箭专家们的兴趣并被国际上普遍采用，一直沿用至今。

说到科幻，不得不提《三体》，2015年8月23日，刘慈欣凭借《三体》英文版第一部获得第73届“雨果奖”。《三体》被翻译成英语、西班牙、德语等二十多种语言出版发行，其中的经典台词给人思想的震撼。

“我们不知道敌人是谁、敌人什么样、敌人是怎么存在的。但是有一点，面对来自地球以外的敌人，我们所有的人，都是第一次。人类同舟共济的时刻到了。”

“把我们人类看成是虫子的三体人忘了一个事实，那就是，虫子从来就没有被战胜过。”

…………

3.《大数据时代》纪录片

2019年央视出品五集纪录片《大数据时代》，由中央广播电视总台与工业和信息化部联合出品，工业和信息化部信息化和软件服务业司指导，央视纪录频道和国家工业信息安全发展研究中心联合摄制。全片共分为五集，每集50 min。第一集《数据时代》、第二集《转型之路》、第三集《决策之智》、第四集《商业之变》、第五集《未来已来》，现在仍然值得一看。

4. Web 2.0 与 Web 3.0

什么是Web 2.0？Web 1.0、Web 2.0和Web 3.0有哪些区别呢？

Web 1.0时代大约从1991年持续到2004年，这时候的互联网是一个只读网络，所有网站的内容都由网络服务商提供，用户只能浏览网页，是静态互联网。其中代表性门户网站有雅虎、新浪、搜狐等，网站编辑将图文并茂的内容发布成为网页。用户访问网站，浏览网页，但不能交互，无法参与内容的创造，但Web 1.0彻底改变了信息的存储和传输方式。

随着用户越来越多，Web 1.0的瓶颈愈发突出，用户无法与页面交互，随即Web 2.0诞生，第二代互联网时代到来，从2004年至今。Web 2.0时代不再完全由门户网站决定内容的生产和输出，用户可以交互，这一阶段的互联网可称为“交互”互联网，代表性的服务提供商包括微博、微信、抖音、快手等。

在Web 2.0阶段，平台创造的内容相对较少，大部分内容由用户创造产生。但是用户创造的数字内容，所有权属于平台，控制权也属于平台，平台可以决定编辑、修改、删除和屏蔽用户的内容，甚至可以删掉用户的账号。如微信用户目前不能下载自己发布的朋友圈内容。

Web 3.0的出现打破了Web 2.0的局限性，用户创造的数据内容将由自己发布、保管、不可追溯且永远不会泄露。也就是说，在Web 3.0中，用户所创造的数字内容，所有权为用户所有，由用户控制，其所创造的价值，根据用户与他人签订的协议进行分配。在这种体系之下，这些数字内容就不再是简单的数据了，而是数字资产，因为它的权利得到了资产级别的保障。

目前，我们正处于从第二代互联网向第三代互联网过渡期，也就是向Web 3.0过渡的时期，这也将会重塑互联网体系和数字经济网。

5. 长尾

这里的长尾是指长尾理论或者长尾效应。2004年10月，美国《连线》杂志主编克里斯•安德森（Chris Anderson）在他的文章中第一次提出长尾（long tail）理论。以Amazon为例，在成千上万的商品书中，小部分畅销书占据总销量的一半，而另外绝大部分的书虽说每种图书销量小，但凭借其种类繁多而积少成多，占据了总销量的另一半，如图1-14所示。本图曲线部分采用Python绘图模拟，程序源代码在本书学习参考资源包中提供，方便读者使用。①

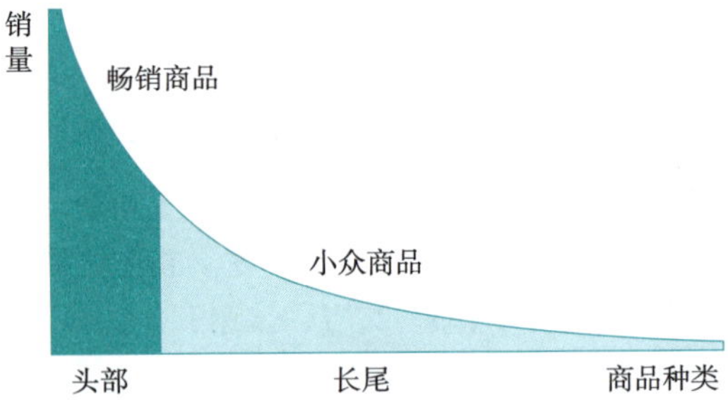

图1-14 长尾理论

6. 北斗系统

地图导航一般使用导航软件，但是导航软件的技术支撑之一是卫星导航系统。北斗卫星导航系统（BeiDou Navigation Satellite System, BDS），简称北斗系统，是我国着眼于国家安全和经济社会发展需要，自主建设运行的全球卫星导航系统，是为全球用户提供全天候、全天时、高精度的定位、导航和授时服务的国家重要时空基础设施，也是继美国GPS、俄罗斯GLONASS之后的

① 读者可登录中国铁道出版社教育资源数字化平台（https://www.tdpress.com/51eds/）下载。

第三个成熟的卫星导航系统，加上欧盟的GALILEO，联合国卫星导航委员会已认定四个供应商。

20世纪后期，我国开始探索适合国情的卫星导航系统发展道路，逐步形成了三步走发展战略：2000年底，建成北斗一号系统，向中国提供服务；2012年底，建成北斗二号系统，向亚太地区提供服务；2020年，建成北斗三号系统，向全球提供服务。

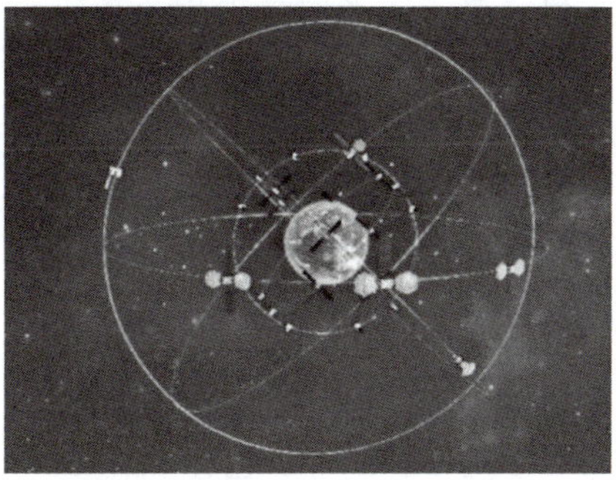

图1-15 北斗导航系统示意图

北斗卫星导航系统是中国自行研制的全球卫星导航系统，我们也终于拥有了完全属于自己的导航系统，这就意味着我们以后不用再“受制于人”，无论是车辆、民航还是军方都拥有了自己的独立导航定位信号，这对于每一位中国公民的隐私保护来说，意义重大。图1-15所示为北斗导航系统示意图。

7. 感知智能和认知智能之后，人工智能的下一个层次是什么

人工智能在感知智能和认知智能充分发展后会走向何方？请深入思考。

也许是创新智能。创新意味着对旧事物的突破，意味着超越、开拓和推陈出新。创新能力是智力的高级表现形式，指在学习和继承前人知识、经验的基础上，提出新概念、新思想、新技术、新方法、新设计等独特的见解和完成创造发明的能力。人工智能具有创新能力吗？这些都值得我们思考。

8. 生物特征识别的工作模式

生物特征识别通常具有两种典型的工作模式，即认证（verification）模式和识别（identification）模式。在认证模式下，待检测用户首先声明自己属于某个用户，认证系统通过将待检测用户的生物特征与存储在数据库中其声明的用户的生物特征模板进行比对，判断待检测用户身份的合法性。在此模式下，特征匹配进行的是“一对一”匹配，完成“该用户是其声明的那个人吗？”的判断。

在识别模式下，待检测用户不对自己身份进行说明，识别系统通过将待检测用户的生物特征与数据库中存储的所有用户的生物特征模板进行比对，查询待检测用户是数据库中的哪一个用户或者不是数据库中的用户以验证待检测用户身份的合法性。在此模式下，特征匹配进行的是“一对多”匹配，完成“该用户是数据库中哪个人？”的确定。

9. AR 的虚实结合、实时交互、三维注册

（1）虚实结合

增强现实技术利用计算机图形技术生成的虚拟信息，借助传感技术将虚拟信息准确“放置”在真实场景中，通过显示设备将虚拟信息与真实环境融为一体，并呈现给用户一个虚实结合的真实的新环境。

（2）实时交互

交互从精确的位置扩展到整个环境，从简单的人机交互发展到将用户融入周围的空间与对象中。增强信息不再是独立的一部分，而是和用户当前的活动成为一体。交互系统不再是具备明确的位置，而是扩展到整个环境。

（3）三维注册

三维注册即根据用户在三维空间的运动调整计算机产生的增强信息。以头盔显示器为例，增

强现实技术所生成的增强后的信息与用户实现精确“对准”，用户移动或转动头部时，视野随之变动，系统生成的增强信息也随之变化。这是借助三维环境注册系统实现的。通过三维环境注册，系统实时为计算机添加增强虚拟信息在真实世界中的位置提供数据，以确保增强虚拟信息能实时显示在显示器的正确位置上。

10. MR、XR

混合现实（mixed reality, MR）是电影、广播和现场演出的未来趋势。将相机追踪以及实时内容渲染技术进行结合，创造了一个沉浸式的虚拟环境。将用户置身于虚拟和现实的混合世界中，产生一个新的可视化环境，环境中同时包含了物理实体与虚拟信息。

扩展现实（extended reality, XR）是指通过计算机技术和可穿戴设备产生的一个真实与虚拟组合、可人机交互的环境，是AR、VR、MR等形式的统称。AR、VR、MR三者视觉交互技术融合，实现虚拟世界与现实世界之间无缝转换的“沉浸感”体验。

小　　结

本章介绍了大数据入门的基础知识，包括大数据的概念、特征、处理流程。对于本章重点难点部分大数据核心技术篇幅相对较少，只需掌握名词术语即可。大数据应用领域广泛，本章提供了几个代表性案例，对大数据时代的个人隐私与数据安全进行了初步探讨。大数据与云计算、物联网和人工智能既有区别又联系密切，本章最后介绍了云计算、物联网和人工智能的相关概念和当前的最新技术，感兴趣的同学可以进一步深入探究。

思考与练习

1. 读完本章后请自己总结概括知识点，做好总结笔记。
2. 面对大数据时代个人隐私与数据安全问题，除了技术、法律等方面的保证，我们每个人怎样做才能提高安全意识？
3. 给一个不了解大数据的朋友科普一下“大数据是什么”。
4. 查阅云计算服务模式IaaS、PaaS和SaaS的案例，并按照自己的理解试举一例。参考举例如“IaaS相当于一块地皮，PaaS相当于一个毛坯房，SaaS相当于一个精装修的房子”。
5. 查阅资料了解图灵测试。
6. 查阅资料了解“薛定谔的猫”。

*7. 查阅资料了解“大模型”。

8. 读完本章，哪部分内容触发了你的思考？引发你查阅了哪些资料？做好总结。

第2章 数　据

在计算机科学中，数据是指所有能输入计算机中并被计算机程序处理的符号总称。有别于日常生活中用的十进制，各种不同类型的数据在计算机中都是以二进制形式存储。

学习目标

◎了解数据进制的概念。

◎掌握十进制和二进制的转换方法。

◎了解数值、文本、图像、声音和视频等数据在计算机中的存储方式。

◎了解数据管理的三个阶段。

◎理解文件系统和关系数据库基本概念。

◎掌握MySQL数据库的使用，提高实践能力。

学习指导

本章建议通读三遍。第一遍速读，了解本章涉及哪些内容，确定知识重点和难点，为下一次阅读做准备。第二遍精读，主要是对重点难点进行理解掌握，如进制转换、声音视频数据在计算机中的存储等。遇到疑惑之处先认真思考，然后再查阅相关资料，最后对自己补充扩展的内容做好总结、归纳和整理。第三遍略读，主要是评价自己对已学内容的掌握程度，并对知识和技能进行分类处理，如概念性的知识加深理解记忆，算法性的知识复盘思考分析，操作性的实验可以再动手重复验证等。请尽可能按照本章知识呈现顺序同步思考，逐步探索适合自己的学习方法，以期达到阅读学习的最大收获。

本章涉及MySQL数据库使用和上机实验，对于实验操作部分建议同学按下列步骤进行：

①模仿教材操作，对比实验结果。

②不看教材，独立操作完成类似教材的功能，直至熟练无误。

③试着解决新的问题，查阅相关资料，做好总结。

2.1　数据进制

在第1章概述中已经了解数据就是指在计算机中存储的一系列0和1，但是日常生活中一般使用十进制。那么，计算机为什么使用二进制呢？请停下思考。

进制的选择与自然界中物质的状态相关。如果能在自然界中找到拥有一种物质，这种物质具有十种稳定状态，而且每种状态分别对应不同的含义，那就可以采用十进制，这也符合人们的生活习惯。但是，在自然界中几乎不存在具有十种稳定状态并且能用于计算机中的物质。自然界中的物质更多的是具有两种状态，如磁极的N极与S极、光线的有无、电频的高低等。因此，计算机中数据的形式确定为二进制。

随着对二进制的研究逐渐深入，人们发现二进制还有许多优点。例如：

①技术上容易实现。用电路表示二进制数字0和1比较容易，如高电平表示1，低电平表示0。

②二进制表示的数据抗干扰能力强，可靠性高。二进制中只使用0和1两种符号，因为每位数据只有高低两个状态，当受到一定程度的干扰时，仍能比较可靠地分辨出它是高还是低，因此传输时不易出错。

③运算规则简单。十进制的加法有运算规则，乘法运算规则是九九乘法表，而二进制数的运算规则要简单得多，这不仅可以使运算器的结构简化，而且有利于提高运算速度。如二进制的加法只有0+0=0，0+1=1，1+0=1，1+1=10共四种类型，二进制的乘法也只有0×0=0，0×1=0，1×0=0，1×1=1共四种类型。

④适合逻辑计算，能够使用0、1来表示真（True）与假（False）。

⑤容易与十进制转换。人们使用计算机时仍然可以用自己所习惯的十进制数，而计算机将其自动转换成二进制数存储和处理，输出处理结果时又将二进制数自动转换成十进制数，这样方便使用。

2.1.1 进制

进制又称数制（number system），是指多位数中每一位的构成方法以及实现从低位到高位的进位规则。常用的数制有十进制、二进制、八进制、十六进制。这里以R进制为例说明，R进制逢R进1。以下为数的多项式表示，又称权系数表示法。

$$N = \pm \sum_{i=-m}^{n-1} (A_i \times R^i)$$

式中，R为基数，表示R进制；A_i为数符，表示当前位的值，A_i取值范围为0~$R-1$，如二进制取值范围为0~1；R_i为权系数，表示权重；i取值$-m$~-1时，表示小数部分，i取值为0~$n-1$时，表示整数部分。

1. 十进制（decimal system）

十进制有0~9共10个数码符号，逢10进1。其多项式表示举例如下：

$(381.32)_{10}=3\times10^2+8\times10^1+1\times10^0+3\times10^{-1}+2\times10^{-2}$

2. 二进制（binary system）

二进制有0和1两个数码符号，逢2进1。其多项式表示举例如下：

$(10101101.1101)_2=1\times2^7+0\times2^6+1\times2^5+0\times2^4+1\times2^3+1\times2^2+0\times2^1+1\times2^0+1\times2^{-1}+1\times2^{-2}+0\times2^{-3}+1\times2^{-4}$

3. 八进制（decimal system）

八进制有0~7共8个数码，逢8进1。其多项式表示举例如下：

$(37.21)_8=3\times8^1+7\times8^0+2\times8^{-1}+1\times8^{-2}$

4. 十六进制（decimal system）

十六进制有0~9、A、B、C、D、E、F，共16个数码符号，逢16进1。十六进制中的数码符号除了0~9，还多了A、B、C、D、E、F六个英文字符，分别表示10、11、12、13、14、15。其多项式表示举例如下：

$(2D.1A)_{16}=2\times16^{1}+13\times16^{0}+1\times16^{-1}+10\times16^{-2}$

十进制0~20对应的二进制、八进制、十六进制见表2-1。读者可以试着使用Python编程实现输出数的不同进制对应数值。

表2-1　十进制0~20对应的二进制、八进制、十六进制

十进制	二进制	八进制	十六进制	十进制	二进制	八进制	十六进制
0	0	0	0	11	1011	13	B
1	1	1	1	12	1100	14	C
2	10	2	2	13	1101	15	D
3	11	3	3	14	1110	16	E
4	100	4	4	15	1111	17	F
5	101	5	5	16	10000	20	10
6	110	6	6	17	10001	21	11
7	111	7	7	18	10010	22	12
8	1000	10	8	19	10011	23	13
9	1001	11	9	20	10100	24	14
10	1010	12	A				

2.1.2　进制转换

首先看十进制整数转换成二进制，如果数值较小可以采用下面简单可直接口算的方法，即把十进制整数改写成2的指数幂累加的方式，如下：

$1=2^{0}$，所以1转换为二进制是1后面0个0：$(1)_{10}=(1)_2$

$2=2^{1}$，所以2转换为二进制是1后面1个0：$(2)_{10}=(10)_2$

$3=2+1$，所以3转换为二进制是$(10+1)_2=(11)_2$(二进制加法)：$(3)_{10}=(11)_2$

$4=2^{2}$，所以4转换为二进制是1后面2个0：$(4)_{10}=(100)_2$

所以$(5)_{10}=(4+1)_{10}=(100)_2+(1)_2=(101)_2$

同理$(6)_{10}=(4+2)_{10}=(100)_2+(10)_2=(110)_2$

$(65)_{10}=(64+1)_{10}=(2^{6}+1)_{10}=(1000000+1)_2=(1000001)_2$

接下来再看小数。

$(0.5)_{10}=2^{-1}$，所以0.5转换为二进制是小数点后面0个0，1个1：$(0.5)_{10}=(0.1)_2$

$(0.25)_{10}=2^{-2}$，所以0.25转换为二进制是小数点后面1个0，1个1：$(0.25)_{10}=(0.01)_2$

$(0.125)_{10}=2^{-3}$，所以0.125转换为二进制是小数点后面2个0，1个1：$(0.125)_{10}=(0.001)_2$

$(0.875)_{10}=(0.5+0.25+0.125)_{10}=(0.1+0.01+0.001)_2=(0.111)_2$

$(6.875)_{10}=(4+2+0.5+0.25+0.125)_{10}=(100)_2+(10)_2+(0.1+0.01+0.001)_2=(110.111)_2$

大家可以再练习十进制11.375转换为二进制以巩固所学。

$(11.375)_{10}=(8+2+1+0.25+0.125)_{10}=(1000)_2+(10)_2+(1)_2+(0.01)_2+(0.001)_2=(1011.011)_2$

当数值较大时使用上面的方法计算不方便，需要使用计算规则进行转换。十进制整数部分转换为二进制和十进制小数部分转换为二进制的方法不同，首先看整数部分转换方法。十进制整数转换成二进制整数方法是十进制整数除以2取余数，得到的商继续除以2取余，直到商为零止，余数部分倒排。例如，将十进制数253转换成对应二进制数。

十进制数	余数	
2 | 253	1	转换结果的最低位
2 | 126	0	↑
2 | 63	1	
2 | 31	1	倒
2 | 15	1	排
2 | 7	1	
2 | 3	1	
2 | 1	1	转换结果的最高位
0		

转换结果为：$(253)_{10}=(11111101)_2$

十进制小数转换为二进制小数的方法是十进制小数乘2取整数部分，得到的积的小数部分继续乘2取整，直到小数部分为零或给定的精度为止，取整部分顺排。例如，将十进制数0.45转换成二进制小数（取4位）。

十进制数	乘 2	积	取整	
0.45	×2	0.9	0	转换结果的最高位
0.9	×2	1.8	1	顺
0.8	×2	1.6	1	排 ↓
0.6	×2	1.2	1	转换结果的最低位

转换结果为：$(0.45)_{10}=(0.0111)_2$ 取 4 位近似值。

$(0.0111)_2=(0.25+0.125+0.0625)_{10}=(0.4375)_{10}$

现在我们已经掌握了十进制数如何转换为二进制数，那二进制数如何转换为十进制数呢？请思考再继续。

前面介绍了数的多项式展开，如下所示：

$(381.32)_{10}=3\times10^2+8\times10^1+1\times10^0+3\times10^{-1}+2\times10^{-2}$

$(10101101.1101)_2=1\times2^7+0\times2^6+1\times2^5+0\times2^4+1\times2^3+1\times2^2+0\times2^1+1\times2^0+1\times2^{-1}+1\times2^{-2}+0\times2^{-3}+1\times2^{-4}$

$(37.21)_8=3\times8^1+7\times8^0+2\times8^{-1}+1\times8^{-2}$

$(2D.1A)_{16}=2\times16^1+13\times16^0+1\times16^{-1}+10\times16^{-2}$

因此直接展开后计算即可得到不同进制数对应的十进制数。

十进制数转换为其他进制如何进行转换呢?

提示一下，参考上面十进制转换二进制的方法，十进制数转换为其他进制，把前面二进制的整数部分“除以2取余”和小数部分“乘2取整”中的2换成八进制的8或十六进制的16即可。

2.2　数据存储

数据在计算机中采用二进制方式存储，但是数据的类型分为数值、文本、图像、声音、视频等。在计算机中，这些不同类型的数据必须转换为0、1这样的二进制形式。那么，在计算机中如何使用二进制形式存储这些数据呢? 下面分别介绍。

2.2.1　数值

前面数制一节中已经介绍了十进制数可以转换为二进制，因此数值类型数据在计算机中就是存储其对应的二进制形式。那计算机中如何存储0、1呢? 数据在内存中以二进制方式存储，实际上是通过对小电容器的充放电完成的。电容器是一种能容纳电荷的容器，我们只需要了解在计算机中使用电子元器件按照充放电的方式分别存储二进制符号0、1即可。

2.2.2　文本

文本类型数据也必须转换成二进制形式才能存储在计算机中。文本数据包括英文字符、标点符号和中文字符等。将文本数据转换为二进制形式称为编码，即给不同的文本符号按照一定的规则分别使用不同的0、1序列表示。下面介绍几种不同形式的编码。

1. ASCII 码

ASCII码（American Standard Code for Information Interchange）是指美国标准信息交换码。ASCII码使用指定的7位或者8位二进制数组合来表示128种或256种字符。标准ASCII码又称基础ASCII码，使用7位二进制符号来表示所有的大写和小写字母，数字0~9、标点符号，以及在美式英语中使用的特殊控制字符。8位二进制符号表示的ASCII码可以表示更多的符号，如一些控制字符、带特殊符号的元音字母如à，ã和其他一些特殊符号，如版权符号©及 ± 、¥、¼等。表2-2所示为“China”的ASCII码。

表2-2　China的ASCII码

字符	ASCII码	对应十进制
C	1000011	67
h	1101000	104
i	1101001	105
n	1101110	110
a	1100001	97

英文字符大小写字母A~Z，a~z，数值0~9，再加上一些标点符号和特殊符号，用7位进行编码足够表示了，为什么7位就能表示这些符号? 请思考。

计算机中的1位二进制位，这1位的取值可以是0或者是1，两种不同取值能够区分两个符号。如果是2位二进制位，取值可以是00、01、10、11四种组合，能够区分四个符号。由此可以总结出规律，1位能够表示2^1=2种符号，2位能够表示2^2=4种符号，因此7位能够表示2^7=128种符号。

常用符号的ASCII码见表2-3。同学可以试着使用Python编程输出类似下表的数据。

表2-3 ASCII码

ASCII值	控制字符	ASCII值	控制字符	ASCII值	控制字符	ASCII值	控制字符
0	NUL	32		64	@	96	`
1	SOH	33	!	65	A	97	a
2	STX	34	"	66	B	98	b
3	ETX	35	#	67	C	99	c
4	EOT	36	$	68	D	100	d
5	ENQ	37	%	69	E	101	e
6	ACK	38	&	70	F	102	f
7	BEL	39	'	71	G	103	g
8	BS	40	(	72	H	104	h
9	HT	41	)	73	I	105	i
10	LF	42	*	74	J	106	j
11	VT	43	+	75	K	107	k
12	FF	44	,	76	L	108	l
13	CR	45	-	77	M	109	m
14	SO	46	.	78	N	110	n
15	SI	47	/	79	O	111	o
16	DLE	48	0	80	P	112	p
17	DC1	49	1	81	Q	113	q
18	DC2	50	2	82	R	114	r
19	DC3	51	3	83	S	115	s
20	DC4	52	4	84	T	116	t
21	NAK	53	5	85	U	117	u
22	SYN	54	6	86	V	118	v
23	ETB	55	7	87	W	119	w
24	CAN	56	8	88	X	120	x
25	EM	57	9	89	Y	121	y
26	SUB	58	:	90	Z	122	z
27	ESC	59	;	91	[	123	{
28	FS	60	<	92	\	124	|
29	GS	61	=	93	]	125	}
30	RS	62	>	94	^	126	~
31	US	63	?	95	_	127	DEL

一般需要记住字符A、a和0的ASCII码值，因为ASCII码是按顺序编码的，记住了字符A、a和0的ASCII码值就能推算出任意字母和数字字符对应的ASCII码值。注意，这里数字字符0和数值0不同，它们的数据类型不同，一个是字符，一个是数值，数值可以进行四则运算，而字符不可以加减乘除。

字符A的ASCII码值为65，65是转换为十进制的整数形式，实际A的ASCII码值为1000001。可以自己试着将二进制的1000001转换为十进制形式，即65。字符a的ASCII码值为97（试着把97转换为二进制，即01100001）和字符0的ASCII码值为48（二进制形式为00110000）。

2. 汉字编码

计算机如何存储中文字符？按照ASCII码采用7位二进制可以对大小写字母和其他共128个字符进行编码，汉字编码也需要考虑需要编码的汉字的数量问题。汉字一共有多少个呢？

《说文解字》共收录9 353个汉字，《康熙字典》有47 035个汉字，《新华字典》第12版2020年8月出版发行，共收录单字13 000多个。汉字字库里有出处的汉字有91 251个，但是常用字只有3 000个左右，其他都是生僻字。

汉字编码方案繁多，国家标准局公布了几种不同字符集作为国家强制标准。GB/T 2312—1980，又称国标码，包括简化汉字6 763个，总计7 445个字符；1993年的GBK是GB/T 2312的扩展，包括2.1万多个汉字；GB 18030编码是超大型中文编码字符集，包括汉字和其他字符7万余个。

汉字数量较英文字符多，因此编码位数要多，一般使用双字节编码。双字节16位，可以对2^{16}=65 536个符号进行编码。

3. Unicode

使用计算机时，大家应该遇到过乱码的情况，如图2-1所示。

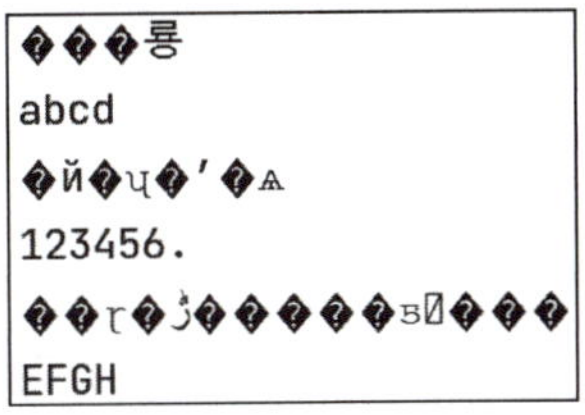

图2-1　乱码

出现这种情况就是输入/输出文件时使用了不同的编码方案导致的。文件创建时使用一种编码方式进行编码，而打开时使用了另一种编码方式就有可能出现乱码的情况。Unicode编码就是为了解决传统的字符编码方案的局限而产生的。

Unicode又称统一码、万国码。Unicode字符集将全球文字统一到一个表里面，它为每种语言中的每个字符设定了统一并且唯一的二进制编码，满足跨语言、跨平台的文本转换和处理要求。

Unicode可以使用的编码有UTF-8、UTF-32和UTF-16三种。UTF即unicode transformation format。

UTF-8是一种变长的编码方案，使用1~6个字节存储。

UTF-32是一种固定长度的编码方案，不管字符编号大小，始终使用4个字节存储。

UTF-1介于UTF-8和UTF-32之间，使用2个或者4个字节存储，长度既固定又可变。

2.2.3 图像

图像数据存储一般分为位图（bitmap）和矢量图（vector）两种形式。

位图图像是通过像素（pixel，即picture element）拼接而成，像素不可再分。手机中相机性能的衡量指标之一就是像素，计算机显示器的分辨率指的就是图像像素的数量。以显示器为例，分辨率1 024 × 768是指将计算机显示器屏幕分为1 024 × 768个小单元格，每一个小单元格就是像素，通过设置多个单元格不同颜色值，最终形成图像在屏幕上呈现的效果。通常情况下，图像的分辨率越高，所包含的像素就越多，图像就越清晰。以图2-2所示显示屏为例，图中不同字符是通过设置特定位置的像素为指定颜色实现的，多个像素的不同颜色一同拼接成整个图像显示出来。

图2-2　显示屏

在计算机中，位图图像存储的信息是每个像素的RGB（red，green，blue）数值，RGB值范围是0~225，将每个像素的RGB数值转换为二进制即可存储在计算机中。位图图像与分辨率相关，图像放大后会存在一定程度的失真。为什么会失真？请同学独立探究。

矢量图不存在放大后失真的问题，因为矢量图是依据几何特性来绘制图形，与位图存储方式不同。矢量图中的图形元素称为对象。每个对象都是一个实体，它具有颜色、形状、轮廓、大小和屏幕位置等属性，如点、线、矩形、多边形、圆和弧线等，它们都是通过数学公式计算获得的，具有编辑后不失真的特点，适用于图形设计、文字设计和一些标志设计等。在Office软件Word中插入一个笑脸形状，如图2-3所示，不管如何拉伸放大都不会失真。

图2-3 Word中的笑脸形状

*2.2.4 声音

声音（sound）是物体振动产生的声波。图2-4所示是一音叉振动产生的模拟声波图。

在计算机中，通常将由声音得到的数据称为“音频”（audio）数据，包括语音（voice）和音乐（music）等。声音虽然是连续的物理波形信号，但可以通过专门设备将其转换成存储在计算机或其他电子设备中的音频数据，如手机的录音功能就是使用麦克风将人说话的声音转换为音频数据存储在手机中。将外界的声波转换为计算机内部音频数据的过程需要经过采样、量化和编码三个阶段，如图2-5所示。

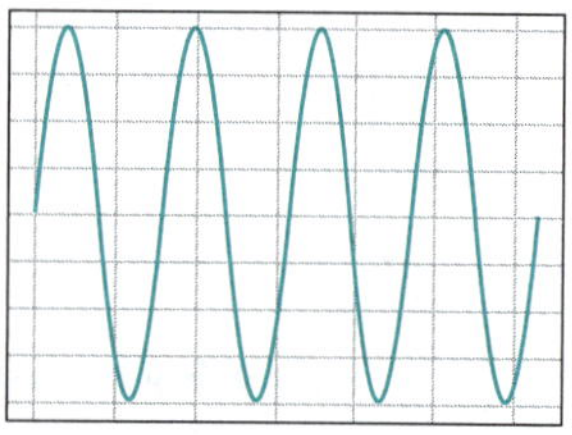

图2-4 音叉的模拟声波

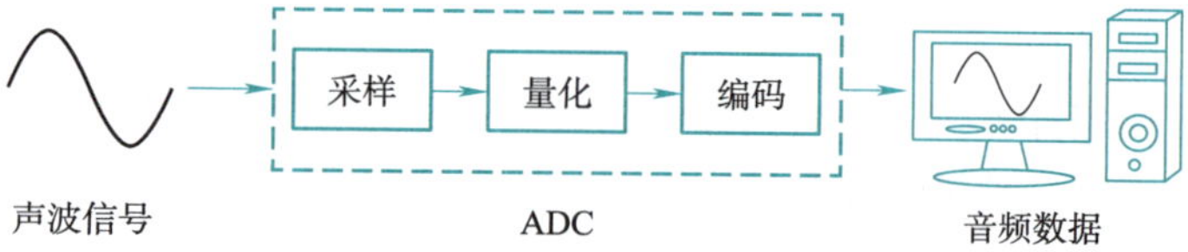

图2-5 采样、量化和编码

虚线框住的部分为模拟数字转换设备（analog to digital converter, ADC），完成将模拟信号转换为数字信号的功能。

声波是连续的。如图2-5最左侧所示的是声波信号，它是连续的曲线。根据数学知识，曲线上面有无穷多个点，但是计算机的存储空间有限，不能把曲线上所有点的数据都存储下来，因此需要选择其中某些点的数据存储下来，这个过程就是采样。

采样（sample）即以相同的时间间隔测量信号的幅值。采样时间间隔越小，得到的数据量就越大。图2-6左图的曲线模拟声波信号，纵坐标为声音信号的幅度值，横坐标为时间。图2-6右图为使用相同采样时间间隔进行采样，横坐标上的间隔是采样时间间隔，纵坐标为某一采样时间点的采样结果幅值。

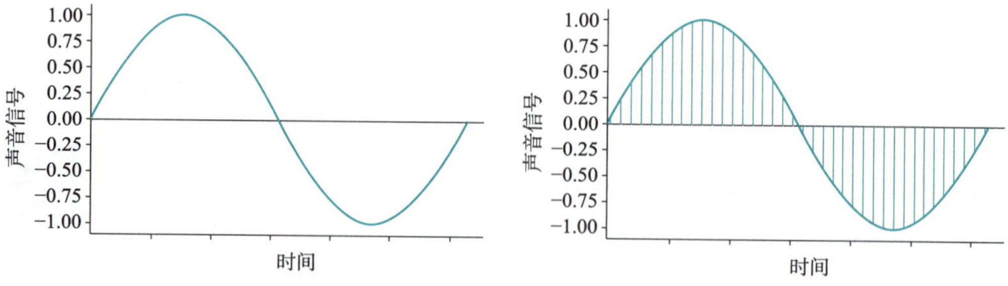

图2-6 模拟声波波形及采样

图2-7中，某一时间点对应的幅值为采样点，采样点对应的纵坐标值为采样值，经过采样实现对连续无穷的模拟信号提取出多个离散的采样值，实现了模拟（analog）到数字（digital）转换中的采样过程。

量化（quantify）过程是对采样值四舍五入或者其他方式取整。简单起见，以图2-8所示声波信号曲线为例说明。

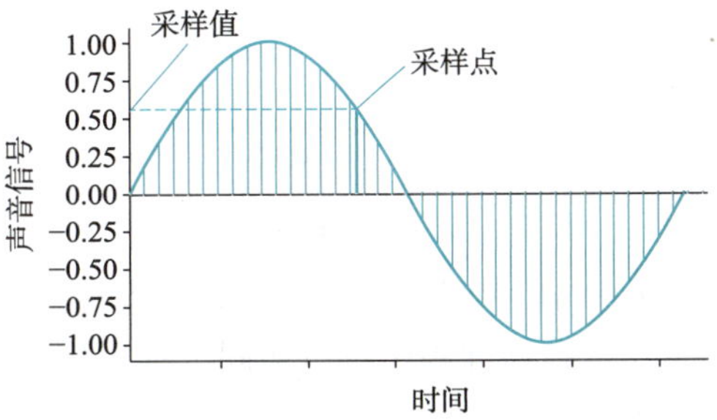

图2-7 声波波形采样点与采样值

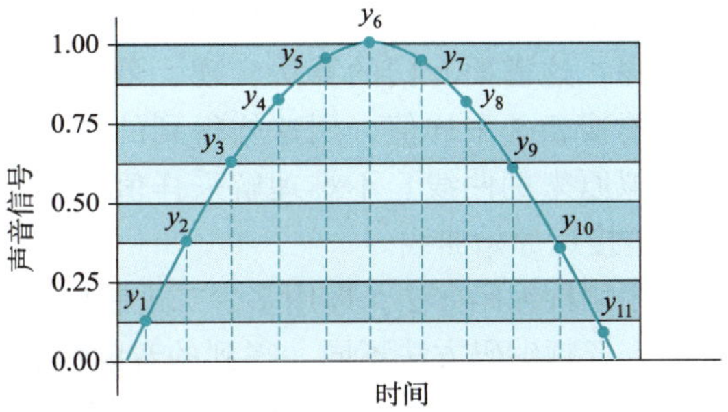

图2-8 量化

首先将纵坐标范围0~1平均分成8个区间方便后续计算采样点的采样值，再按横坐标相同间隔对曲线进行采样，记录采样点为y_1，y_2，…，y_{11}。先来看y_1，y_1采样值最接近1/8，因此将y_1量化为1/8，y_2采样值最接近3/8，因此将y_2量化为3/8，y_3采样值最接近5/8，因此将y_3量化为5/8，y_4采样值更接近7/8，因此将y_4量化为7/8，其他依此类推，得到采样点y_1~y_{11}采样值的量化值，见表2-4。

最后一步是编码（coding），即将量化值用二进制位表示，或者称为二进制编码。采样点的量化值为1/8，2/8，…，1，共8个不同取值，对8个符号使用3位二进制编码即可，得到编码表（见表2-5）。量化值1/8编码为000，量化值2/8编码为001，依此类推，到最后一个量化值1编码为111。

有了采样点的量化值和量化值对应的二进制编码，可以得到每个采样点的二进制编码，见表2-6。

表2-4 采样点量化表

采样点	量化值
y_1	1/8
y_2	3/8
y_3	5/8
y_4	7/8
y_5	1
y_6	1
y_7	7/8
y_8	6/8
y_9	5/8
y_{10}	3/8
y_{11}	1/8

表2-5 编码表

量化值	二进制编码
1/8	000
2/8	001
3/8	010
4/8	011
5/8	100
6/8	101
7/8	110
1	111

表2-6 采样点二进制编码表

采样点	量化值	二进制编码
y_1	1/8	000
y_2	3/8	011
y_3	5/8	100
y_4	7/8	110
y_5	1	111
y_6	1	111
y_7	7/8	110
y_8	6/8	101
y_9	5/8	100
y_{10}	3/8	010
y_{11}	1/8	000

这样我们把一个波形曲线转换为多个采样点对应的采样值的二进制编码形式，即音频数据，得到了可以被计算机接收、存储和处理的数据形式，实现了将一个包含无穷多个点的曲线转换为确定数目的采样值存储在计算机中，如图2-9所示。

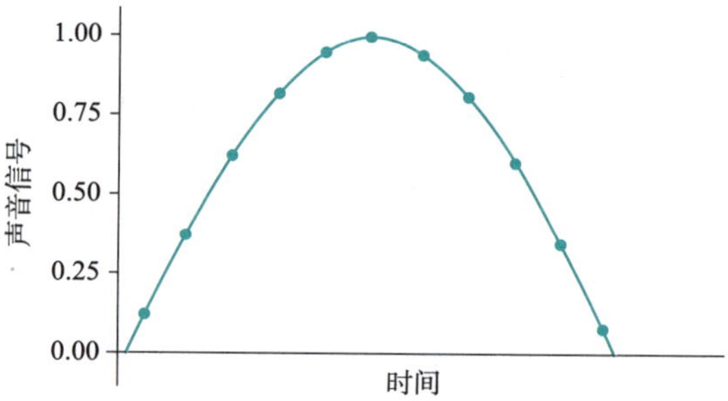

图2-9　波形曲线转换多个采样点

如何根据存储的采样点数据恢复为原来的声波波形呢？这需要专门的算法实现，最简单的可以直接连接相邻采样值，用这样得到的曲线可以近似模拟原来的曲线。不难理解采样值越多模拟曲线就越接近原始曲线。

采用哪种编码方法，即用多少二进制位表示音频数据，与后面的音频处理、音频重现是密切相关的。音频编码方法不同，得到的音频数据格式不同，音频处理程序也不相同。量化值越多，需要的二进制位越多，采样得到的音频数据就越接近原始声音。

2.2.5　视频

说到视频数据，先看一下上海美术电影制片厂出品的动画片《大闹天宫》，思考一下美术师绘制的一幅幅静止的美术作品通过什么方法动起来。或者再想一想在行驶的地铁上有时候会在黑黑的隧道墙上看到动态的广告，这又是为什么呢？

实际上这两者原理大体相似，因为人的眼睛存在视觉暂留现象（persistence of vision），即当人眼所看到的物体影像消失后，仍能继续保留其影像0.1~0.5 s。所以切换画面时，人脑内仍然会存在上一幅图片的视觉影像。因此当以较高速度切换画面时，人大脑内的影像就能连起来，在视觉上形成连续的动画效果。

计算机中存储的视频数据实际上就是多幅存在细微变化的画面，这些画面以每秒24幅的速率播放就可以实现较为流畅的效果。这里1幅画面就称为“1帧”，帧数就是1 s传输的画面的数量，也可以理解为处理器每秒刷新的次数，通常用fps（frames per second）表示。每秒帧数越多，所显示的动作就会越流畅。电影采用的是每秒24帧，我国电视采用的是每秒25帧。但是帧数并不是越高越好，因为过高的帧数相当于同等长度的视频要存储更多的画面，所以视频占用存储空间就会相应增加。

2.3　数 据 管 理

为保障数据安全、提高数据利用效率，在计算机中采用数据管理技术。数据管理涉及数据的分类、组织、编码、存储、检索和维护等技术。

2.3.1　数据管理的发展

数据管理技术经历了人工管理、文件系统、数据库三个阶段。

1. 人工管理

在20世纪50年代中期以前，计算机主要用于科学计算。当时的硬件外存只有穿孔卡片、磁带，没有磁盘等直接存取的存储设备；而软件方面，没有操作系统，没有专门管理数据的软件；数据的处理方式是批处理。因为数据管理的每一过程都需要专业人员对计算机进行相应的操作，所以又称人工管理阶段。

人工管理阶段的特点如下：

①数据不能长期保存。由于存储设备的限制，再加上当时计算机主要用于科学计算，一般不需要将数据进行长期保存。

②应用程序管理数据。数据需要由应用程序设计、说明和管理，没有相应的软件系统负责数据的管理工作。

③数据不能共享。数据是面向专门的应用程序的，一组数据只能对应一个程序。当多个应用程序涉及某些相同的数据时必须各应用程序自己定义，无法相互利用，因此程序与程序之间有大量的冗余数据。

④数据不具有独立性。数据的结构发生变化后，必须对应用程序作相应的修改，数据完全依赖于应用程序，数据缺乏独立性。

2. 文件系统

20世纪50年代后期到60年代中期，数据管理进入第二个发展阶段。此时计算机的存储硬件方面有了重大突破，体积更小、容量更大也更易保存的磁盘、磁鼓等直接存取存储设备出现。在软件方面，操作系统中已经有了被称作文件系统的专门的数据管理软件。不仅有了批处理，还有了实时处理。批处理和实时处理可以类比日常生活中的电梯，如图2-10所示。批处理可以看作左侧图的直上直下的轿厢电梯，人员聚齐后按键，大家一起上升或下降。实时处理可以理解为右侧图的手扶电梯，人员随到随走。

图2-10　批处理与实时处理示意

文件系统阶段的特点如下：

①数据可以长期保存。计算机大量用于数据处理，数据需要长期保存在外存上反复进行查询、修改、插入和删除等操作。

②由文件系统管理数据。由专门的软件即文件系统进行数据管理，文件系统把数据组织成相互独立的数据文件，利用“按文件名访问，按记录进行存取”的管理技术，提供了对文件进行打开与关闭，对记录读取和写入等存取方式。

但是文件系统仍存在以下缺点：

①数据共享性差，冗余度大。在文件系统中，一个（或一组）文件基本上对应一个应用程序，即文件仍然是面向应用的。当不同的应用程序具有部分相同的数据时，也必须建立各自的文件，而不能共享相同的数据，因此数据冗余度大，浪费存储空间。同时，由于相同的数据重复存储，各自管理，容易造成数据的不一致性，给数据的修改和维护带来困难。

②数据独立性差。文件系统中的文件是为某一特定的应用服务的，文件的逻辑结构是针对具体的应用来设计和优化的，因此对文件中的数据再增加一些新的应用会很困难。

3. 数据库

20世纪60年代后期以来，计算机管理数据的规模越来越大，应用范围越来越广泛，多种应用、多种语言互相覆盖的共享集合的要求越来越强烈。在这种背景下，以文件系统作为数据管理手段已经不能满足需求。为解决多用户、多应用共享数据的要求，出现了数据库。数据库的特点如下：

①数据结构化。数据库实现整体数据的结构化，在文件系统中，文件中的记录内部具有结

构，但是记录的结构和记录之间的联系被固化在程序中。数据“整体”结构化是指数据库中的数据不再针对某一个应用，而是面向多个应用。

②数据的共享性高、冗余度低且易扩充。由于数据面向整个系统，不仅可以被多个应用程序共享使用，而且方便开发新的应用程序，这使得数据库系统弹性大、易于扩充。

③数据独立性高。应用程序与数据存储位置独立（物理独立性），应用程序与数据库的逻辑结构独立（逻辑独立性）。

④数据由数据库管理系统统一管理和控制。

2.3.2 文件系统

文件系统（file system, FS）是操作系统（operating system, OS）的五大功能之一，主要负责分配文件磁盘空间、管理文件、保证数据的可靠和安全。文件系统的基本数据单位是文件，目的是对磁盘上的文件进行组织管理。文件的组织方式不同，形成的文件系统也不同，常见文件系统的类型有FAT和NTFS。

1. FAT

FAT（file allocation table）是Microsoft发明的文件系统，初期的FAT系统是FAT16，由于计算机硬件和应用的不断提高，推出了增强的文件系统FAT32。FAT32指的是文件分配表是采用32位二进制数记录管理的磁盘文件管理方式，FAT32能支持32 GB分区，单个文件能支持最大4 GB。

2. NTFS

NTFS（new technology file system）是Windows NT环境的文件系统，它取代了FAT文件系统，不仅具有FAT的所有功能，还能提供更好的文件安全性和更大的磁盘压缩等功能，支持大硬盘和在多个硬盘上存储文件。NTFS可以支持的分区大小可以达到2 TB。FAT16、FAT32和NTFS的比较见表2-7。

表2-7 文件系统比较

比较内容	FAT16	FAT32	NTFS
磁盘分区	单个分区小于2 GB	支持单个分区大于2 GB	支持单个分区大于2 GB
文件压缩	不支持	不支持	支持
文件加密	不支持	不支持	支持
磁盘碎片	较多	适中	较少

3. NFS

NFS（network file system，网络文件系统）由SUN公司开发，主要功能是通过网络让不同计算机系统之间共享文件和目录，用户访问远端NFS服务器上的文件就像访问本地文件一样，极大地方便了多台服务器之间的文件共享。网络文件系统从出现以来持续发展演变，成为分布式文件系统的基础。

4. DFS

随着数据的海量增长，单纯通过增加硬盘个数来扩展计算机存储容量的方式不能很好地满足需求，分布式文件系统（distributed file system, DFS）可以有效解决数据的存储和管理难题。DFS将固定于某一位置的某一文件系统，扩展到多个位置或多个文件系统，这些节点组成一个文件系统网络。节点可以分布在不同的地点，通过网络进行节点间的通信和数据传输。在使用分布式文件系统时，无须关心数据存储在哪个节点上或者从哪个节点获取的，可以像使用本地文件系统一样管理和存储分布式文件系统中的数据。

一般文件系统与分布式文件系统的比较见表2-8。

表2-8　一般文件系统与分布式文件系统的比较

比较内容	一般文件系统	分布式文件系统
存储方式	集中存储在一台计算机中	分散地存储在多台计算机中
访问方式	本地	借助网络
适用范围	小数据量的存储	海量数据的存储

2.3.3　数据库

数据库（database）指长期存储在计算机内的、有组织的、可共享的数据集合。换句话说，数据库是将数据以指定形式存储在计算机中可供多个用户使用的数据集合。实际上我们每个人、每天都在使用数据库，比如涉及用户登录功能的计算机软件和手机App都有数据库技术支撑。

1. 基本概念

数据库有两种类型，分别是关系数据库和非关系数据库，本章主要介绍关系数据库。关系数据库采用二维表格来存储数据，类似于Excel中的工作表，一个数据库可以包含任意多个数据表。首先来看关系数据库的基本概念，见表2-9。

表2-9　关系数据库的基本概念

概　　念	含　　义
关系（relation）	一个关系对应一张表（table）
元组（tuple）	表中的一行（row），又称记录（record）
属性（attribute）	表中的一列即为一个属性（column），又称字段（field）
属性值（attribute value）	行和列的交叉位置表示某个属性值
主码（key）	表中的某个属性组，它可以唯一确定一个元组，又称主键
域（domain）	属性的取值范围

图2-11直观地展示了关系数据库中概念关系、元组和属性的含义。

以教务系统中学生信息表为例说明各个概念术语，见表2-10。

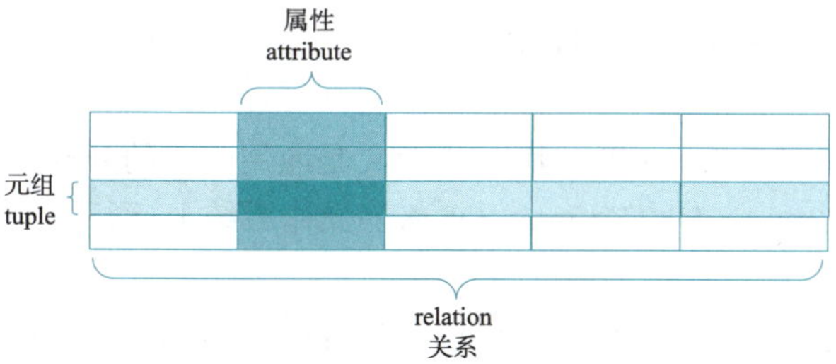

图2-11　关系数据库概念

表2-10　学生信息表

序号	学号	姓名	性别	班级
1	20230106	小朵	女	计算机23-1
2	20230208	李华	女	信息23-1
3	20230309	刘一	男	数学23-1

表2-10是一个关系，也是数据库中的一个表。每一行是一个元组，又称一条记录。每一列是一个属性，又称字段，如“学号”一列或者“姓名”一列，都是属性或字段。“小朵”是“序号”值为“1”的那行“姓名”一列的值。

域是指取值范围，请思考一下“性别”这一属性的域是什么。一般性别取值要么为“男”要么为“女”，所以域为“男”“女”。再思考哪个字段可以唯一确定一行，即只要指定某个字段的值就能确定唯一一行。“序号”“学号”都可以，因为只要给了“序号”或者“学号”的值就能确定特定行。如“学号”为“20230106”可以确定为第一行，所以“序号”或者“学号”都可以作为主码，但是“姓名”不可以，因为可能存在同名的情况，此时就不是唯一一行。

2. 基本操作

学生信息表可以增加、删除、查询和修改记录，即数据库中的“增删查改”。如增加或者删除一个学生信息，对应于表中增加或者删除一条记录；对每个学生记录可以查询或者修改指定学生的信息，如指定“姓名”为“李华”，查询学生“李华”的部分或者全部属性值，指定“学号”为“20230309”，修改“刘一”的“班级”或其他属性值。

对数据库进行“增删查改”操作需要使用标准语言——SQL（structured query language，结构化查询语言），是一种数据库语言，用来检索和管理关系型数据库中的数据，如建库、建表、插入数据、删除数据、查询数据等。

与关系型数据库有关的SQL命令包括create、select、insert、update、delete等，以MySQL数据库为例，命令的具体使用方法见表2-11。

表2-11 SQL常用命令语法

功能	语法	举例	说明
建库	create database 数据库名；	create database stuDB；	创建一个名为stuDB的数据库
建表	create table 表名(表字段)；	create table stuInfo(id int，name char(10))；	创建一个名为stuInfo的数据表，包含2个字段，整数类型（int）学号id，10位字符类型（char）姓名name
增加	insert into 表名 values(字段值)；	insert into stuInfo values(20230106，"小朵")；	向stuInfo表中插入一条记录，字段值为20230106，"小朵"
删除	delete from 表名称 where 删除条件；	delete from stuInfo where name="小朵"；	删除stuInfo表中name为“小朵”的记录
查询	select 列名称 from 表名称 [查询条件]；	select id，name from stuInfo where name="小朵"；	查询stuInfo表，显示name为“小朵”的记录的学号id和姓名name信息
修改	update 表名称 set 列名称=新值where更新条件；	update stuInfo set name="xiaoduo" where id=20230106	修改stuInfo表中学号id为20230106的记录的姓名name字段值为“xiaoduo”

3. 常见关系数据库

从数据库DB-Engines Ranking网站查询比较受欢迎的数据库排名，如图2-12所示，排名前四的均为关系型数据库。

主流的关系数据库产品有MySQL、Oracle和SQL Server等。其中MySQL是应用较多的开源数据库。MySQL是跨平台的，可以在Windows、Linux、UNIX和mac OS X等操作系统上运行，一般的中小型网站都选择MySQL。

Oracle是甲骨文公司的关系数据库，不仅适合大公司使用，还可以满足各种不同规模的企业用户选择，成为世界上使用最广泛的关系数据系统之一。

SQL Server是Microsoft公司开发的关系数据库，广泛用于电子商务、银行、保险、电力等与数据库有关的行业，但是只能运行于Windows操作系统。

最后对数据管理的三个阶段进行比较，见表2-12。

422 systems in ranking, September 2023

Rank Sep 2023	Rank Aug 2023	Rank Sep 2022	DBMS	Database Model	Score Sep 2023	Score Aug 2023	Score Sep 2022
1.	1.	1.	Oracle	Relational, Multi-model	1240.88	-1.22	+2.62
2.	2.	2.	MySQL	Relational, Multi-model	1111.49	-18.97	-100.98
3.	3.	3.	Microsoft SQL Server	Relational, Multi-model	902.22	-18.60	-24.08
4.	4.	4.	PostgreSQL	Relational, Multi-model	620.75	+0.37	+0.29
5.	5.	5.	MongoDB	Document, Multi-model	439.42	+4.93	-50.21
6.	6.	6.	Redis	Key-value, Multi-model	163.68	+0.72	-17.79
7.	7.	7.	Elasticsearch	Search engine, Multi-model	138.98	-0.94	-12.46
8.	8.	8.	IBM Db2	Relational, Multi-model	136.72	-2.52	-14.67
9.	↑10.	↑10.	SQLite	Relational	129.20	-0.72	-9.62
10.	↓9.	↓9.	Microsoft Access	Relational	128.56	-1.78	-11.47

图2-12　DB-Engines Ranking显示的数据库排名

表2-12　数据管理三个阶段的比较

比较内容	人工管理	文件管理	数据库管理
应用背景	科学计算	科学计算、数据管理	大规模数据管理
硬件	穿孔卡片、磁带	磁盘、磁鼓	大规模磁盘阵列
软件	无操作系统	有文件系统	有数据库管理系统
处理方式	批处理	批处理、实时处理	批处理、实时处理、分布处理
数据管理者	数据用户	文件系统	数据库管理系统
数据共享	无共享、数据冗余大	共享性低、数据冗余大	共享性高、数据冗余小
数据独立	不独立，依赖于程序	数据独立性差	高度独立

扩展阅读

1. 二进制与八卦

二进制是由德国哲学家、数学家莱布尼茨发明的。在1716年发表的《论中国的哲学》一文中，莱布尼茨专门指出了二进制与八卦有共同之处。八卦中的每一个卦，由称为“爻（读音为yáo）”的两种符号排列而成。“--”称为“阴爻”，相当于二进制中的0，“—”称为“阳爻”，相当于二进制中的1。

大家都应该听过“太极生两仪，两仪生四象，四象生八卦”，这句话正好对应了二进制的计算方法。据说莱布尼茨发明二进制后，非常巧合地发现了中国的八卦图恰好与二进制的计数方法一致。1674年莱布尼茨造出了全球首个可以进行乘除运算的原始计算器，1679年莱布尼茨正式发表了《二进算术》的论文，完善了二进制。

2. 十六进制为什么引入ABCDEF

十六进制中采用A、B、C、D、E、F分别表示10、11、12、13、14和15，为什么不直接使用数字本身呢？一个原因是数字本身占两位，另外一个原因是如果写了一个十六进制数$(112)_{16}$，是给它理解为三位十六进制数1、1、2，还是理解为两位十六进制数11、2或1、12呢？这就导致了不确定性。请自行思考是否还有其他原因。

3. 十进制转换为八进制、十六进制

十进制转换为八进制、十六进制采用类似转换二进制的方式，也分为整数部分和小数部分分

别实现。十进制整数转换为八进制采用“除以8取余倒排”，十进制小数转换为八进制采用“乘8取整顺排”，请自行思考十进制如何转换为十六进制。

4. 二进制、八进制、十六进制之间转换

八进制转换为二进制的规则：1位八进制数对应3位二进制数，一个八进制数值转换为对应二进制数值就是把每一位八进制数直接转换为二进制数，不足3位的左侧补零。下面举例说明。

$(345.217)_8=(\ ?\ )_2$下面是对应关系，左边为八进制，右边为对应的二进制。

3→011，4→100，5→101，2→010，1→001，7→111

所以八进制345.217转换为二进制为：011100101.010001111。

反过来二进制如何转换为八进制呢？整数部分从小数点位置向左依次三位一组，不够三位左侧补零，小数部分从小数点位置向右依次三位一组，不够三位右侧补零，然后三位一组的二进制数对应一个八进制数，看下面的例子。

$(1100101.01000111)_2=(\ ?\ )_8$

所以二进制1100101.01000111转换为八进制为：145.216。

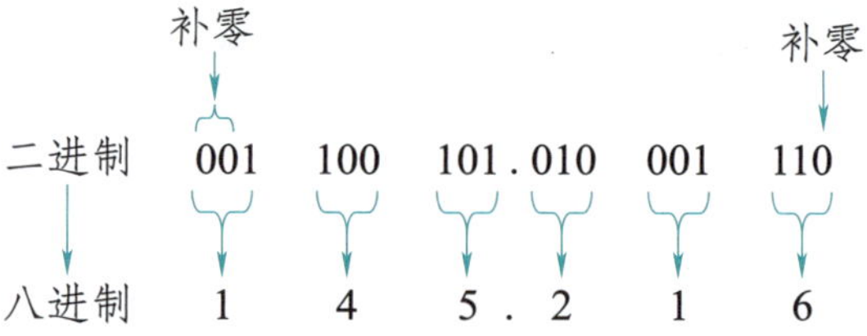

十六进制如何转换为二进制呢？参考上面八进制转换为二进制规则，注意一位十六进制数对应4位二进制数，不足4位的左侧补零，十六进制转换为二进制，上面二进制转换为八进制中所有“三位一组”的地方都换成“四位一组”即可。自己试着练习一下。

那八进制和十六进制之间如何转换？

借助二进制实现，也就是先把它们转换为对应的二进制数，然后再按照二进制和八进制、二进制和十六进制的转换规则进行转换。

思考：为什么让同学自己试着练而不直接给出进制的转换规则呢？因为根据学习金字塔理论，学习者的主动参与是高效学习的最好方式，所以要给同学提供自主探究和进步的空间，大家需要独立思考和探索，这样才是好的学习方式。

*5. 霍夫曼编码

前面介绍了ASCII码。基础ASCII码使用7位二进制编码，ASCII码属于等长编码（fixed-length coding），等长编码使用固定位数进行编码。还有一种编码类型是不等长编码（unfixed-length coding），不等长编码使用非固定的位数进行编码，可以实现数据压缩，又称变长编码。常见的变长编码是霍夫曼（Huffman）编码，基本思想是出现次数多的符号用位数短的二进制编码，出现次数少的符号用位数长的二进制编码。这样数据的总长度变小，数据存储空间小、传输快。

下面举例说明霍夫曼编码过程。假设需要编码的字符只有A、B、C、D、E五个，如果使用等长编码需要三位编码（$2^2=4$，$2^3=8$）。每个字符出现次数见表2-13。

表2-13 等长编码

字符	出现次数	编码位数	编码总位数	字符	出现次数	编码位数	编码总位数
A	40	3	120	D	5	3	15
B	20	3	60	E	3	3	9
C	9	3	27				

由表2-13可知，因为等长码的每个字符需要3位，以字符A为例，A出现的次数为40，所以A的编码总位数为3×40=120，其他字符计算方法类似，由此所有字符的编码总位数为120+60+27+15+9=231。

霍夫曼编码首先要构建霍夫曼树，基本方法是将所有字符按照出现次数从高到低进行排序，把两个出现次数最小的次数相加，得到新的次数，将新计算的次数和原来剩余的次数重新从高到低进行排序，再把最小的两个次数相加，再重新排序，直到所有字符次数相加最后变成一个次数。

如图2-13所示，首先选择出现次数最小的字符D和E，计算它们出现次数之和为3+5=8；重新计算后次数为A：40，B：20，C：9，D+E：8，再选择出现次数最小的为8、9，计算8+9=17；重新计算后次数为A：40，B：20，C+D+E：17，再选择出现次数最小的为17、20，计算17+20=37；重新计算后次数为A：40，B+C+D+E：37，再选择出现次数最小的为37、40，计算37+40=77，至此只剩一个次数，所有字符次数计算完成。

图2-14所示霍夫曼编码类似躺平的一棵树，树根在最右侧，向左依次分叉。霍夫曼编码从右侧树根开始逐渐向左，遇到分叉，给上面分支编码为0，下面分支编码为1，如此继续直到没有分叉。按照这个方法得到图2-14左侧所示霍夫曼编码。

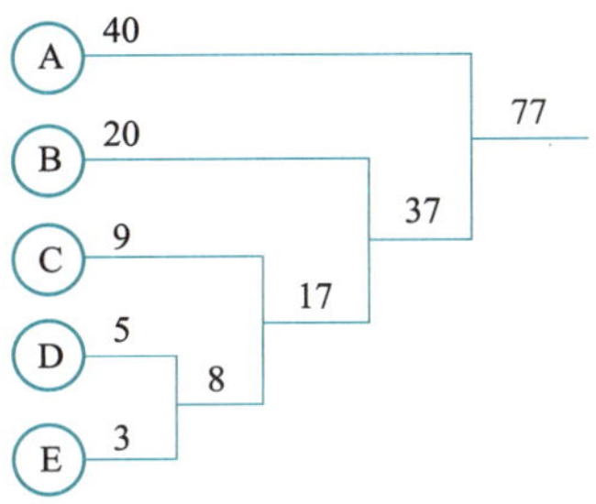

图2-13　构造霍夫曼树

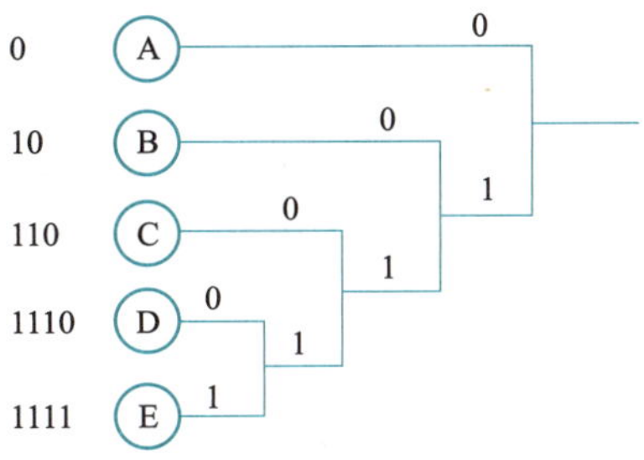

图2-14　霍夫曼编码

由图2-14可知，从根到字符A经过的路径上所有二进制编码为0，所以字符A的编码为0，同理从根到字符E经过的路径上所有二进制编码为1111，所以字符E的编码为1111。由此得到霍夫曼编码表见表2-14。

以字符A为例，A出现的次数为40，A的编码位数为1，所以A的编码总位数为1×40=40，其他字符计算方法类似，由此所有字符的编码总位数为40+40+27+20+12=139，与等长码相比（编码总位数为231），压缩比约为0.6（等于139/231）。

假设字符序列为“ABECABABCDA”，使用霍夫曼编码存储的二进制序列为“0101111110010010110111 00”，将存储的二进制序列恢复为原来的字符序列，可根据图2-14的霍夫曼树进行解码，方便起见，将其转换为图2-15所示霍夫曼树。

表2-14　霍夫曼编码

字符	出现次数	霍夫曼编码	编码位数	编码总位数
A	40	0	1	40
B	20	10	2	40
C	9	110	3	27
D	5	1110	4	20
E	3	1111	4	12

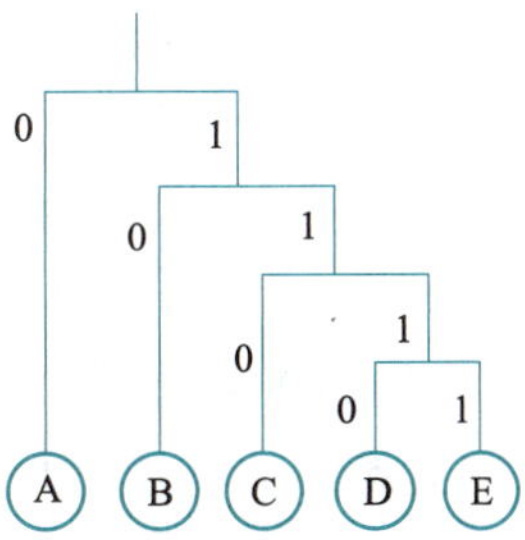

图2-15　霍夫曼树

从霍夫曼树根部开始，按照二进制序列逐一进行，符号为0选择左分支，符号为1选择右分支，直至霍夫曼树字符位置，此时完成一个字符的解码。然后再重复进行上述操作依次完成后面的二进制序列的解码操作，直至所有符号处理完成。二进制序列为“0101111110010010110111000”，当前符号为0，从图2-15霍夫曼树根部开始，选择左分支到达字符A，完成一个字符解码；剩余二进制序列为“101111110010010110111000”，当前符号为1，从霍夫曼树根部开始，选择右分支，下一个符号为0，选择左分支，到达字符B，完成一个字符解码；剩余二进制序列为“1111110010010110111000”，当前符号为1，从霍夫曼树根部开始，选择右分支，下一个符号为1，选择右分支，下一个符号为1，选择右分支，下一个符号为1，选择右分支，到达字符E，完成一个字符解码；剩下操作类似，这样完成了霍夫曼解码。

6. 颜色模式

前面介绍存储图像数据时要记录颜色RGB值，接下来深入拓展一下颜色模式，简单介绍分别使用加色原理和使用减色原理的两种类型的三原色。

色光三原色使用加色法原理。人的眼睛是根据所看见的光的频率来识别颜色的。可见光谱中的大部分颜色可以由三种基本色光按不同的比例混合而成，这三种基本色光的颜色就是红（red）、绿（green）、蓝（blue）三原色光。加色法原理被广泛应用于电视机、监视器等主动发光的产品中。

颜料三原色采用减色法原理，三原色分别是青（cyan）、洋红（magenta）和黄（yellow）。在打印、印刷、油漆、绘画等靠介质表面的反射被动发光的场合，物体所呈现的颜色是光源中被颜料吸收后所剩余的部分，所以其成色的原理称为减色法原理，减色法原理被广泛应用于各种被动发光的场合。

常见的色彩模式有三种：RGB模式、CMYK模式和HSB模式。

RGB模式通过颜色发光原理设定，有红、绿、蓝三种颜色，利用这三种颜色的加法混合，产生各种各样的颜色。纯红色的RGB值为（255, 0, 0），白色的RGB值为（255, 255, 255），黑色的RGB值为（0, 0, 0）。RGB模式在理论上可以还原自然界中存在的任何颜色，主要应用于屏幕显示中，如显示器、手机屏幕等。

CMYK模式是反光原理产生的，通过三原色混色叠加成四色，这四个颜色分别是青色（cyan, C）、洋红色（magenta, M）、黄色（yellow, Y）、黑色（black, K）。由于CMYK是印刷模式，常用在画册、包装、海报等印刷品中。

CMYK和RGB相比不同之处在于RGB模式是一种发光的色彩模式，在一间黑暗的房间内仍然可以看见屏幕上的内容，而CMYK是一种依靠反光的色彩模式，如看书是由阳光或灯光照射到图书上再反射到眼中才看到内容，需要有外界光源。

HSB模式中色彩的三要素是指每种色彩具有的三种基本属性，即色调（色相，hue）、饱和度（即纯度，saturation）和明度（brightness）。

色相，就是颜色名称，如红、绿、蓝等；饱和度即颜色的纯度，决定颜色的鲜明程度；明度指颜色的明亮程度，它决定颜色的深浅。

本书第6章数据可视化中对此会深入介绍。

7. 动画的起源

说到动画，大家会想起电视上看过的动画片，还会想起纸质的连环画，当然还有一些经典的漫画，如《三毛流浪记》和《父与子》。

动画的起源最早可以追溯到远古时期的壁画，距今两万年前西班牙北部山区的阿尔塔米拉洞穴内的壁画奔跑的野猪，如图2-16所示。画中猪的尾巴和腿重复绘画了几次，看起来像是在奔跑。

青海发现的距今五千年的马家窑文物“舞蹈纹盆”，如图2-17所示，盆上有一人跳舞的连续绘画。

起源于隋唐时期，盛行于宋代的“走马灯”成了真正动起来的动画。走马灯将马等图案贴在灯笼的各个面上，点燃灯笼内部的蜡烛，运动的热空气推动灯笼转动起来，这时马就看上去好像在奔跑一样。

挥动燃烧的木炭可以变成一条光带，普通人可能也有这样的经历。17、18世纪，牛顿曾对这一现象进行研究。1830年，法拉第研究这一现象，证明了“视觉暂留”的原理。

费纳奇镜与中国早期走马灯运行原理相似，都是依靠视觉暂留得到连续播放效果，是早期无声电影的雏形。

例如，图2-18所示为一种费纳奇镜图案，图纸分为10部分，在每部分画上二人舞蹈动作的分解图，中间对应的是猴子跳圈的分解图，把它组装在木杆上旋转起来可以看到跳舞和猴子跳圈的动态效果。

图2-16 壁画奔跑的野猪

图2-17 舞蹈纹盆

图2-18 费纳奇镜图案

8. 视频画质

在网站看视频时，可以选择360p流畅、480p清晰、720p高清、1080p高清，1080p 60帧，我们知道这些选项按顺序依次可以使视频画面越来越清楚，但这些选项到底是什么意思呢？

首先从电视说起，电视屏幕横纵比有4∶3、3∶2、16∶10和16∶9，这里360p，字母p表示逐行扫描（相对应的还有隔行扫描方式，同学可自行查阅资料），数字360是垂直分辨率，即表示电视屏幕在垂直方向从上到下有360条水平的扫描线。当纵横比为4∶3时，每条水平线分辨率有480个像素（480∶360=4∶3）；纵横比为3∶2时，每条水平线分辨率有540个像素（540∶360=3∶2），纵横比为16∶10的视频源，每条水平线分辨率有576个像素（576∶360=16∶0），纵横比为16∶9的视频源，而每条水平线分辨率有640个像素（640∶360=16∶9）。以16∶9为例，一幅电视画面像素大小为640×360。

1080p的计算方法类似。当纵横比为4∶3时，每条水平线分辨率有1 440个像素，纵横比为3∶2时，每条水平线分辨率有1 620个像素，纵横比为16∶10的视频源，每条水平线分辨率有1 728个像素，纵横比为16∶9的视频源，而每条水平线分辨率有1 920个像素。以16∶9为例，一幅电视画面像素大小为1 920×1 080。

以16∶9为例，360p画面的像素大小为640×360，小于1 080p画面的像素大小1 920×1 080，所以1080p比360p画面清晰。

1080p 60帧的含义是画面像素大小为1 920×1 080，每秒60帧，而我国电视采用的是每秒

25帧，所以1 080p 60帧画质更清晰流畅。

比1 080p更高的就是数字电影的标准，数字电影现在有2K、4K。2K的分辨率为2 048×1 080，4K的分辨率为4 096×2 016。目前电影院里的数字电影基本都是2K的，高清电影大多数是按照60帧的频率来拍摄。预计在不久的将来，可以出现超高分辨率的120帧的频率。

9. 操作系统

操作系统是管理计算机硬件和软件资源的计算机程序。操作系统的主要功能除了文件管理功能外，还包括进程管理、存储管理、设备管理和作业管理。

进程可以简单理解为计算机中正在运行的程序。一台计算机可以运行多个程序。我们播放音乐的同时可以浏览网页或者编辑文档。进程管理包括控制进程的启动停止等功能。这里的内容感兴趣的同学可以自行查阅。

存储管理主要是对内存空间的分配、保护和扩充等。

设备管理是对计算机所有输入、输出设备进行管理，实质是对硬件设备的管理，如键盘、鼠标、麦克风、扬声器、打印机和显示器等。设备管理功能主要包括对输入/输出设备的分配、初始化、维护与回收等。

计算机中把用户要求系统处理的计算任务或事务处理称为一个“作业”。操作系统的作业管理负责处理用户提交的任务要求，实现作业的输入和输出、作业的调度与控制，根据用户的需求控制作业运行，为用户提供一个友好的界面。

10. MySQL

直接登录Oracle官网，第一时间获取最新信息。

小　　结

本章给读者展示了数据的基本知识，包括数据的进制概念、不同进制之间的互相转换、不同数据类型在计算机中的存储方式，最后介绍了对数据的人工管理、文件系统和数据库三种管理方式，重点对数据库基本概念和基本操作进行介绍。

思考与练习

1. 自己练习十进制数与二进制、八进制和十六进制之间的转换，并使用计算机附件中计算器的“程序员”选项页面自查计算结果是否正确。

2. 如十字绣、大型表演方阵可以类比像素拼接图像例子，举例日常生活中还有哪些类似的例子。

3. 参考费纳奇镜设计制作一个动作分解图画，试着在计算机上用软件创作自己的动画作品。

*4. 安装和使用MySQL。自学MySQL数据库相关知识和操作命令，在计算机上安装MySQL，创建购物系统或者教务系统的数据库，设计并创建数据表，对表进行增删查改操作。

5. 读完本章，哪部分内容触发了你的思考？引发你查阅了哪些资料？请做好总结。

第3章
数据采集与预处理

从本章开始，将讨论大数据处理的整个周期，按照从数据获取、数据存储、数据处理、数据分析到数据应用的顺序逐一介绍大数据处理的各个阶段。借鉴传统数据处理过程并结合大数据特点，我们将大数据处理划分为五个阶段，分别是数据采集与预处理、数据存储与计算、数据分析与应用、数据可视化、数据安全与保护。本章主要讨论第一部分数据采集与预处理。

学习目标

◎了解大数据的三种类型。

◎理解数据采集的四种类型。

◎理解数据预处理的功能和相关原理。

◎了解数据清洗和数据脱敏的方法。

◎掌握Excel进行数据预处理的方法。

◎能够使用Python编程实现数据预处理，包括缺失值、重复值和异常值，提高计算机编程技能。

学习指导

本章建议通读三遍，第一遍速读，了解本章涉及哪些内容，确定知识重点和难点，为下一次阅读做准备。第二遍精读，主要是对重点难点进行理解掌握，如异常值处理的3σ原则和箱形图法基本概念等。遇到疑惑之处先认真思考，然后再查阅相关资料，最后对自己补充扩展的内容做好总结、归纳和整理。第三遍略读，主要是评价自己对已学内容的掌握程度，对知识和技能进行分类处理，如概念性的知识加深理解记忆，算法性的知识复盘思考分析，操作性的实验可以再动手重复验证等。请尽可能按照本章知识呈现顺序同步思考，逐步探索适合自己的学习方法，以期达到阅读学习的最大收获。

本章开始有Excel上机操作和Python编程的介绍，对于实验操作或编程部分建议同学按下列步骤进行：

①模仿教材操作或输入代码，对比实验结果。

②不看教材，独立操作完成类似教材的功能或自己编写Python程序完成类似功能，直至熟练无误。

③试着解决新的问题，查阅相关资料，做好总结。

3.1 数据类型

相对于传统数据，大数据来源广泛，数据量巨大，数据类型丰富。大数据的数据类型可以分为结构化数据、半结构化数据和非结构化数据，其中非结构化数据所占比例较大。据互联网数据中心（internet data center，IDC）研究表明，到2025年，全球数据量将会上升至163 ZB，研究机构Garter也表示，全球信息量正在以59%以上的年增长率快速增长。在这些数据中，结构化数据仅占到全部数据量的20%，其余80%都是以文件形式存在的非结构化和半结构化数据。

结构化数据是以二维表格的形式存储在关系数据库中的数据，本书第2章中曾详细介绍过相关内容。非结构化数据主要包括文本、图片、音频和视频等类型的文件数据。半结构化数据是介于完全结构化数据和完全非结构化数据之间的数据，两种常见的半结构化数据有XML文件和JSON文件。

XML指可扩展标记语言（extensible markup language），与同学较为熟悉的HTML不同，HTML主要用于显示数据，而XML主要用于传输和存储数据。一个XML文件示例如下：

```
<university>
    <name>中国石油大学(北京)</name>
    <college>
        <name>信息学院</name>
        <departments>
            <department>计算机</department>
            <department>软件</department>
        </departments>
    </college>
</university>
```

其中，<university>是文档的根元素，也是一个开始标签，里面定义了子元素<name>和<college>，<college>中又定义了自己的子元素<name>和<departments>。</university>是<university>的关闭标签，定义根元素的结尾。XML规定：所有的元素都必须有一个关闭标签，如</name>是<name>的关闭标签，<name>和</name>是一对标签，<department>和</department>也是一对标签。

JSON（JavaScript object notation）是一种数据交换格式，类似上述XML例子，相应的JSON描述如下所示，读者可以对照理解。

```
{
    "name":"中国石油大学(北京)",
    "college":{
        "name":"信息学院",
        "departments":{
            "department":["计算机","软件"]
        }
    }
}
```

3.2　数据采集

数据采集（data acquisition）又称数据获取（data capture）。大数据的数据采集是指通过各种技术手段实时或非实时地获取来自各种外部数据源（如网络、传感器、企业业务系统等）产生的数据，并将数据存储到数据库中的过程，用户可以对这些数据进行简单的查询和处理工作。

3.2.1　数据源

数据采集的数据源主要包括传感器、系统日志、企业业务系统数据和互联网数据等。传感器是一种检测装置，可以将感受到的信息，按一定规律变换成电信号或其他形式输出，以满足信息的传输、处理、存储、显示和控制等要求。常见的有温湿度传感器、光传感器、声音传感器、加速度传感器等。手机里就有多种不同类型的传感器，如在计步功能中使用的加速度传感器，“摇一摇”功能使用的陀螺仪，还有麦克风、手机摄像头等也是传感器。

日志文件一般由计算机系统或应用程序生成。系统每天会生成大量的日志文件用于记录系统中的硬件、软件、系统问题等信息，记录不同命令执行的各种操作活动。根据系统日志记录的内容，系统日志一般分为三类：用户行为日志、业务变更日志和系统运行日志。用户行为日志记录用户使用系统时的一系列操作信息，如登录和退出时间、访问的页面、页面上的停留时间、鼠标单击等。业务变更日志记录特定业务场景中用户使用某些功能和进行业务操作等的记录信息。系统运行日志主要用于监测系统运行时服务器、网络及各组件实时运行状态信息。

企业业务系统数据使用传统的关系型数据库MySQL和Oracle等来存储和管理。如银行业务系统、教务管理系统和超市管理系统等。企业每时每刻产生的各种业务数据，以二维表行记录的形式直接写入数据库中，可以进行增删查改和统计分析等数据操作。

互联网数据的采集借助于网络爬虫完成，网络爬虫就是一个在网上抓取网页数据的程序。爬虫程序将各种数据从网页中抽取出来，按照指定的格式将其存储为统一形式的数据文件。

传感器数据采集本书不展开说明。下面主要介绍日志数据采集、企业数据采集和互联网数据采集，最后以网络爬虫为例使用Python实现一个简单的数据采集。

*3.2.2　日志数据采集

日志数据采集用于收集、存储、检索和分析各种类型的日志信息。它可以帮助用户从应用程序、系统、网络等多个方面收集各种类型的日志信息，并提供可视化界面和查询功能，以便更好地了解应用程序和系统的运行状况。这里介绍两个比较有代表性的日志采集工具Flume和Kafka。

1. Flume

Flume是Cloudera公司开发的一种具有分布式、高可用等特点的日志收集系统。日志收集系统可以为大数据日志采集、汇总聚合和转储传输提供支持。分布式可以简单理解为不在同一地点的多台计算机共同分工协作完成一项任务。高可用是用来描述系统可以长时间提供服务，因故障等原因不能提供服务的时间极少，一直保持可用状态。

Flume的设计为了保证扩展性和灵活性，制定了各类数据发送方Source、数据接收方Sink，以及具有写各种数据到接收方能力的Channel。Flume架构图如图3-1所示。

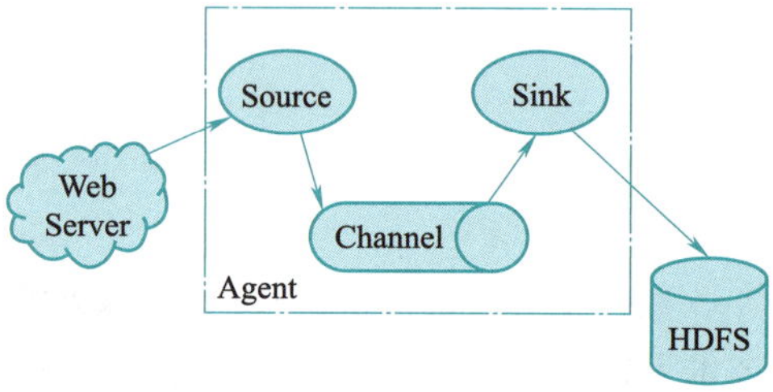

图3-1 Flume架构图

由图3-1可以看出，Flume的核心组件如下：

①Source用来接收外部源发送过来的数据。

②Channel是一个缓冲数据的地方，它会接收由Source发送过来的数据，直到有Sink消耗掉该信息。

③Sink是数据的目的地，它会将Channel中的信息消耗掉，例如，数据可以写入HDFS或者HBase中。

Agent是Flume运行的核心，它是一个完整的数据收集工具，由Source、Channel、Sink三部分组成，Flume允许多个Agent连接起来共同组成多级的数据传输通道。

Flume是从数据源将数据收集过来，然后将数据发往数据的接收方。在将数据发送到接收方之前，为了保证数据能够到达接收方，会先将数据缓存，直到接收方确认数据到达后才删除缓存中的数据。

2. Kafka

Kafka最开始是由LinkedIn公司开发，并在2011年开放源代码，成为Apache软件基金会的一个开源项目。Apache Kafka被许多公司用于多种类型数据处理的管道和消息系统使用。

Kafka是一个分布式的，具有高吞吐量，基于发布订阅模式的消息系统。高吞吐量是指系统能够快速处理大量请求的能力，侧重处理的请求量大。消息系统可以简单理解为类似邮箱接收邮件。

发送电子邮件时是将一个邮件从发送方的计算机转发到接收方计算机上。发送的时候，用户不需要关心对方的计算机是否开机，只需发送即可，邮件先被发送到邮件服务器上。当对方计算机开机时，再从邮件服务器上获取邮件。邮件服务器就是一个消息系统，可暂存应用之间通信所发送的消息。这样的好处很明显，作为发送消息的生产者并不需要关心接收消息的消费者的状态，生产者只需确保将消息成功发送到消息系统即可。

在消息系统中，生产者发送包含事件的消息，消息可以被推送给一个或多个消费者。消息系统有两种模式，一种是点对点消息系统（peer-to-peer），生产者发送到队列中的消息被一个而且只能是一个接收者接收。另外一种是发布订阅消息系统，消费者订阅主题，发布到一个主题的消息会由消息系统广播给所有订阅的消费者，因此消息可以被多个订阅者接收。Kafka就属于发布订阅模式的消息系统。

（1）Kafka的特性

①高吞吐量、低延迟：每秒可以处理几十万条消息，它的延迟最低只有几毫秒。

②可扩展性：集群支持热扩展。

③持久性、可靠性：消息被持久化到本地磁盘，并且支持数据备份防止数据丢失。

④容错性：允许集群中节点失败，若副本数量为n，则允许n-1个节点失败。

⑤高并发：支持数千个客户端同时读写。

（2）Kafka中的主要概念和术语

①broker：Kafka集群包含一个或多个服务器，每个服务器称为broker。集群是由多个计算机联合起来为外界提供高性能高可靠的服务，逻辑上可以看作一台计算机。

②topic：主题，每条发布到Kafka集群的消息都有一个分类，这个类别称为topic。

③producer：消息的生产者，负责生产消息并发送到Kafka broker。

④consumer：消息的消费者，负责从Kafka broker拉取数据，并消费已发布的消息。

⑤partition：每个topic包含一个或多个partition，每个partition都是一个有序的队列。

⑥message：消息，通信的基本单位，每个producer可以向一个topic发布一些消息。

图3-2所示Kafka示例图中，主题有四个分区p1~p4。两个不同的生产者客户端producer client 1和producer client 2互相独立地发布新事件。这些事件通过网络被写入不同主题的分区。具有相同事件键（如客户ID）的事件（图中用不同的颜色表示）被写入相同的分区。注意，两个生产者都可以向同一个分区发布事件，如图中一个分区中用统一颜色的深浅表示不同生产者发布的事件。

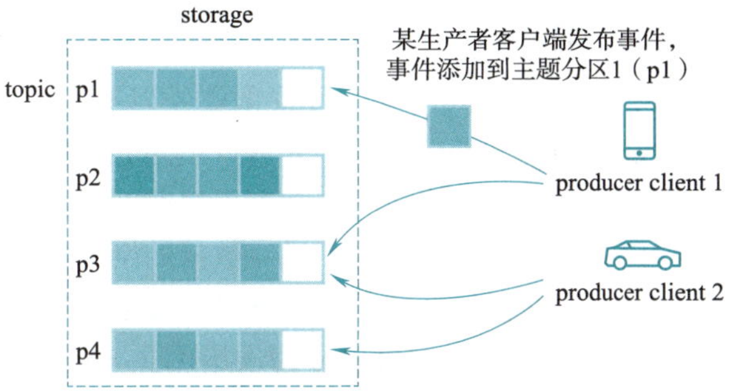

图3-2　Kafka示例图

3. Flume 与 Kafka 比较

Flume与Kafka都可以进行日志数据采集，并且都是一种消息系统，两者既有区别又有联系。Flume一般用于日志采集，负责数据采集及保障数据可靠传输；Kafka一般用于日志缓存。Flume和Kafka一般结合使用，Flume作为日志收集端，Kafka作为日志消费端。Flume和Kafka的侧重点不同，Kafka适合多个消费者的场景，Flume适合多个生产者的场景。

3.2.3　企业数据采集

一般使用Hadoop技术处理大数据业务的大多数企业，都有大量的数据存储在关系型数据库中。如果没有工具支持，Hadoop和关系型数据库之间数据传输是一个很困难的事。Sqoop主要目标是提供SQL Server与Hadoop之间的数据转换，即结构化数据与非结构化数据之间的双向数据传输。

Sqoop是连接关系型数据库和Hadoop的桥梁，主要有两个功能：一是将关系型数据库的数据导入Hadoop及其相关的系统中，如Hive和HBase；二是将数据从Hadoop系统中抽取并导出到关系型数据库。用户可以在Sqoop的帮助下，方便地将数据在关系型数据库和Hadoop之间进行导入导出。

需要注意的是，Apache官网已经从2021年6月起不再对Sqoop进行维护。

3.2.4　网络数据采集

1. 爬虫定义

网络爬虫（Web crawler）又称网络蜘蛛（spider），是一种按照一定的规则自动浏览、检索网页内容的程序。网络爬虫能够自动请求网页，在海量的互联网页面中爬取指定内容，选择需要的有效数据提取并存储下来，对这些数据进行统计分析处理，以获取有价值的信息。目前普遍使用的百度和Google等搜索引擎就是通过使用爬虫程序采集数据后建立索引数据库从而为用户提供搜索服务。

网络爬虫可以自动、高效地读取或收集互联网数据，作为一种重要的数据采集手段被广泛应用于很多领域，但是网络爬虫不能随心所欲地使用。网络爬虫需要遵循robots协议，robots协议是国际互联网界通行的道德规范。大部分网站都会提供自己的robots.txt文件，这个文件提示使用网络爬虫的用户遵循的爬取准则和限制，即什么数据可以爬，什么数据不能爬，或者设置防抓取的屏蔽措施，从而保护数据。

2. 爬虫分类

网络爬虫可分为不同类型。根据使用场景，网络爬虫可分为通用爬虫（general purpose Web crawler）和聚焦爬虫（focused crawler）两种。通用爬虫又称全网爬虫（scalable Web crawler），它是搜索引擎抓取系统的重要组成部分，主要用途是为门户站点搜索引擎和大型Web服务提供商采集数据。聚焦网络爬虫又称主题网络爬虫（topical crawler），它选择性地爬取与预先定义好的主题相关的页面，是有针对性的爬取，可以满足特定的需求。

根据爬取形式不同，可将爬虫分为累积式爬虫（accumulative Web crawler）和增量式爬虫（incremental Web crawler）。累积式爬虫是指从某一个时间点开始，通过遍历的方式抓取爬虫系统能够存储和处理的所有网页。理想情况下，累积式爬虫可以保证抓取到相当规模的网页集合。增量式网络爬虫是已经抓取了足够数量的网页集合，在此基础上，爬虫对集合中过时的网页进行抓取，以保证所抓取到的数据与真实网络数据足够接近。

网页按存在方式可以分为表层网页（surface Web）和深层网页（deep Web，又称invisible Web pages或hidden Web）。所谓表层网页，是指使用超链接就能够到达的静态页面；而深层网页不能通过静态链接直接获取，需要动态网页技术访问的页面，需要用户提交一些数据后才能获取的网页，如用户注册后才可以访问的一些网页。针对这两种网页的爬虫分别称为表层爬虫（surface Web crawler）和深层爬虫（deep Web crawler）。

3. 爬取策略

网络爬虫在爬取网页的过程中会采取一定的爬行策略爬取数据。爬行策略主要有大站优先爬行策略、反链爬行策略、深度优先爬行策略和广度优先爬行策略。

大站优先爬行策略是按照网页所属的网站进行归类，如果某个网站的网页数量多，将其称为大站，优先爬取。

一个网页的反向链接数是指该网页被其他网页指向的次数，这个次数在一定程度上代表着该网页被其他网页的推荐次数。简单说，反链爬行策略的基本思想是哪个网页的反链数量越多，则哪个网页将被优先爬取。

深度优先的主要思想以图3-3为例说明，先爬取当前网页A内容，同时获取当前网页的下层链接网页B1、B2、B3，沿着其中的一个下层链接网页B1爬取网页B1内容，再获取当前网页B1的下层链接网页C1、C2，然后爬取当前网页C1内容，C1没有下层链接网页，则返回C1上一层网页B1继续爬取网页C2内容，不断递归重复这一过程，直至爬取完所有网页。按照深度优先爬取策略，最终得出的网页爬取顺序为A→B1→C1→C2→B2→B3→C3。

广度优先爬行策略仍以图3-3为例说明，先爬取当前网页A内容，同时获取当前网页的下层链接网页B1、B2、B3，然后顺序爬取这一层次的网页B1、B2、B3内容，同时获取下层链接网页C1、C2、C3，同一层次的网页爬取完之后再选择下一个层次的网页进行爬取，直至所有网页爬取完成。按照广度优先爬取策略，图3-3所示网站爬取的网页顺序是A→B1→B2→B3→C1→C2→C3。

4. 爬虫工作流程

网络爬虫的简单流程如图3-4所示。

首先，获取初始网页地址，术语称为统一资源定位（uniform resource locator, URL）。初始的URL地址可以由用户指定，或者根据其他方式确定。

爬取初始URL地址中的网页，存储所需数据，同时记录当前网页中包含的新的URL地址，将新的URL增加到URL队列中。

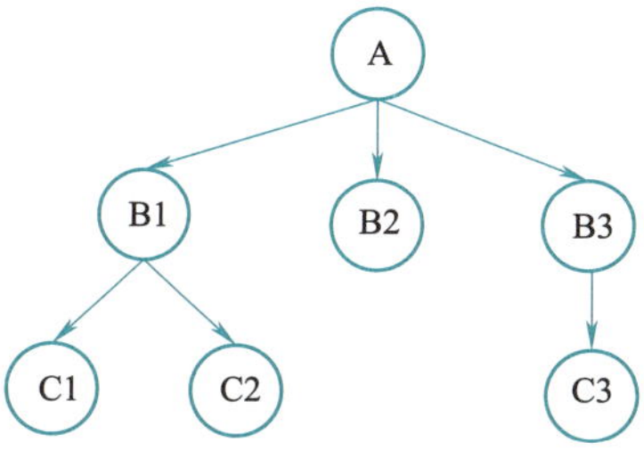

图3-3　网页及其下层网页链接情况

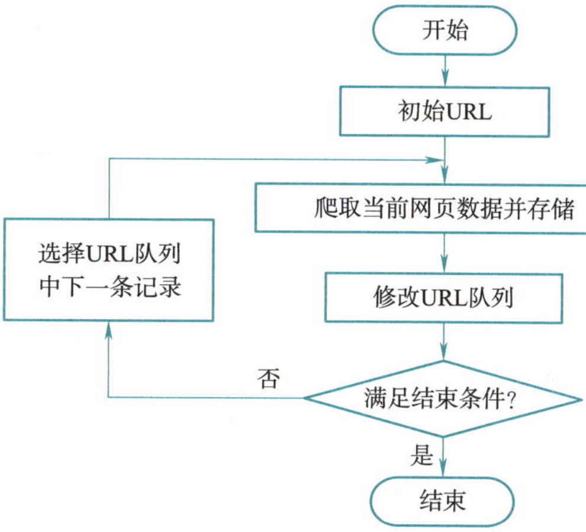

图3-4　爬虫工作流程

从URL队列中读取一条URL地址，爬取当前URL网页的数据并存储，同时记录当前URL网页中的新URL地址并将其放到URL队列中。并重复上述爬取过程。

满足爬虫系统设置的结束条件时，停止爬取。如果没有设置结束条件，爬虫会一直爬取下去，直到无法获取新的URL地址时结束。

*3.2.5　爬虫案例

在介绍爬虫案例之前，先解释一下爬虫相关的基础知识。

以中国石油大学（北京）官网为例，打开网页“https://www.cup.edu.cn/”后右击，在弹出的快捷菜单中选择“查看源文件”命令，如图3-5所示。

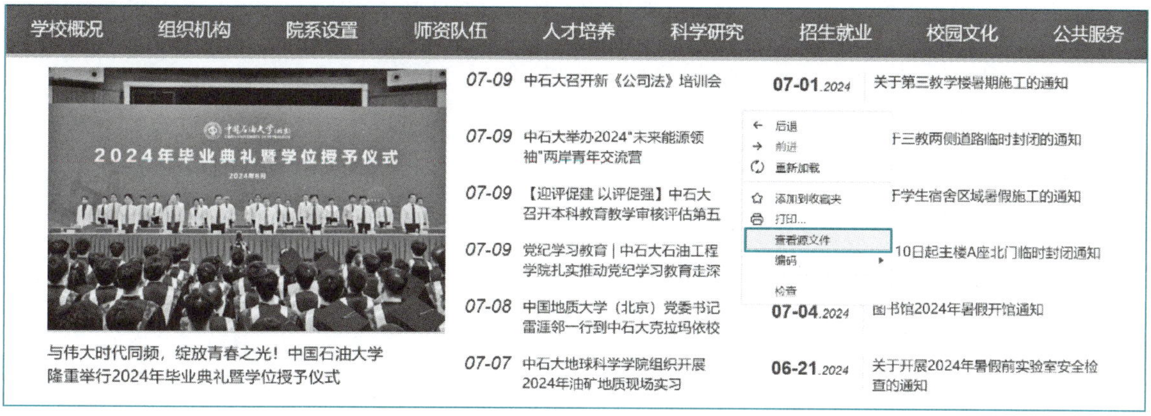

图3-5　查看网页源文件

浏览器会新打开一个标签页“view-source:https://www.cup.edu.cn/”，即可查看中国石油大学（北京）官网的源文件，如图3-6所示。网络爬虫需要分析这个源文件的内容，获取所需数据。

下面以Python为例编写程序访问中国石油大学（北京）官网网页内容的程序，源代码如下（具体代码可参考本书配套资源）：

```
<!doctype html>
<html><meta http-equiv="Content-Type" content="text/html; charset=utf-8">
<meta http-equiv="X-UA-Compatible" content="IE=edge,chrome=1">
<meta name="viewport" content="width=device-width, initial-scale=1.0">
<meta name="apple-mobile-web-app-status-bar-style" content="black">
<meta name="format-detection" content="telephone=no">
<meta http-equiv="pragma" content="no-cache">
<meta http-equiv="Cache-Control" content="no-cache, must-revalidate">
<meta http-equiv="expires" content="0">
<title>中国石油大学(北京)</title>
<link href="css/gb2017/jquery.bxslider.css" rel="stylesheet" type="text/css">
<link rel="stylesheet" href="css/gb2017/style.css">
<link rel="stylesheet" href="css/gb2017/index.css">
<link rel="stylesheet" href="css/gb2017/font-awesome.min.css">
<link rel="shortcut icon" href="images/favicon.ico"> <!--[if lt IE 9]>
<script src="js/gb2017/html5.js"  type="text/javascript"></script>
<![endif]--><script type='text/javascript' src='/publish/gPublic/all.js'></script><body >
<!--header开始-->
<header class="wraq_header">
  <!-- 移动端主导航开始 -->
        <section class="snav">
            <section id="mbtn" class="mbtn">
                <span class="fa fa-lg fa-bars"></span>
                <ul class="mtopList">
                    <li><a href="https://www.cupk.edu.cn/" target="_blank">克拉玛依校区</a></li>
                    <li class="ntop_01"><a href="https://www.cup.edu.cn/english/" target="_blank">English</a></li>
                    <li class="ntop_01"><a href="https://www.cup.edu.cn/russian/" target="_blank">Русский</a></li>
                </ul>
            </section>
            <div class="navm ">
```

图3-6 网页源文件

案例3-1 爬取中国石油大学（北京）官网。

```
#为了使用requests，需要首先导入requests库
import requests

#定义一个函数，获取当前url的内容
def getHtml(url):
    try:
        #获得一个Response对象r，从r可以获取http请求的响应结果
        #发送请求后，指定30 s内返回响应，否则就抛出异常
        r=requests.get(url,timeout=30)
        #http正常状态码200，如果不是200抛出异常
        r.raise_for_status()
        #设置根据网页内容分析网页编码的方式
        r.encoding=r.apparent_encoding
        #返回响应的正文文本内容
        return r.text
    except:
        return "产生异常"

#定义主函数，调用getHtml()函数，用于向中国石油大学(北京)网址
#https://www.cup.edu.cn/ 发送请求
def main():
    print(getHtml("https://www.cup.edu.cn/"))

#调用main()函数
main()
```

【源代码解析】

①发送请求，获取网页。

爬虫首先要做的工作就是获取网页，即获取网页的源代码。源代码中包含了网页的部分有用信息，所以只要把源代码获取下来，就可以从中提取想要的信息。为了获取网页，需要向网站的服务器发送一个请求，如果服务器能正常响应，会得到一个Response，Response的内容便是所要获取的页面内容，即网页源代码。

Python有许多第三方库能实现这个操作，如urllib、requests等，可以用这些库来HTTP请求操作，这样可以用程序实现获取网页的过程，上例中具体代码为r=requests.get(url, timeout=30)。

②解析网页，提取数据。

获取网页源代码后，接下来就是分析网页源代码，从中提取想要的数据。可以用正则表达式进行解析。解析需要具备相关知识（如HTML、正则表达式、第三方解析库等），本书不展开介绍，感兴趣的同学可自行查阅相关资料。

③保存数据。

提取信息后，一般将提取到的数据保存以便后续使用。保存形式多种多样，可以保存为TXT文本或JSON文本，也可以保存至数据库，如MySQL和MongoDB等，或者保存特定格式的文件。

在介绍完爬虫基本知识内容后，本文以爬取豆瓣读书Top250为例，保存数据到Excel文件中。

Python爬虫程序源代码如下，具体代码可参考本书配套资源。

*案例 3-2 爬取豆瓣读书。

```
import re                                        #正则表达式，进行文字匹配
import urllib.request                            #指定url，获取网页数据
import xlwt                                      #进行Excel操作
from bs4 import BeautifulSoup                    #网页解析，获取数据
import urllib.parse                              #解析数据

#图书详情链接
findLink=re.compile(r'<a href=".*?"')
#图书图片链接
findImgSrc=re.compile(r'<img src="(.*?)"', re.S)   #re.S包含换行符
#图书名
findTitle=re.compile(r'<a href=(.*?)" onclick=(.*?)title="(.*?)">', re.S)
#图书评分
findRating=re.compile(r'<span class="rating_nums">(.*)</span>')
#评价人数
findRatingPeple=re.compile(r'<span class="pl">(.*?)</span>', re.S)
#图书概况(一句话简介)
findInq=re.compile(r'<span class="inq">(.*)</span>')

#爬取所有网页
def getData(baseurl):
    datalist=[]                                  #所有图书信息列表
    for i in range(0,10):                        #当前页的25本图书信息，一共10页
        url="https://book.douban.com/top250?start="+str(i*25)+"&filter="
        html=askURL(url)

        #解析数据
        soup=BeautifulSoup(html,"html.parser")
        for item in soup.find_all("tr",class_="item"):     #查找指定字符串放入列表
            data=[]                                        #保存一本书的信息
```

```
            stritem=str(item)
            link=re.findall(findLink,stritem)[0]
            data.append(link[9:-1])                       #添加链接

            ImgSrc=re.findall(findImgSrc,stritem)[0]
            data.append(ImgSrc)                           #添加图片

            Titles=re.findall(findTitle,stritem)
            data.append(Titles[0][2])                     #添加书名

            Rating=re.findall(findRating,stritem)
            data.append(eval(Rating[0]))                  #添加评分

            RatingPeple=re.findall(findRatingPeple,stritem)
            rp=RatingPeple[0][1:-1]
            rp=rp.strip()
            data.append(int(rp[:-3]))                     #添加评价人数

            Inq=re.findall(findInq,stritem)
            if len(Inq)!=0:
                data.append(Inq[0])                       #添加一句话简介
            else:                                         #有的图书没有简介
                data.append("")
            datalist.append(data)                         #存储图书信息到列表中
    return datalist

#获得一本图书网页内容
def askURL(url):
    #模拟头部信息，向豆瓣服务器发送信息
    head={"User-Agent":"Mozilla/5.0(Windows NT 10.0; WOW64)
AppleWebKit/537.36(KHTML,like Gecko) Chrome"}
    req=urllib.request.Request(url=url,headers=head)
    html=""
    try:
        response=urllib.request.urlopen(req,timeout=3)
        html=response.read().decode("utf-8")
    except urllib.error.URLError as e:
        if hasattr(e,"code"):
            print(e.code)
        if hasattr(e,"reason"):
            print(e.reason)
    return html

#保存数据到Excel中
def saveData(datalist,savepath):
    print("saving......")
    workbook=xlwt.Workbook(encoding="utf-8",style_compression=0)
    worksheet=workbook.add_sheet("sheet1",cell_overwrite_ok=True)

    col=("图书链接","图书图片","中文名","评分","评价人数","一句话简介",)
    for i in range(0,6):
```

```
        worksheet.write(0,i,col[i])
        print("第%d列数据" %(i + 1))                #显示Excel表第多少列数据

        for k in range(0,250):
            print("\t第%d本"%(k+1))                 #显示当前图书数目
            data1=datalist[k]

            for j in range(0,6):
                worksheet.write(k+1,j,data1[j])
    workbook.save(savepath)

def main():
    baseurl="https://book.douban.com/top250"

    #爬取网页并解析，将所有图书数据存储到列表中
    datalist=getData(baseurl)

    #保存数据
    savepath="豆瓣读书250.xls"
    saveData(datalist,savepath)
    print("爬取成功！")

if __name__=="__main__":                            #程序入口
    main()
```

程序生成的“豆瓣读书250.xls”文件部分内容截图如图3-7所示。

	A	B	C	D	E	F
1	图书链接	图书图片	中文名	评分	评价人数	一句话简介
2	https://boo	https://img	红楼梦	9.6	398029	都云作者痴，谁解其中味？
3	https://boo	https://img	活着	9.4	766915	生的苦难与伟大
4	https://boo	https://img	1984	9.4	263555	栗树荫下，我出卖你，你出卖我
5	https://boo	https://img	百年孤独	9.3	400037	魔幻现实主义文学代表作
6	https://boo	https://img	三体全集	9.5	162967	地球往事三部曲
7	https://boo	https://img	哈利·波特	9.7	89662	从9¾站台开始的旅程
8	https://boo	https://img	飘	9.3	202673	革命时期的爱情，随风而逝
9	https://boo	https://img	房思琪的初	9.2	348792	向死而生的文学绝唱
10	https://boo	https://img	三国演义（	9.3	158517	是非成败转头空
11	https://boo	https://img	动物农场	9.3	147072	太阳底下并无新事
12	https://boo	https://img	福尔摩斯探	9.3	125796	名侦探的代名词
13	https://boo	https://img	白夜行	9.2	435600	一宗离奇命案牵出跨度近20年步步惊心的故事
14	https://boo	https://img	小王子	9.1	724721	献给长成了大人的孩子们
15	https://boo	https://img	安徒生童话	9.2	123923	为了争取未来的一代
16	https://boo	https://img	撒哈拉的故	9.2	157526	游荡的自由灵魂
17	https://boo	https://img	天龙八部	9.2	127019	有情皆孽，无人不冤
18	https://boo	https://img	呐喊	9.2	147849	新文学的第一声呐喊
19	https://boo	https://img	杀死一只知	9.2	134276	有一种东西不能遵循从众原则，那就是——人的良心
20	https://boo	https://img	明朝那些事	9.2	155698	不拘一格的历史书写
21	https://boo	https://img	失踪的孩子	9.2	71198	我的整个生命，只是一场为了提升社会地位的低俗斗争。
22	https://boo	https://img	新名字的故	9.2	81702	探索青年时代的激情、困惑、挣扎、背叛和失去
23	https://boo	https://img	沉默的大多	9.1	142820	沉默是沉默者的通行证
24	https://boo	https://img	悉达多	9.3	64974	
25	https://boo	https://img	邓小平时代	9.3	60189	个人命运背后的历史变局
26	https://boo	https://img	中国历代政	9.2	65704	一部简明的"中国政治制度史"
27	https://boo	https://img	局外人	9.1	218334	人生在世，永远也不该演戏作假
28	https://boo	https://img	人类简史	9.1	187966	跟着人类一同走过十万年
29	https://boo	https://img	野草	9.5	41511	我以这一丛野草，在明与暗，生与死，过去与未来之际，献于友与仇，爱者与不爱者之前作证。
30	https://boo	https://img	平凡的世界	9	311296	中国当代城乡生活全景
31	https://boo	https://img	乡土中国	9.2	78487	中国乡土社会传统文化和社会结构理论研究代表作
32	https://boo	https://img	围城	9	435072	幽默的语言和对生活深刻的观察

图3-7　豆瓣读书250.xls文件内容

3.3　数据预处理

为提高数据质量，数据需要进行预处理。常见的预处理技术包括数据清洗（data cleaning）、

数据归约（data reduction）、数据集成（data integration）、数据变换（data transformation）。

①数据清洗：是指去除原始数据中的无效数据、无关项、偶然数据和“脏”数据。根据数据的特性和不同需求，数据清洗可以采用不同的方法和策略。

②数据规约：是指对数据进行抽样、压缩、统计等操作，以便于数据分析和挖掘的处理。根据数据集的大小和分析目的，数据规约需要选择不同的方法和技巧进行处理。

③数据集成：是以数据共享为目的，将多个数据源中的数据进行统一有机整合。数据集成需要解决数据格式、数据结构等方面的问题，以确保数据的一致性和完整性。

④数据转换：是指为满足数据分析和挖掘的需要对数据进行转换和重构。数据转换包括数据变换、数据聚合、数据规范化、数据离散化等操作。

因数据预处理涉及知识内容较多，下面仅以数据清洗为例进行简单介绍。

3.3.1 数据清洗

从数据源采集到的原始数据一般比较杂乱，这些数据大多是含噪声的、不完整的和不一致的。

噪声数据是指数据中存在着错误或异常（偏离期望值）的数据，如学生成绩值为负数，身高值为2.81 m等，这些数据对后期的数据分析会造成不良影响。产生噪声数据的原因包括数据采集设备问题、数据传输问题、数据录入问题等。

不完整数据是指数据的属性值丢失或不确定的情况，如学生籍贯信息空白、身份类别未知等。

不一致性是指数据之间出现互相矛盾、不相容性的情况。如电话区号和地址不对应，北京的地址而对应电话区号是“022”，或者一个班级的男生人数加女生人数与班级总人数不同等。

数据清洗过程如图3-8所示，需要按照一定的规则将原始数据中的“脏”数据“洗掉”，脏数据包括重复数据、无效数据、异常数据和不一致数据等。数据清洗可简单分为手工清洗和自动清洗两种，手工清洗是指通过人工对数据进行清洗，自动清洗是指通过程序或者软件工具对数据进行清洗。不论使用哪种清洗方式，都可以采用特定清洗算法，清洗规则，应用统计技术或者异常检测技术进行。经过数据清洗，输入的原始数据成为满足要求的数据。

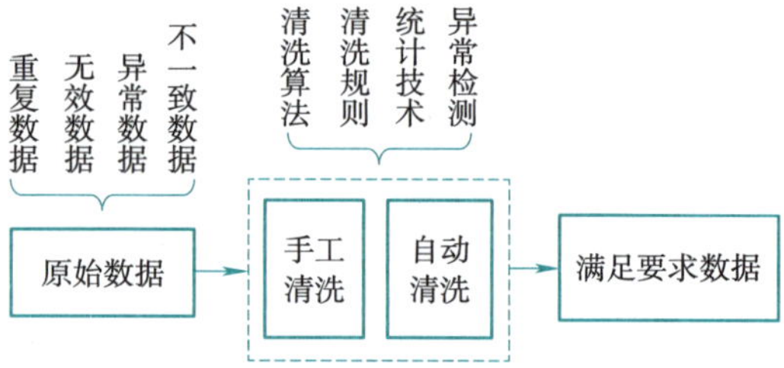

图3-8 数据清洗过程

数据清洗是发现并纠正数据文件中可识别的错误的最后一道程序，包括检查数据一致性、处理无效值和缺失值等。

一致性检查是根据每个变量的合理取值范围和相互关系，检查数据是否合乎要求，发现超出正常范围、逻辑上不合理或者相互矛盾的数据。例如，用A、B、C、D表示成绩优秀、良好、及格和不及格四个等级，结果出现了F值，或者面积计算出现了负数，都被视为超出正常值域范围。逻辑上不合理可能以多种形式出现，如采集身份证号数据为1101092009××××××××，而2023年记录的年龄填写为18岁等。相互矛盾的数据，如同属性值在不同数据表中数据值不相同，如学生专业在个人信息表中为“数学类”，而在选课表中为“计算机”，可能是因为学生转专业而相关信息没有及时更新。数据一致性与数据业务领域相关性较大，处理也需要数据库相关专业理论知识，这里不详细展开。

对于数据中可能存在的一些无效值和缺失值，也需要给予适当的处理。这里的数据清洗主要是对缺失值、重复值、异常值和数据类型不规范的数据进行处理。

1. 缺失值

一般说来，处理缺失数据的方法可以分为两大类。一类是数据删除（deletion），即在分析中忽略那些包含缺失值的数据记录。另一类是通过估算（estimation）填充缺失值，这类填充方法在统计学领域已有大量研究，形成了多种用估算值进行填充的方法。

（1）数据删除

数据删除是一种最简单直接的方法。该方法通过删除存在遗漏信息的数据并整合剩余数据得到一个完整的信息表。当数据信息表中含有缺失值的比例很小时常使用该方法处理。这种方法虽然保持了数据的完整性，却在减少历史数据时丢弃了隐藏在数据对象中的信息，造成了资源的浪费。除此之外，当遗漏数据在整个数据集中占据比例较大，特别当这些数据呈现非随机分布时，使用此类方法可能导致数据偏离。

数据删除主要包括整例删除、变量删除和成对删除。整例删除（casewise deletion）是指删除含有缺失值的样本，适合关键变量（可理解为属性）缺失，或者含有无效值或缺失值的样本所占比重很小的情况。变量删除（variable deletion）是指如果某一变量的无效值和缺失值很多，而且该变量对于所研究的问题不是特别重要，则可以考虑将该变量删除。成对删除（pairwise deletion）是用一个特殊码代表无效值和缺失值，同时保留数据集中的全部变量和样本。

（2）填充缺失值

填充缺失值最简单的办法就是用样本均值（mean）、中位数（median）或众数（mode）进行估算。样本均值是把所有数值相加，用总和除以数值个数得到的值，又称平均数。中位数是将所有数值从高到低排列，找到位于最中间的数值就是中位数。一半数值在中位数之上，另一半在中位数之下。众数是将所有数值排列好，计算不同数值出现的次数或不同数值范围出现的次数，出现频率最高的数值称为众数。

这些方法直接是对数据进行估计而不是对缺失值进行预测，因此计算出来的统计推断有可能受到填充值的影响。为解决此类问题，可以根据数据其他属性信息，通过变量之间的相关分析或逻辑推论进行数据估计。

2. 重复值

重复值的存在会影响数据分析和挖掘结果的准确性，所以需要进行数据重复性检验，如果存在重复值，一般需要将重复值删除。

判定数据是否为重复值有多种方法，相似度计算是重复数据清洗过程中的常用方法。如果相似度值超过了某一阈值，则认为是重复数据。相似度计算主要有余弦夹角方法、最长公共子串方法、基于排序方法、采用距离函数模型方法、基于聚类的算法和基于人工智能的算法等。

针对专门业务领域，通过分析选择适合的相似度算法，编写程序对选取的数据进行比对，删除重复记录，保留最新一条记录。

3. 异常值

异常值又称噪声数据，是指那些在数据集中存在的不合理的值。需要注意：不合理的值是偏离正常范围的值，不是错误值。比如人的身高为2.4 m，体重为0.5 t等，虽然这些值确实可能存在，但是过于偏离正常范围，因而属于异常值。异常值出现频率较低，但会对分析造成偏差。

异常值检测根据每个变量的合理取值范围和相互关系，检查数据是否合乎要求，发现超出正常范围、逻辑上不合理或者相互矛盾的数据。

异常值处理主要包括下面三种方法（具体实现可参阅3.4节中相关内容）。

（1）根据业务领域确定数据是否异常

这属于业务领域内容，与具体应用关系较大，这里不展开论述。

（2）3σ原则

3σ原则是指与平均值的偏差超过标准3个标准差。只有数据服从正态分布时才可以使用3σ原则。先介绍一下3σ原则涉及的基本概念方差和标准差。统计中的方差是每个样本值与全体样本值的平均数之差的平方的平均数。以大数据课程结课考试成绩举例说明，假设两个班级学号前6名同学的大数据课程成绩见表3-1。

表3-1　大数据课程成绩

班级	学号					
	01	02	03	04	05	06
一班	80	90	80	80	60	60
二班	100	90	50	50	60	100

如果评价一下两个班级的成绩，一般以平均分（也可以是总分）为依据。通过计算得出两个班的成绩总分和平均分是一样的，分别为450分和75分。可以认为两个班的成绩一样吗?

如果单纯从总分和平均分进行考虑，两个班的成绩确实没有差别，但是对比两个班每名同学的成绩可以发现，一班同学成绩比较均衡，主要在60~90分的范围内波动，与平均分只有15分以内的差距；而相比之下，二班同学成绩分化比较严重，低的50分，而高的100分，与平均分的差距达到了25分。

对于一组数据，虽然均值是最能代表该组所有数据的值，但其代表性的高低要看各个数据之间（比如六名同学的成绩之间）的差异情况。如果各个数据之间差异很大，则均值的代表性就会比较低，这时以均值来估计该组数据的状态（比如成绩好坏），出错的机会就有可能增大。

因此，在描述数据的分布状态时不仅要考虑数据主要集中在什么范围，还要考虑数据内部的差异程度。这种数据内部的差异情况，或者说数据的波动大小，可使用方差和标准差进行描述。

方差是指一组数据中各个数据与这组数据的平均数的差的平方的平均数。标准差是方差的算术平方根，用σ表示。由定义可以计算一班的方差σ_1^2和标准差σ_1。

$$(80-75)^2+(90-75)^2+(80-75)^2+(80-75)^2+(60-75)^2+(60-75)^2=750$$

$\sigma_1^2=750/6=125$，$\sigma_1=11.18$

下面计算二班的方差σ_2^2和标准差σ_2。

$$(100-75)^2+(90-75)^2+(50-75)^2+(50-75)^2+(60-75)^2+(100-75)^2=2\ 950$$

$\sigma_2^2=2\ 950/6=491.67$，$\sigma_2=22.17$

由此可知一班的成绩大致在平均分的±11.18分内波动，而二班的成绩则在平均分的±22.17分内波动，因此可以认为二班同学成绩分化较一班严重。

判定数据异常值的3σ原则为一个数据与平均值的偏差超过3个标准差即视为异常值。方便起见，仍以表3-1第一行数据为例，假设第一行数据不是分数，而是某测量指标的数据值，判定这一测量指标数据异常的标准就是如果数据值与平均值（75）之间的偏差是否超过3σ（$3\times11.18=33.54$）。如果数据值<(75−33.54)或者数据值>(75+33.54)即视为异常值，因此当数据值<41.46或者数据值>108.54时视为异常值。

*（3）箱形图法

如果数值>上界，或数值<下界则视为异常值。其中：

上界=上四分位数+1.5×IQR

下界=下四分位数−1.5×IQR

IQR=上四分位数−下四分位数

以图3-9为例先介绍一下箱形图的基本概念。四分位数（quartile）是统计学中分位数的一种，把所有数据值从小到大排列分成四等份，处于三个分割点位置的数值就是四分位数Q1、Q2、Q3。IQR（interquartile range）是四分位距。

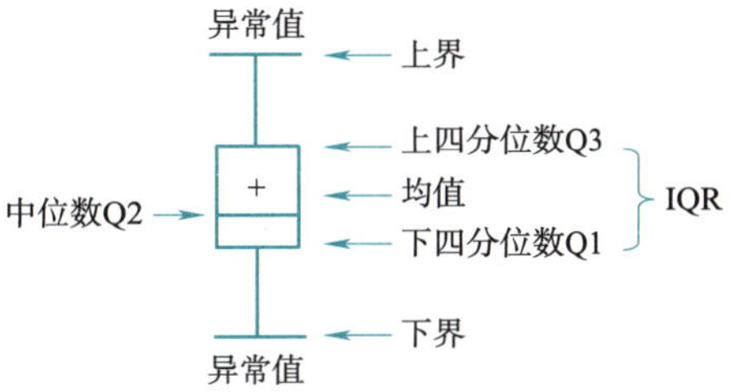

图3-9　箱形图

假设一个数列共有n个数，该数列有三个四分位数，设下四分位数、中位数和上四分位数分别为Q1、Q2、Q3，则Q1、Q2、Q3的位置可由下述公式确定：

Q1的位置$1\times(n+1)/4=(n+1)/4$

Q2的位置$2\times(n+1)/4=(n+1)/2$

Q3的位置$3\times(n+1)/4$

IQR=Q3−Q1

案例3-3　有11个数的排序数列为23、23.6、23.8、23.9、26、26.6、26.8、28、28.6、28.8、28.9，则三个四分位数的位置分别为：

Q1的位置$(n+1)/4=(11+1)/4=3$

Q2的位置$(n+1)/2=(11+1)/2=6$

Q3的位置$3\times(n+1)/4=3\times(11+1)/4=9$

即数列中的第三个、第六个、第九个数分别为下四分位数、中位数和上四分位数，即Q1=23.8、Q2=26.6、Q3=28.6。

如果计算的位置值有小数，相关的四分位数就应该是与该小数相邻的两个整数位置上的数值的加权平均数，权值的大小取决于两个整数位置距离的远近，距离越近，权值越大，距离越远，权值越小，权值之和等于1。

案例3-4　有10个数的排序数列为23、23.6、23.8、23.9、26、26.6、26.8、28、28.6、28.8，则三个四分位数的位置分别为：

Q1的位置$(n+1)/4=(10+1)/4=2.75$

Q2的位置$(n+1)/2=(10+1)/2=5.5$

Q3的位置$3\times(n+1)/4=3\times(10+1)/4=8.25$

即数列的第2.75项、第5.5项、第8.25项数值分别为下四分位数、中位数和上四分位数。此时需要使用加权计算四分位数，如下所示：

Q1=0.25×第二项+0.75×第三项=0.25×23.6+0.75×23.8=23.75

Q2=0.5×第五项+0.5×第六项=0.5×26+0.5×26.6=26.3

Q3=0.75×第八项+0.25×第九项=0.75×28+0.25×28.6=28.15

使用箱形图法，上界=Q3+1.5×IQR，下界=Q1−1.5×IQR，IQR=Q3−Q1。以案例3-4中数据计算，IQR=28.15−23.75=4.4，上界=Q3+1.5×IQR=28.15+1.5×4.4=34.75，下界=Q1−1.5×IQR=23.75−1.5×4.4=17.15。因此当数据值>上界（34.75）或者数据值<下界（17.15）视为异常值。

4. 数据类型问题

对于现实世界的同一实体，由于表达方式、尺度标准或编码的不同常导致数据存在一定差异，例如，来自A表的“学号”是字符型，而来自B表的学号是数值型，一个表格中出生日期格式是形如“2023-05-26”，而另一个表格中的格式是“05/26/2023”等。再有，对于身高这一属性，在一个系统中可能以“m”作为度量单位，而在另一个系统中则可能以“cm”作为度量单位。又如在大学的课程评分系统中，有的学校采用A~D成绩评分；而有的则采用数值1~5分。于是在对这两所学校进行数据库合并时，应该将两个系统的评分制度做统一处理，以便进行进一步的数据分析。

数据类型往往会影响到后续数据的处理分析等环节，因此需要明确每个字段的数据类型及格式，数据清洗时完成数据类型的统一处理。

3.3.2 数据脱敏

敏感数据又称隐私数据，常见的有姓名、身份证号码、住址、电话、银行账号、邮箱、密码、医疗信息、教育背景等。敏感数据在其生命周期的各个环节，也即数据的产生、传输、存储、应用、交换等环节中均存在被泄露和攻击的风险。为保护个人隐私或业务数据，需要对一些敏感数据进行数据脱敏处理。

数据脱敏（data masking）又称数据去隐私化或数据变形，是一种数据保护技术，通过屏蔽或变形数据库中的敏感信息，避免了将敏感信息暴露给非授权人员的风险，从而实现既保护关键和敏感隐私数据又保证脱敏后数据的可用性。

常见的脱敏方法包括替换、无效化、置乱、均值化、随机化等几种。

1. 替换

替换即以虚拟的数据值代替真实数据值。需要构造一个比较完善的数据表，然后通过算法将每个真实数据值在虚拟数据表中找到对应的虚拟值，并替换真实值，虚拟数据与真实的数据值的数据格式基本一致。

2. 无效化

无效化是以NULL或****代替真值或真值的一部分，如遮盖信用卡号的后几位，手机号码中间四位用****或其他指定字符代替等。

3. 置乱

置乱是对敏感数据列的值进行重新随机分布，混淆原有值和其他字段的联系。这种方法不影响原有数据的统计特性，如最大值、最小值和方差等均与原数据无异。

4. 均值化

均值化主要针对数值型数据，首先计算它们的均值，然后使脱敏后的值在均值附近随机分布，从而保持数据的总和不变。

5. 随机化

随机化是使用随机生成的合理数据值替代数据值。

3.4 预处理案例

数据预处理可以使用多种软件实现，下面以Excel和Python为例进行简单说明。

Excel主要针对日常办公和中小数据集的处理，简单易用，同时提供多种内嵌函数实现数据清洗功能，了解和掌握Excel如何进行数据清洗可以帮助读者深入理解和掌握数据清洗的概念、原理和具体操作。

Python是一种简单易学，功能强大的编程语言，适用于多种应用场景，如Web应用程序开发、数据分析、科学计算、人工智能等。Python在处理大型数据集方面比Excel更有效率，Python还支持大量的第三方库，如被称为数据分析三剑客的NumPy、Pandas和Matplotlib，还有如seaborn用于可视化，scikit-learn用于机器学习等，可以满足不同数据分析需求。编写Python程序能够自动执行数据读取、清洗、转换和建模等操作，能够大幅度提高数据分析的效率和准确性。

3.4.1　Excel

Excel是Microsoft Office办公软件中专门用于处理表格的应用程序，提供强大的数据可视化和数据分析功能。Excel内置了很多函数，如日期与时间函数、数学和三角函数、统计函数、数据库工作表函数、文本和数据函数、信息函数和财务函数等。可以对大量数据进行分类、排序和绘制图表等。

下面简单介绍Excel中的数据类型、简单数据处理、数据标准化、数据验证、数据清洗相关内容。

1. 数据类型

Excel中提供了多种数据类型，常用类型有数值、文本、日期、逻辑值和错误值等。

①数值：数值类型的数据是可以进行算术运算的数字，比如考试分数、商品价格、身高等。

②文本：又称字符型数据，是不参与算术运算的数据，如姓名、性别、商品名称等。另外一些不需要进行算术运算的数字，如身份证号、银行账号等也可以保存为文本型。

③日期：是一个比较特殊的分类，比如在A1单元格中输入“2023-5-28”，Excel就会自动将其保存为日期格式，而且内容自动转换为“2023/5/28”。如果将这个单元格的数字格式设置成常规（即没有任何格式）或数字，单元格中的内容就会变成一个5位数45074。这个数值表示“2023-5-28”这个日期距离1900年1月1日的天数，Excel可以识别的日期范围为1900年1月1日到9999年12月31日。日期既可以显示成日期特有的格式，也可以显示成一个数值，因此也可以像数值一样进行加减运算。如要计算两个日期间隔了多少天，只需使用减法即可，如图3-10所示。

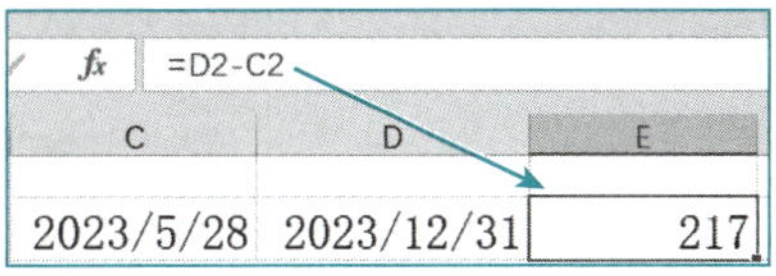

图3-10　日期数据运算示例

时间数据与日期类型类似，读者可自行查阅感兴趣的内容。

④逻辑值：逻辑值只有两个，TRUE表示“真”，FALSE表示“假”。如果一个条件成立称其逻辑值为真，如果不成立称其逻辑值为假。如“学生成绩大于或等于60”这个条件由学生的成绩确定，如果学生成绩是99，则逻辑值为真，如果学生成绩是56，则逻辑值为假。

⑤错误值：本文给出Excel中常见的八个错误值，见表3-2。

表3-2　Excel常见错误值

错误值	出 错 原 因
###	输入单元格列宽不够，调整列宽即可单元格是不符合逻辑的数值，如时间在前的日期减时间在后的日期
#DIV/0!	除数为0、空格或缺失值

续表

错误值	出 错 原 因
#VALUE!	运算或函数参数使用了不符合要求的数据类型
#N/A	公式找不到所要查找的内容
#NUM!	公式或函数中使用了无效数值
#REF!	引用某一单元格或单元格区域，而引用的区域被删除
#NAME?	公式中的名称拼写错误、公式的语法使用错误或公式引用了未定义的名称
#NULL!	使用了不正确的区域运算符，或在区域引用之间使用不相交的两个区域的交集

2. 简单数据处理

Excel可对不同类型数据进行处理。下面以数据格式转换、文本与数据转换函数为例说明。

Excel中最常用的就是文本、数字格式转换。如图3-11所示，当在D2单元格输入“2023”后，在“开始”选项卡“数字”组中显示为“常规”，此时单击下拉按钮，可设置不同数据格式。

图3-11 格式转换

也可以选中单元格后右击，在弹出的快捷菜单中选择“设置单元格格式”命令，弹出“设置单元格格式”对话框，在“数字”选项卡中设置数据类型，如图3-12所示。

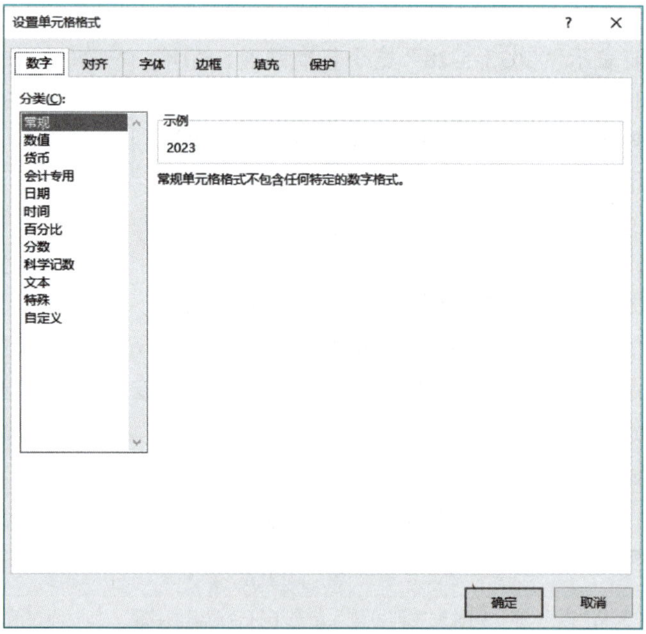

图3-12 “设置单元格格式”对话框

另外一种方法是使用函数转换数据类型。常用的两个函数是VALUE()函数和TEXT()函数。

VALUE()函数是将文本转换为数字的常用函数，通用语法为：=VALUE(text)，其中text为文本或包含要转换为数字的文本的单元格。

TEXT()函数可以将数字转换为特定的文本格式，通用语法为：=TEXT(value, format_text)，其中value是要转换的数字，format_text是要应用的格式。图3-13所示为E2单元格中输入公式“=VALUE(D2)”，F2单元格中输入公式“=TEXT(D2, "0.00")”的结果，其中TEXT()函数的第二个参数"0.00"表示格式为小数点后面显示两位小数。

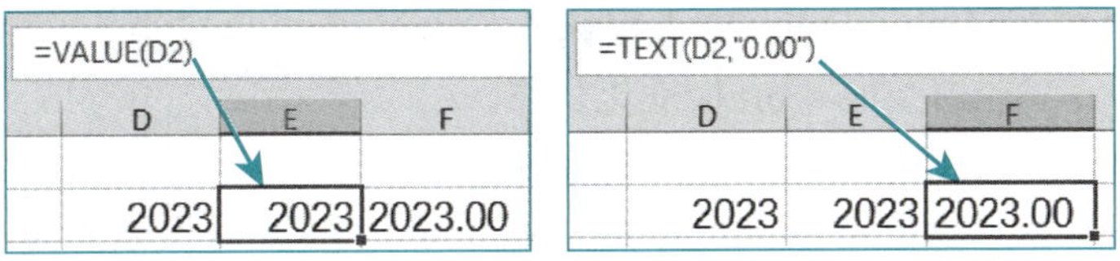

图3-13　VALUE()函数和TEXT()函数

Excel中有多种函数，下面选择性举例说明。

案例3-5 对身份证号进行处理得到年龄和性别信息。

如图3-14所示，假设D2单元格的18位身份证号“**0105201901015319”是文本数据，首先得到出生年份，函数为“=MID(D2, 7, 4)”，表示对D2单元格的数据取子串，从第7位开始，取4位，得到“2019”。

得到今年年份如图3-15所示，函数为“=YEAR(TODAY())”。TODAY()函数表示得到今天日期数据，YEAR()函数表示得到当前日期的年份信息。

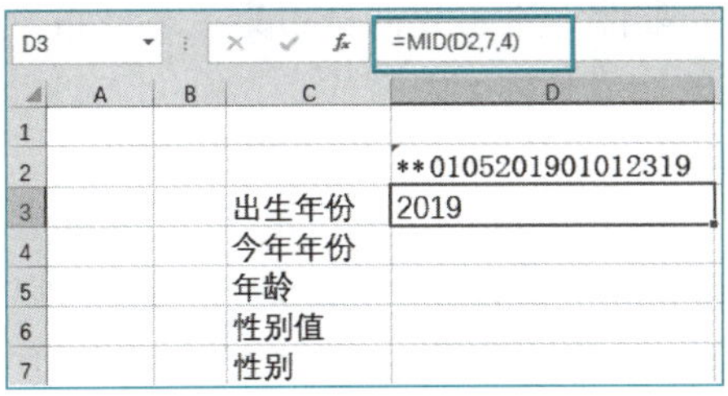

图3-14　MID()函数

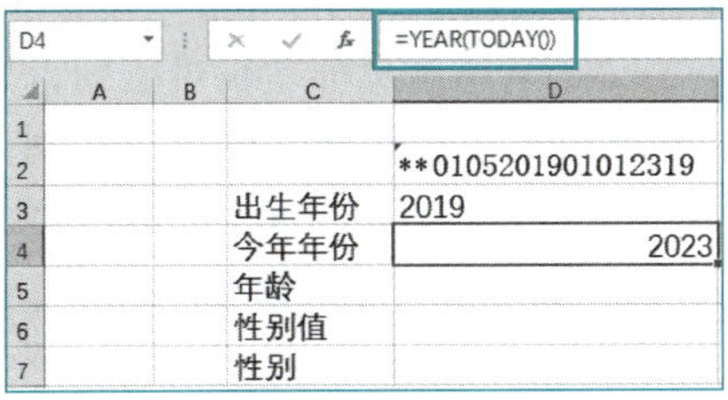

图3-15　YEAR()函数

得到年龄如图3-16所示，公式为“=D4-D3”，即D4单元格值减去D3单元格值。

得到性别值如图3-17所示，函数为“=MID(D2, 17, 1)”，表示取身份证号的第17位值，因为身份证号第17位表示性别。

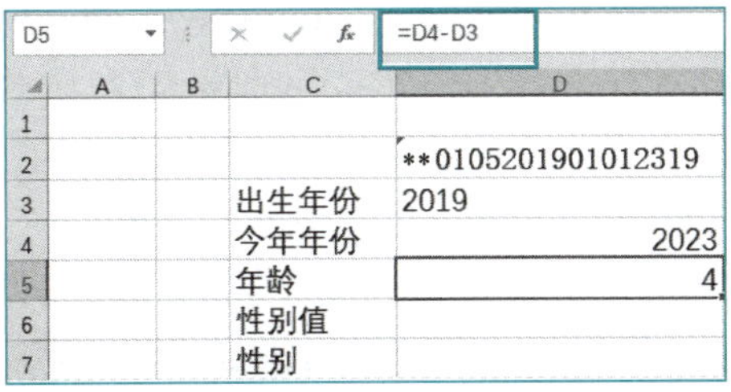

图3-16　计算年龄公式

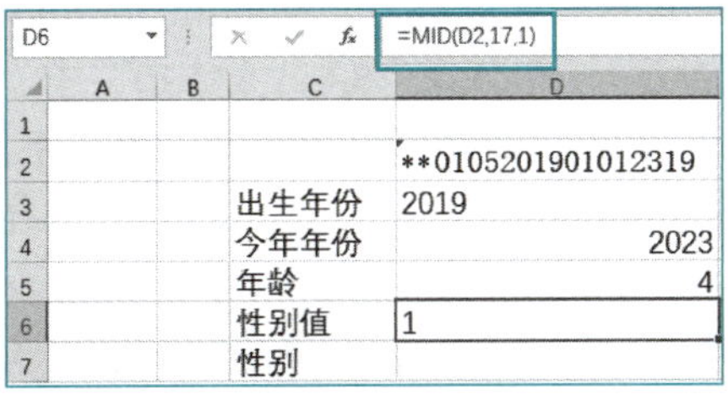

图3-17　MID()函数

得到性别信息如图3-18所示，函数为“=IF(ISODD(D6), "男", "女")”，ISODD(D6)函数表示

判断D6单元格的值是否为奇数，奇数返回TRUE，否则返回FALSE。IF()函数表示如果D6单元格的值为奇数，性别为“男”，否则为“女”。

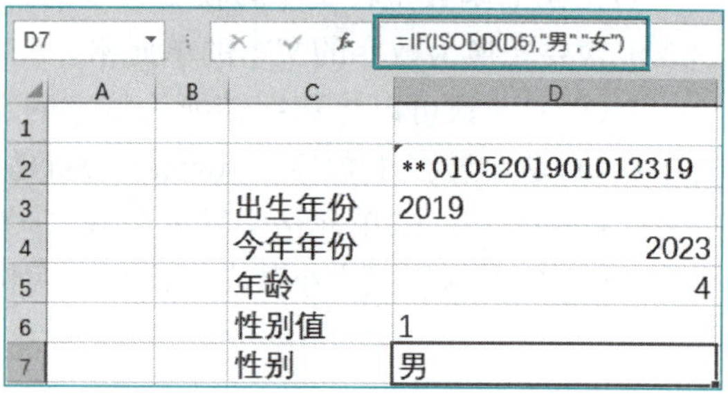

图3-18　IF()函数

3. 数据标准化

数据标准化是一个常用的数据预处理操作，数据标准化就是通过数学公式对原始数据进行特定的转换，目的是将不同规模和量纲的数据缩放到相同的数据区间和范围，以减少在数据分析时规模、特征、分布差异等对模型的影响。下面介绍数据标准化常用的两种方法：0-1标准化和z-score标准化。

0-1标准化（minmax normalization）是一种最为常见的标准化处理方式，能够将原始数据缩放到[0, 1]区间内。假设数据为x，按照下式计算x标准化后的新值x_{new}：

$$x_{new}=\frac{x-x_{min}}{x_{max}-x_{min}}$$

式中，x_{min}为所有数据的最小值；x_{max}为所有数据的最大值。0-1标准化存在局限性，当有新数据加入时，可能会导致最大值最小值发生变化，因此需要重新计算。

z-score标准化计算公式如下：

$$x_{new}=\frac{x-\mu}{\sigma}$$

式中，μ为数据均值（mean）；σ为标准差（std）。z-score标准化将原数据转换为符合均值为0，标准差为1的标准正态分布的新数据。z-score标准化的局限性为原始数据分布为正态分布，在现实世界中，总体的均值和标准差很难得到，只能用样本的均值和标准差替代。

在Excel中不提供标准化函数直接对数据进行处理，但是可以借助函数组合实现。如进行0-1标准化时，可以借助MIN()、MAX()函数，再代入公式实现，函数中的range表示数值区域范围。如x_{new}=(x−MIN(range))/(MAX（range)−MIN(range))。使用z-score标准化时，可以借助均值AVERAGE()函数，标准差STDEV()函数组合实现，具体公式为x_{new}=(x−AVERAGE(range))/STDEV(range)。

*案例3-6 数据标准化。

如图3-19所示，A列值为数值1~10，B列第一行公式为“=(A1−MIN(A1:A10))/(MAX(A1:A10)−MIN(A1:A10))”，B列第二行公式为“=(A2−MIN(A1:A10))/(MAX(A1:A10)−MIN(A1:A10))”，其他行类推，得出0-1标准化结果如B列数据。为方便公式自动下拉，可以将B列第一行单元格公式修改为“=(A1−MIN($A$1:$A$10))/(MAX($A$1:$A$10)−MIN($A$1:$A$10))”，如图3-19所示。在公式“$A$1:$A$10”中，A、1和10前面有$表示下拉公式时A、1和10都是锁定不变的，而没有$符号的自动更改。因此下拉公式时，B列第二行单元格公式自动修改为“=(A2−MIN($A$1:$A$10))/(MAX($A$1:$A$10)−MIN($A$1:$A$10))”，其他依此类推。

z-score标准化如图3-20所示，构造20个均值为70，标准差为10的正态分布数据如B列所示，C列第一行单元格的公式为“=(B1−AVERAGE(B1:B20))/STDEV(B1:B20)”，C列第二行单元格的公式为“=(B2−AVERAGE(B1:B20))/STDEV(B1:B20)”，其他行类推，得出z-score标准化结果如C列数据。或者C列使用的第一行单元格的公式为“=(B1−AVERAGE($B$1:$B$20))/STDEV($B$1:$B$20)”，方便公式下拉。图中右侧插入图表为B列数据的折线图，能识别出数据在均值70附近上下波动。

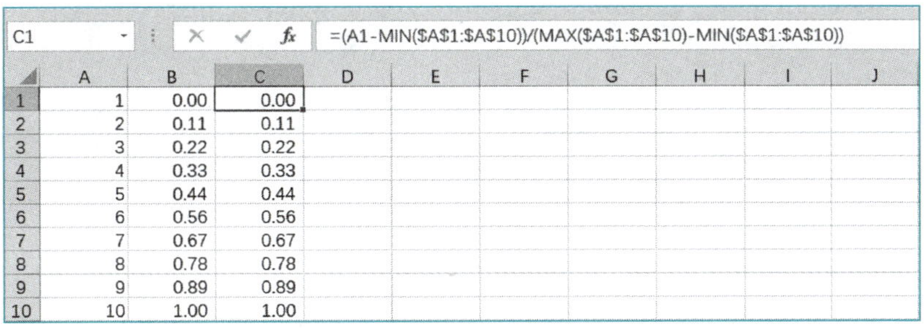

	A	B	C
1	1	0.00	0.00
2	2	0.11	0.11
3	3	0.22	0.22
4	4	0.33	0.33
5	5	0.44	0.44
6	6	0.56	0.56
7	7	0.67	0.67
8	8	0.78	0.78
9	9	0.89	0.89
10	10	1.00	1.00

图3-19 0-1标准化例子

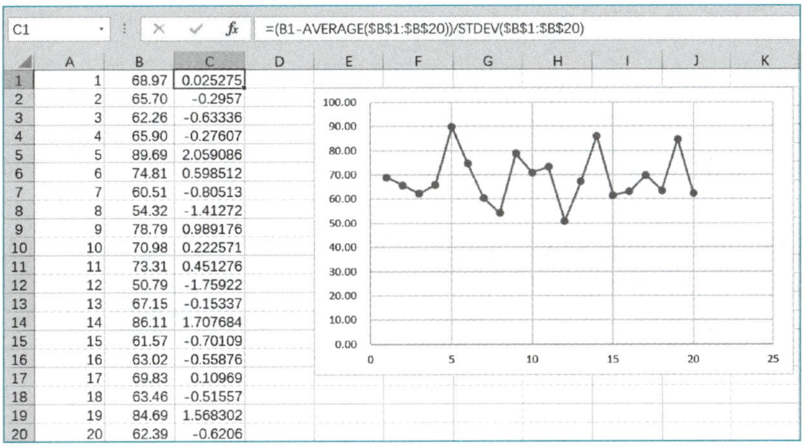

	A	B	C
1	1	68.97	0.025275
2	2	65.70	-0.2957
3	3	62.26	-0.63336
4	4	65.90	-0.27607
5	5	89.69	2.059086
6	6	74.81	0.598512
7	7	60.51	-0.80513
8	8	54.32	-1.41272
9	9	78.79	0.989176
10	10	70.98	0.222571
11	11	73.31	0.451276
12	12	50.79	-1.75922
13	13	67.15	-0.15337
14	14	86.11	1.707684
15	15	61.57	-0.70109
16	16	63.02	-0.55876
17	17	69.83	0.10969
18	18	63.46	-0.51557
19	19	84.69	1.568302
20	20	62.39	-0.6206

图3-20 z-score标准化例子

4. 数据验证

数据验证是用于保证数据的完整性和唯一性的功能操作，在早期的Excel版本中称为“数据有效性”。数据验证实现验证用户输入到单元格的数据是否符合要求，通过设置输入数据的类型或范围，防止用户输入无效数据，避免或减少输入错误，通常在导入和处理数据之前执行。

在Excel中，单元“数据”选项卡“数据工具”组中的“数据验证”按钮，弹出“数据验证”对话框，在其中可规范数据输入、提高数据录入速度、检验异常数据等。通过对单元格预先进行数据验证设置实现两个功能：一是限制用户的输入，只能输入规范的数据；二是通过定义下拉菜单，实现快速输入。

单击选择需要设置数据验证的单元格区域，单击“数据”→“数据工具”→“数据验证”按钮，弹出“数据验证”对话框，如图3-21所示。

在“设置”→“验证条件”→“允许”下拉列表框中可以选择不同类型的数据验证设定，包含任何值、整数、小数、序列、日期、时间、文本长度、自定义。

①任何值：一般不设置的情况下，默认为任何值，即输入任何值都不会有任何弹窗提示。

②整数：选中数据区域，单击“数据”→“数据验证”→“设置”→“验证条件”中允许选择“整数”→数据选择“介于”→输入“最小值”和“最大值”→“确定”。假设设置最小值和最大值分别为1和50，当在单元格A1中输入数值50，正常无提示；若单元格B1中输入值为51，则会弹窗提示“此值与此单元格定义的数据验证限制不匹配”。

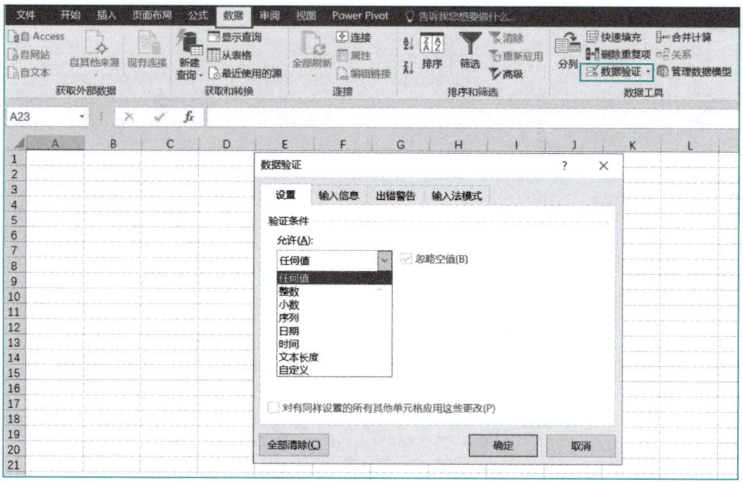

图3-21 “数据验证”对话框

③小数：选中数据区域，单击“数据”→“数据验证”→“设置”→“验证条件”中允许选择“小数”→数据选择“介于”→输入“最小值”和“最大值”→“确定”。假设设置为0.1-50.9，则在单元格A2中输入数值50.89，正常无提示；若单元格B2中输入值为50.91，则会弹窗提示“此值与此单元格定义的数据验证限制不匹配”。

④序列：选中数据区域，单击“数据”→“数据验证”→“设置”→“验证条件”中允许选择“序列”→来源选择手动输入或者数据源→“确定”。手动输入注意数据之间用英文形式的逗号“,”隔开。假设输入为“男,女”，则在单元格下拉按钮中选择男/女即可，若是手动输入其他字符，则会弹窗提示“此值与此单元格定义的数据验证限制不匹配”。选择数据源可以选择表格中的区域，如图3-22所示，如果为输入的文学作品限定范围，则选择图示数据源即可，数据来源设置为“=$C$1:$C$14”。

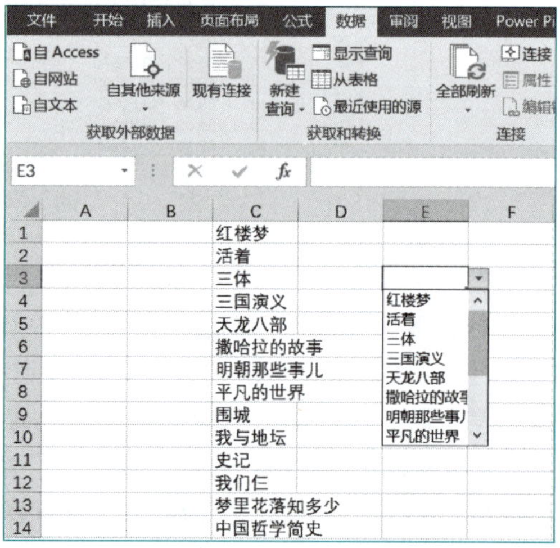

图3-22 序列作为数据源

⑤日期：选中数据区域，单击“数据”→“数据验证”→“设置”→“验证条件”中允许选择“日期”→输入“开始日期”和“结束日期”→“确定”。假设设置为2023/6/22-2023/10/1，则在单元格A4中输入2023/8/9，正常无提示；若单元格中输入值为2023/10/30，则会弹窗提示“此值与此单元格定义的数据验证限制不匹配”。

⑥时间：选中数据区域，单击“数据”→“数据验证”→“设置”→“验证条件”中允许选择“时间”→输入“开始时间”和“结束时间”→“确定”。假设设置为1:00-23:00，则在单元格中输入22:59，正常无提示；若单元格中输入值为23:01，则会弹窗提示“此值与此单元格定义的数据验证限制不匹配”。

⑦文本长度：选中数据区域，单击“数据”→“数据验证”→“设置”→“验证条件”中允许选择“文本长度”→输入“最小值”和“最大值”→“确定”。假设设置为1-10，则在单元格中输入文本内容（一个汉字和一个英文字符个数都是1）含有9个字，正常无提示；若单元格中输

入文本内容含有11个字及以上，则会弹窗提示“此值与此单元格定义的数据验证限制不匹配”。

⑧自定义：选中数据区域，单击“数据”→“数据验证”→“设置”→“验证条件”中允许选择“自定义”→输入“公式”→“确定”。

在数据验证采用自定义公式方式可以根据具体要求灵活设置数据限制，如限制输入空格、重复数据，或者只允许输入满足某些要求的数据，这些自定义公式需要结合数据要求使用Excel中相应公式实现，下面简单举例说明。如选中A1单元格，在数据验证自定义公式中输入函数公式=ISERROR(FIND(" "，A1))实现限制输入空格。注意此处FIND()函数中双引号之间有一个空格，函数公式表示查找单元格中的空值，输入内容如果找到空格会报错提示。

案例 3-7　验证密码是否符合规定要求。

密码要求为由大小写字母和数字组成。如图3-23所示，在D1单元格输入自定义公式：=IF(AND(COUNT(FIND(CHAR(ROW($48:$57)), C1))>=1, COUNT(FIND(CHAR(ROW($65:$90)), C1))>=1, COUNT(FIND(CHAR(ROW($97:$122)), C1))>=1), "密码符合要求", "密码不符合要求，请修改")。

注意： 这是数组公式*，必须按【Ctrl+Shift+Enter】组合键结束输入。普通公式计算结果是一个值，数组公式的计算结果是一组值，因此用于执行通常无法用标准函数完成的较复杂计算，又称Ctrl-Shift-Enter公式或CSE公式。

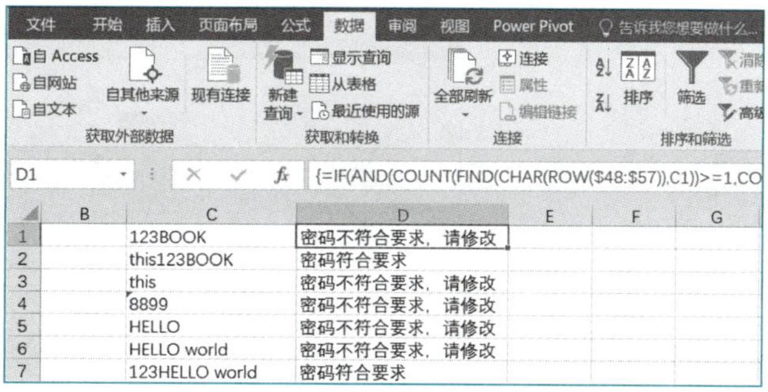

图3-23　验证密码自定义公式

公式说明：数字字符0~9的ASCII码值为48~57，小写字母的ASCII码值为97~122，大写字母的ASCII码值为65~90。ROW($48:$57)返回一个48~57的自然数序列，并用CHAR()函数返回该序列数字对应的字符，得到0~9的常量数组。然后通过FIND()函数在C1单元格中分别查找0~9的数字，并生成一个数组，当C1中不包含查找的数字，会产生#VALUE!错误，再用COUNT()函数对该数组进行统计，计算其中非错误值的个数，最后判断结果是否大于或等于1。如果大于或等于1，说明C1单元格中至少找到了大于或等于1个0~9的数字。大小写字母部分类似。AND()函数的功能为所有条件都同时满足，即在C1单元格中找到了大小写字母和数字字符时返回TRUE，最后通过IF()函数返回文本“密码符合要求”，否则返回文本“密码不符合要求，请修改”。

数据验证窗口除了上面的“设置”选项卡，还有“输入信息”“出错警告”“输入法模式”三个选项卡，下面仅以“输入信息”选项卡为例说明，其他选项卡读者可自行探究并练习操作设置。

选中数据区域，单击“数据”→“数据验证”→“输入信息”→输入标题→输入信息→“确定”。在选中的数据区域中温馨提示该怎么输入操作。设置内容如图3-24所示，当选择数据区域时，弹出图示黄色小窗口提示信息，帮助用户正确输入数据。

使用数据验证中的“圈释无效数据”可以用红色椭圆显示指定条件的数据。如图3-25所示，对数据按照图示设定数据验证后，选择“数据验证”→“圈释无效数据”命令，可以将不及格成绩以图示红色椭圆显示。注意：数据验证设置为数据值大于或等于60，如果不满足这一条件为无效数据，因此“圈释无效数据”后红色椭圆显示不及格成绩。

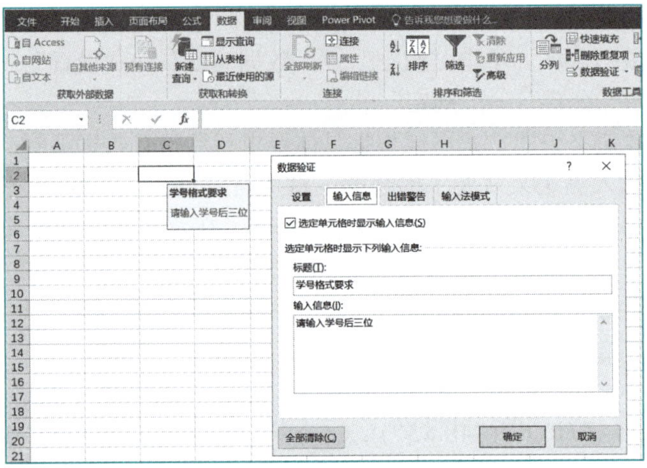

图3-24　使用输入信息进行数据验证

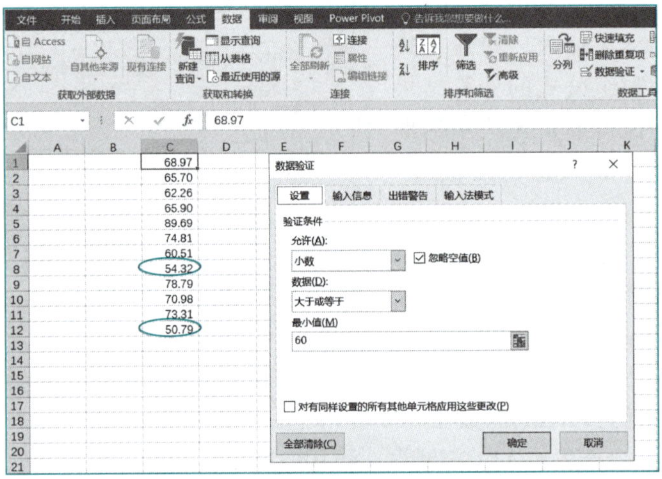

图3-25　数据验证圈释无效数据

5. 数据清洗

数据清洗根据人工参与程度的不同分为有监督的数据清洗和无监督的数据清洗。有监督的数据清洗需要经过人工干预，手动删除异常数据和重复记录，对于缺失值，手动进行填充。无监督的数据清洗不需要人工干预，只需要使用计算机软件，执行相应清洗程序，按照编写好的算法和规则，计算机自动执行数据清洗。在实际应用中，数据分析过程约一半以上的时间都会花在数据清洗上，数据清洗通常会占50%~80%的时间，主要处理的是缺失值、重复值和异常值。

（1）缺失值

在Excel中缺失值即数据值为空，或为NULL等，寻找缺失值有多种方法，下面提供筛选和定位空值两个思路。

筛选有两个方法，一个是直接筛选，在Excel中，在数据量较少的情况下可直接筛选空值。

如图3-26所示，单击“数据”→“排序和筛选”→“筛选”按钮，单击下拉按钮，在展开的面板中选择“空白”，单击“确定”按钮即可显示出缺失值。筛选结果如图3-27所示。

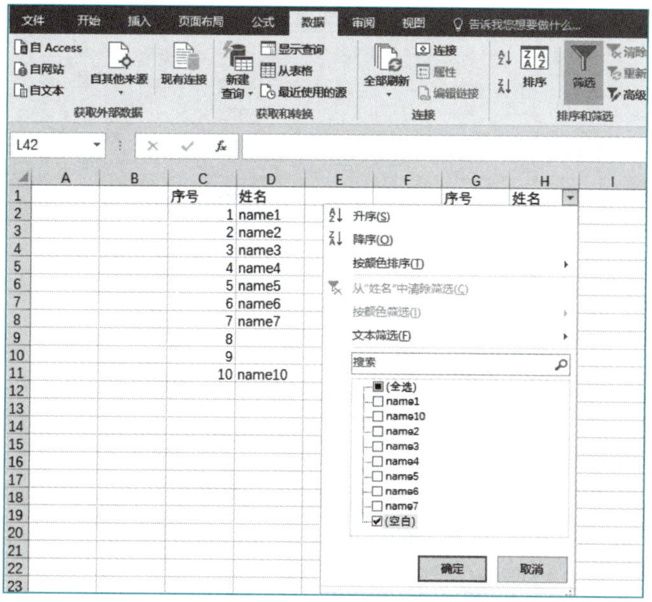

图3-26　筛选缺失值操作

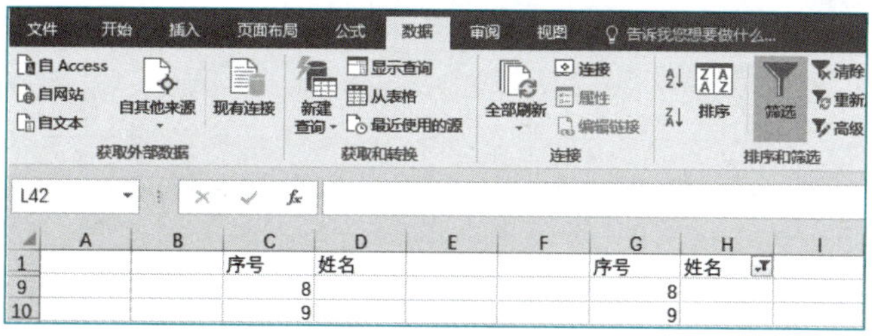

图3-27　筛选缺失值结果

第二个方法是定位空值，单击“开始”→“编辑”→“查找和选择”下拉按钮，在打开的下拉列表中选择“定位条件”命令，弹出“定位条件”对话框，选中“空值”单选按钮，如图3-28所示，可以筛选出所有空值，如图3-29所示。

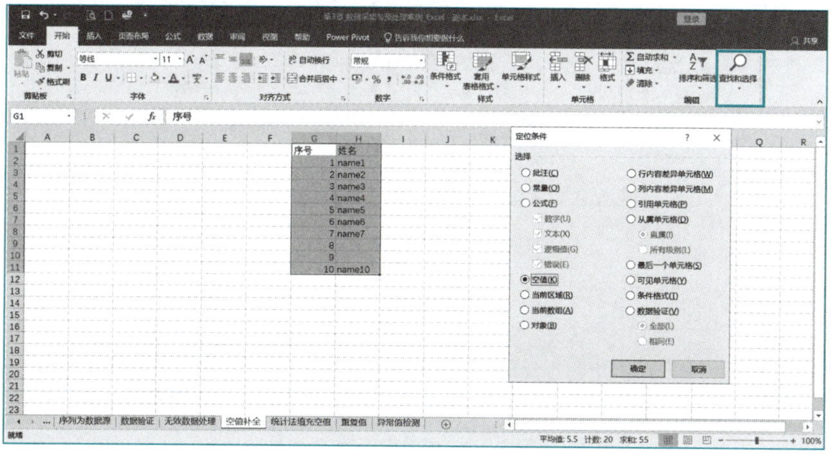

图3-28　“定位条件”对话框

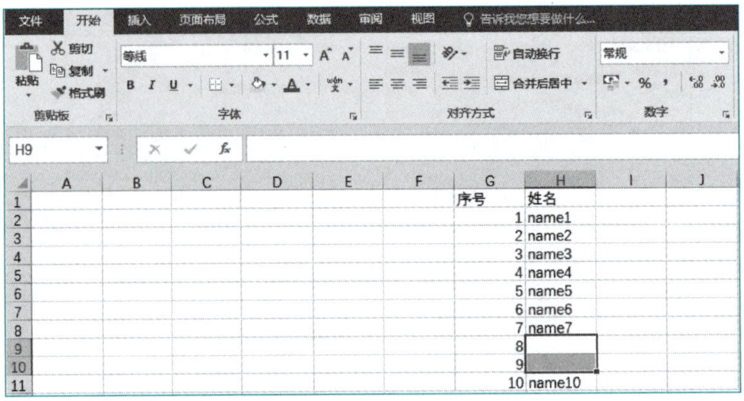

图3-29　定位空值结果

如果只是将所有空值设定为特殊值（如NULL），如图3-30中定位空值完成后，把所有空值位置设为NULL，则可以直接输入要补全的值NULL，然后按【Ctrl+ Enter】组合键，则所有空值位置都补全为NULL，如图3-31所示。

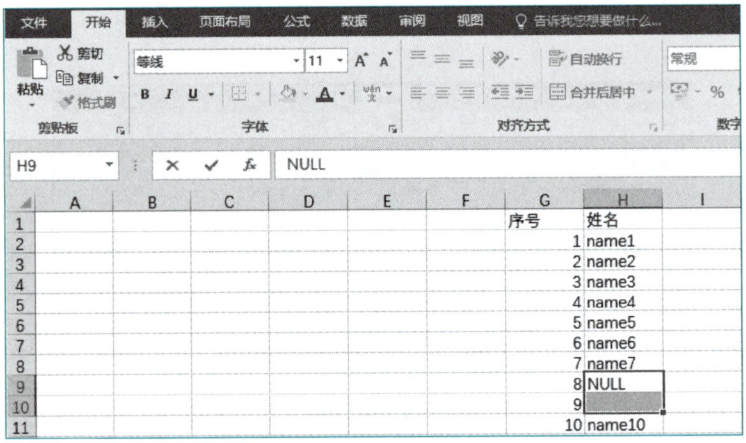

图3-30　空值补全输入NULL

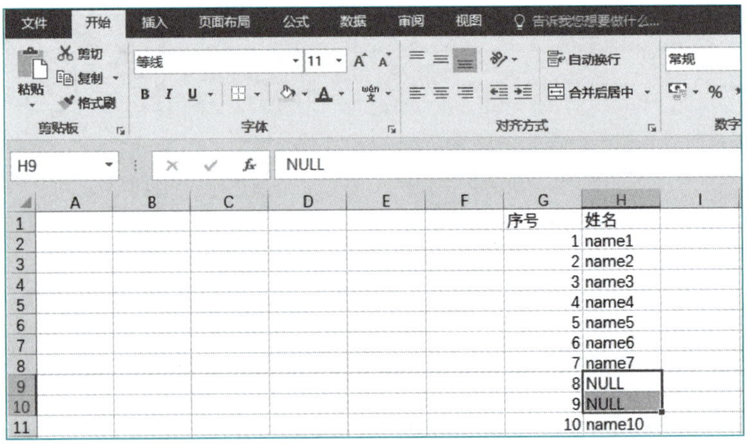

图3-31　按【Ctrl+Enter】组合键补全空值

在大数据样本中，缺失值数量小或者影响不大可以直接删除，也可以按照某种方法进行填充。常用的缺失值填充方法有统计法，插值法和预测法等。统计法使用统计函数（如平均数、中位数、众数等）统计值填充，插值法使用插值函数计算数值填充，预测法使用回归、分类等机器学习算法计算数值填充，下面简单介绍统计法。

图3-32所示例子中，学号为11的学生成绩为空值需要填充，Excel中平均数函数为AVERAGE(range)，本例中采用公式为“AVERAGE(D2:D11)”，中位数函数为MEDIAN(range)，本例中采用公式为“=MEDIAN(D2:D11)”，众数函数为MODE(range)，本例中采用公式为“=MODE(D2:D11)”。

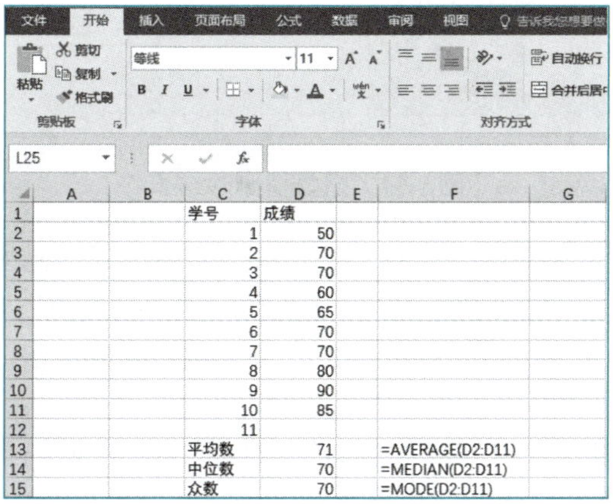

图3-32　统计法填充空值

（2）重复值

在Excel中，选择要处理的数据区域，单击“数据”选项卡“数据工具”组中的“删除重复项”按钮，弹出“删除重复项”对话框，在“列”框中选择“学号”“姓名”复选框，如图3-33所示，单击“确定”按钮后即可删除重复项。

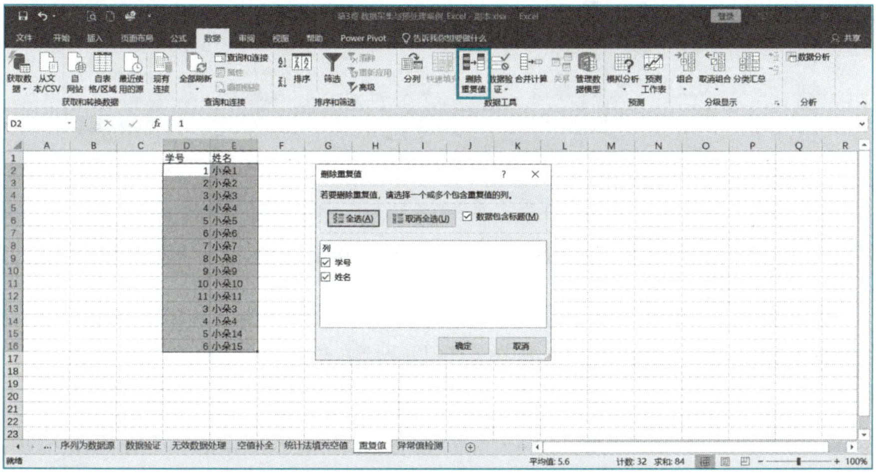

图3-33　“删除重复项”对话框

删除结果如图3-34所示。需要注意的是，只有选中两行的每列数据都完全相同才认为是重复值并进行删除。

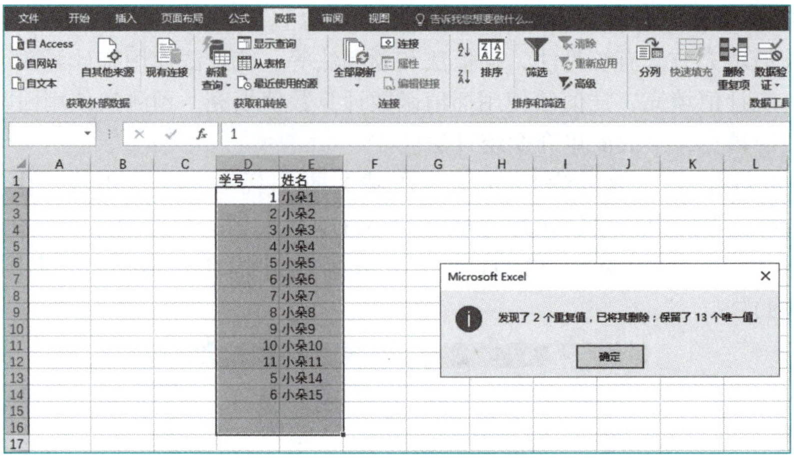

图3-34　重复值删除结果

如果需要显示出重复值，则可以使用Excel中的条件格式。选择数据区域，单击“开始”→“样式”→“条件格式”→“突出显示单元格规则”→“重复值”选项，则重复数据会以指定格式显示，如图3-35所示，之后可以根据需要进行重复值删除或保留。

*（3）异常值

处理异常值首先要发现异常值，本文前面介绍过检测异常值的三种主要方式：第一种是根据业务领域知识确定数据的正常范围，超过该范围的值算作异常值，如百分制成绩中大于100的数据就是异常值；第二种是如果数据服从正态分布，则可以利用3σ原则；第三种是箱形图检测，大于（小于）箱形图上界（下界）的数据即为异常值。

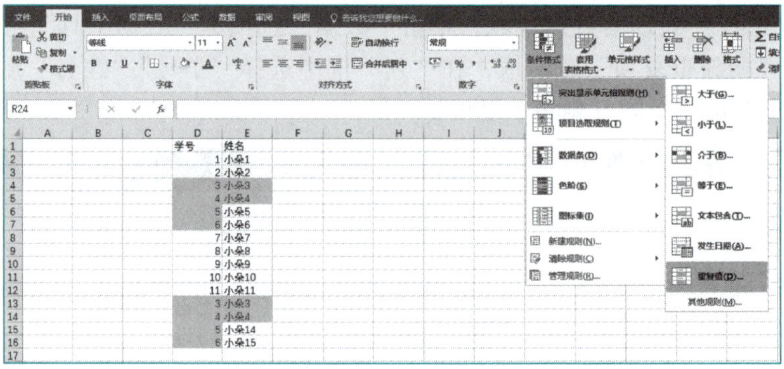

图3-35　条件格式显示重复值

以百分制成绩为例，假设20名学生成绩如图3-36所示B2~B21区域，B22~B24为测试数据，C、D、E列分别为百分制检测、3σ检测和箱形图检测结果，异常值黄色背景特殊显示。百分制检测C2单元格的公式为“=IF(OR(B2>100, B2<0), "异常值", "正常值")”，C2下方C列单元格自动填充公式，因此百分制检测102、124为异常值。3σ检测需要先计算出平均值μ和标准差σ，由此计算$\mu+3\sigma$和$\mu-3\sigma$数值，当数据值>$\mu+3\sigma$或数据值<$\mu-3\sigma$时为异常值，如图3-36右侧上部分所示。3σ检测G4单元格μ的计算公式为“=AVERAGE(B2:B21)”，G5单元格σ的计算公式为“=STDEV(B2:B21)”，D2单元格的公式为“=IF(OR(B2>$G$6，B2<$G$7), "异常值", "正常值")”，D2下方D列单元格自动填充公式，因此3σ检测26、124为异常值。箱形图检

测需要计算四分位数Q1、Q3和IQR，如图3-36右侧下部分所示。G12单元格Q1的计算公式为“=QUARTILE(B2:B21, 1)”，G13单元格Q3的计算公式为“=QUARTILE(B2:B21, 3)”，由此可计算出G14单元格IQR=Q3−Q1，G15单元格上界=Q3+1.5*IQR，G16单元格下界=Q1−1.5*IQR。E2单元格的公式为“=IF(OR(B2>$G$15, B2<$G$16), "异常值", "正常值")”，E2下方E列单元格自动填充公式，因此箱形图检测52、40、51、26、124为异常值。

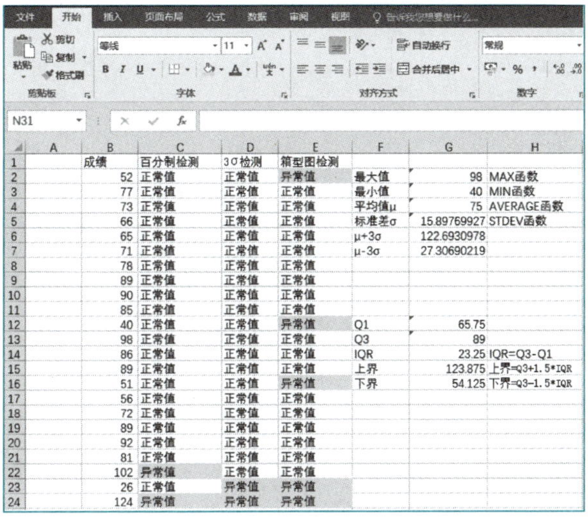

	A	B	C	D	E	F	G	H
1		成绩	百分制检测	3σ检测	箱型图检测			
2		52	正常值	正常值	异常值	最大值	98	MAX函数
3		77	正常值	正常值	正常值	最小值	40	MIN函数
4		73	正常值	正常值	正常值	平均值μ	75	AVERAGE函数
5		66	正常值	正常值	正常值	标准差σ	15.89769927	STDEV函数
6		65	正常值	正常值	正常值	μ+3σ	122.6930978	
7		71	正常值	正常值	正常值	μ-3σ	27.30690219	
8		78	正常值	正常值	正常值			
9		89	正常值	正常值	正常值			
10		90	正常值	正常值	正常值			
11		85	正常值	正常值	正常值			
12		40	正常值	正常值	异常值	Q1	65.75	
13		98	正常值	正常值	正常值	Q3	89	
14		86	正常值	正常值	正常值	IQR	23.25	IQR=Q3-Q1
15		89	正常值	正常值	正常值	上界	123.875	上界=Q3+1.5*IQR
16		51	正常值	正常值	异常值	下界	54.125	下界=Q3-1.5*IQR
17		56	正常值	正常值	正常值			
18		72	正常值	正常值	正常值			
19		89	正常值	正常值	正常值			
20		92	正常值	正常值	正常值			
21		81	正常值	正常值	正常值			
22		102	异常值	正常值	正常值			
23		26	正常值	异常值	异常值			
24		124	异常值	异常值	异常值			

图3-36　异常值处理的三种方式

*3.4.2 Python

使用Excel进行数据预处理操作相对简单，但是面对一些功能比较复杂的任务就略显不足。Python凭借其简单、易用、功能强大等特点已成为数据科学领域的重要工具之一。下面介绍使用Python语言编程实现数据缺失值、重复值和异常值的处理。

1. 缺失值

以上一节爬取的豆瓣读书Top250为例，主要介绍使用Python的第三方库Pandas进行缺失值的处理。数据格式如图3-37所示。

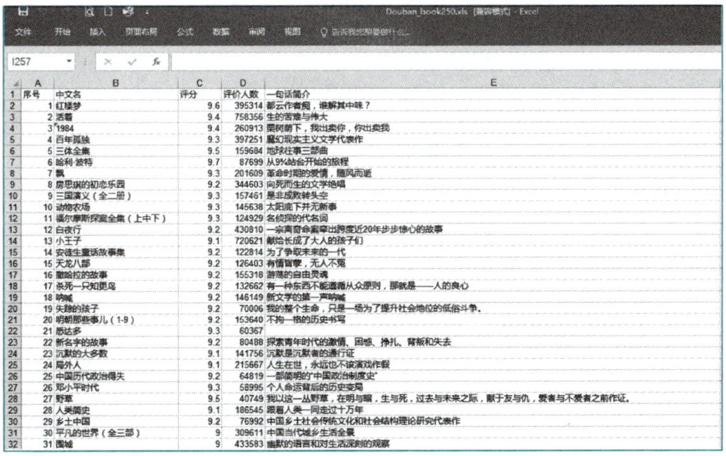

	A	B	C	D	E
1	序号	中文名	评分	评价人数	一句话简介
2	1	红楼梦	9.6	395314	都云作者痴，谁解其中味？
3	2	活着	9.4	758356	生的苦难与伟大
4	3	1984	9.4	260913	栗树荫下，我出卖你，你出卖我
5	4	百年孤独	9.3	397251	魔幻现实主义文学代表作
6	5	三体全集	9.5	159684	地球往事三部曲
7	6	哈利·波特	9.7	87699	从9¾站台开始的旅程
8	7	飘	9.3	201609	革命时期的爱情，随风而逝
9	8	房思琪的初恋乐园	9.2	344603	向死而生的文学绝唱
10	9	三国演义（全二册）	9.3	157461	是非成败转头空
11	10	动物农场	9.3	145638	太阳底下并无新事
12	11	福尔摩斯探案全集（上中下）	9.3	124929	名侦探的代名词
13	12	白夜行	9.2	430810	一宗离奇命案牵出跨度近20年步步惊心的故事
14	13	小王子	9.1	720621	献给长成了大人的孩子们
15	14	安徒生童话故事集	9.2	122814	为了争取未来的一代
16	15	天龙八部	9.2	126403	有情皆孽，无人不冤
17	16	撒哈拉的故事	9.2	155318	游荡的自由灵魂
18	17	杀死一只知更鸟	9.2	132662	有一种东西不能遵循从众原则，那就是——人的良心
19	18	呐喊	9.2	146149	新文学的第一声呐喊
20	19	失踪的孩子	9.2	70006	我的整个生命，只是一场为了提升社会地位的低俗斗争。
21	20	明朝那些事儿（1-9）	9.2	153640	不拘一格的历史书写
22	21	悉达多	9.3	60367	
23	22	新名字的故事	9.2	80488	探索青年时代的激情、困惑、挣扎、背叛和失去
24	23	沉默的大多数	9.1	141756	沉默是沉默者的通行证
25	24	局外人	9.1	215667	人生在世，永远也不该演戏作假
26	25	中国历代政治得失	9.2	64819	一部简明的"中国政治制度史"
27	26	邓小平时代	9.3	58995	个人命运背后的历史变局
28	27	野草	9.5	40749	我以这一丛野草，在明与暗，生与死，过去与未来之际，献于友与仇，爱者与不爱者之前作证。
29	28	人类简史	9.1	186545	跟着人类一同走过十万年
30	29	乡土中国	9.2	76992	中国乡土社会传统文化和社会结构理论研究代表作
31	30	平凡的世界（全三部）	9	309611	中国当代城乡生活全景
32	31	围城	9	433583	幽默的语言和对生活深刻的观察

图3-37　Douban_book250.xls文件格式

案例3-8 使用Pandas删除缺失值。

首先检查缺失值，然后按照不同的方法填充缺失值，检查缺失值的Python源代码及注释说明如下：

```
#需要先安装如下库
#pip install xlrd(版本≥2.0.1)                          #处理Excel文件
#pip install pandas                                    #使用pandas

import pandas as pd                                    #导入pandas库

#1.检查缺失值
data=pd.read_excel('Douban_book250.xls')               #读取Excel文件数据
print(data.shape)                                      #显示数据集的(行数,列数)(250,5)
print(data.shape[0])                      #显示数据集的行数shape[0],列数shape[1]
print(data.isnull().sum())                #查看各列数据的缺失情况

'''
输出结果:
序号          0
中文名        0
评分          0
评价人数      0
一句话简介   57
dtype:int64
'''
#可以使用下面的代码删除缺失值，此处注释掉删除代码是不删除有缺失值的数据
#data.dropna(how ="any",inplace=True)
```

为演示方便，本文使用测试文件DoubanTest.xls，具体数据格式如图3-38所示。测试文件只有20行数据有效，最后两行是专门为演示填充缺失值增加的，只有序号和书名，后三列为缺失值。

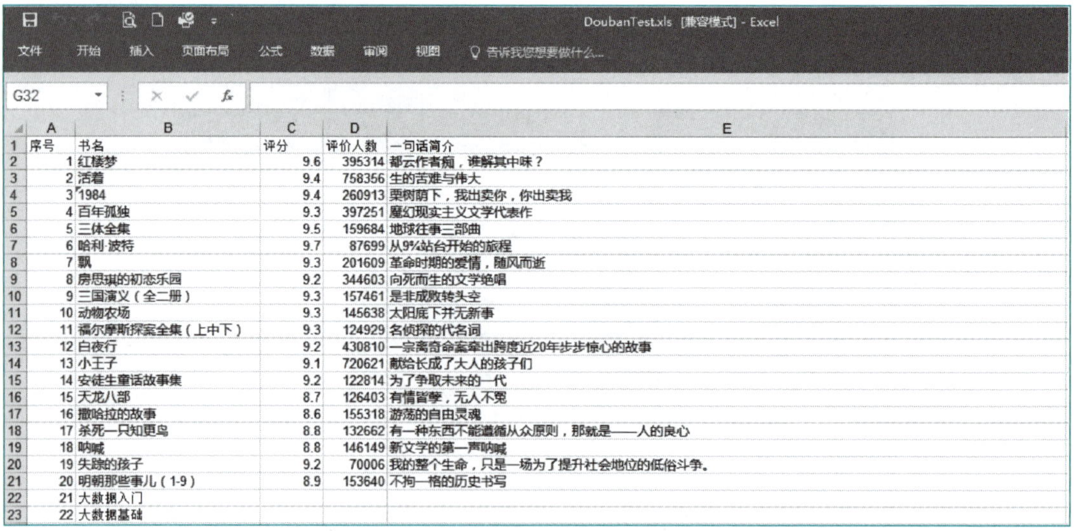

	A	B	C	D	E
1	序号	书名	评分	评价人数	一句话简介
2	1	红楼梦	9.6	395314	都云作者痴，谁解其中味？
3	2	活着	9.4	758356	生的苦难与伟大
4	3	1984	9.4	260913	栗树荫下，我出卖你，你出卖我
5	4	百年孤独	9.3	397251	魔幻现实主义文学代表作
6	5	三体全集	9.5	159684	地球往事三部曲
7	6	哈利·波特	9.7	87699	从9¾站台开始的旅程
8	7	飘	9.3	201609	革命时期的爱情，随风而逝
9	8	房思琪的初恋乐园	9.2	344603	向死而生的文学绝唱
10	9	三国演义（全二册）	9.3	157461	是非成败转头空
11	10	动物农场	9.3	145638	太阳底下并无新事
12	11	福尔摩斯探案全集（上中下）	9.3	124929	名侦探的代名词
13	12	白夜行	9.2	430810	一宗离奇命案牵出跨度近20年步步惊心的故事
14	13	小王子	9.1	720621	献给长成了大人的孩子们
15	14	安徒生童话故事集	9.2	122814	为了争取未来的一代
16	15	天龙八部	8.7	126403	有情皆孽，无人不冤
17	16	撒哈拉的故事	8.6	155318	游荡的自由灵魂
18	17	杀死一只知更鸟	8.8	132662	有一种东西不能遵循从众原则，那就是——人的良心
19	18	呐喊	8.8	146149	新文学的第一声呐喊
20	19	失踪的孩子	9.2	70006	我的整个生命，只是一场为了提升社会地位的低俗斗争。
21	20	明朝那些事儿（1-9）	8.9	153640	不拘一格的历史书写
22	21	大数据入门			
23	22	大数据基础			

图3-38 DoubanTest.xls文件格式

案例 3-9　使用Pandas填充缺失值。

本案例仅给出四种缺失值的填充方式，包括固定值、均值、中位数和上一行数据填充，读者可自行探索研究其他填充方式，具体Python源代码及注释说明如下：

```
#接【案例3-8】源代码
#2.填充缺失值
#使用修改后的数据文件DoubanTest.xls
data=pd.read_excel('DoubanTest.xls')
print(data.isnull().sum())                          #查看各列数据的缺失情况
#2.1 使用固定值"NULL无数据"填充缺失值
#data.fillna("NULL无数据",inplace=True)
#2.2 使用均值填充缺失值，只能处理数值型的两列：评分、评价人数
#data["评分"]=data["评分"].fillna(data["评分"].mean())
#data["评价人数"]=data["评价人数"].fillna(data["评价人数"].mean())
#2.3 使用中位数填充缺失值，只能处理数值型的两列：评分、评价人数
#data["评分"]=data["评分"].fillna(data["评分"].median())
#data["评价人数"]=data["评价人数"].fillna(data["评价人数"].median())
#2.4 使用上一行填充缺失值
#data.fillna(method="ffill",inplace=True)
print(data)
'''
输出结果：
2.1 使用固定值“NULL无数据”填充缺失值
20  21      大数据入门   NULL无数据     NULL无数据     NULL无数据
21  22      大数据基础   NULL无数据     NULL无数据     NULL无数据

2.2 使用均值填充缺失值，只能处理数值型的两列：评分、评价人数
20  21      大数据入门     9.19        254594.0        NaN
21  22      大数据基础     9.19        254594.0        NaN

2.3 使用中位数填充缺失值，只能处理数值型的两列：评分、评价人数
20  21      大数据入门     9.25        156389.5        NaN
21  22      大数据基础     9.25        156389.5        NaN

2.4 使用上一行填充缺失值
20  21      大数据入门     8.9         153640.0      不拘一格的历史书写
21  22      大数据基础     8.9         153640.0      不拘一格的历史书写
'''
```

2. 重复值

案例 3-10　处理重复值。

本案例以图3-39所示学生信息表数据为例，其中黄色背景（图中浅灰色）的为重复数据，蓝色背景（图中深灰色）的为姓名相同专业不同的数据（扫描二维码查看彩色图片）。

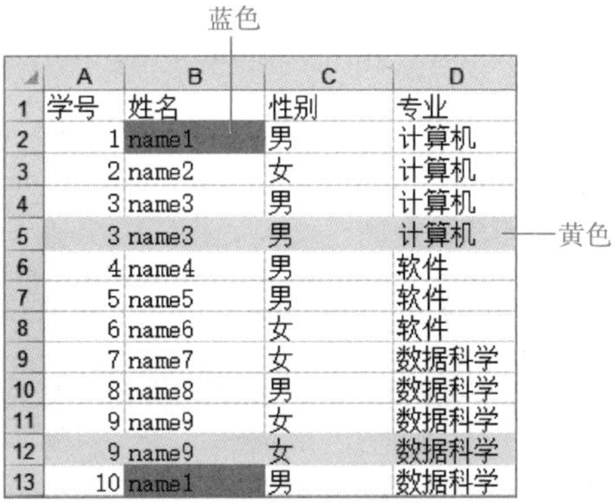

	A	B	C	D
1	学号	姓名	性别	专业
2	1	name1	男	计算机
3	2	name2	女	计算机
4	3	name3	男	计算机
5	3	name3	男	计算机
6	4	name4	男	软件
7	5	name5	男	软件
8	6	name6	女	软件
9	7	name7	女	数据科学
10	8	name8	男	数据科学
11	9	name9	女	数据科学
12	9	name9	女	数据科学
13	10	name1	男	数据科学

图3-39　有重复值的StuInfo.xls文件

处理重复值的具体Python源代码及注释说明如下：

```
import pandas as pd      #载入pandas库
data=pd.read_excel('StuInfo.xls')
                         #读取StuInfo.xls文件
```

```
#增加一列用于标记是否重复值，如是重复值为True，否则为False
#data["重复"]=data.duplicated()                    #默认是整行所有数据作为判断依据

#删除重复值
#data.drop_duplicates(inplace=True)                #去掉duplicated()标记为True的行
#通过参数subset可以指定哪些列作为判断依据
data["重复"]=data.duplicated(subset=["姓名"])
print(data)

'''
输出结果：
#原始数据
     学号      姓名       性别      专业
0    1       name1      男       计算机
1    2       name2      女       计算机
2    3       name3      男       计算机
3    3       name3      男       计算机
4    4       name4      男       软件
5    5       name5      男       软件
6    6       name6      女       软件
7    7       name7      女       数据科学
8    8       name8      男       数据科学
9    9       name9      女       数据科学
10   9       name9      女       数据科学
11   10      name1      男       数据科学

#显示重复值
data["重复"]=data.duplicated()
     学号      姓名        性别        专业        重复
0    1       name1       男         计算机      False
1    2       name2       女         计算机      False
2    3       name3       男         计算机      False
3    3       name3       男         计算机      True
4    4       name4       男         软件        False
5    5       name5       男         软件        False
6    6       name6       女         软件        False
7    7       name7       女         数据科学    False
8    8       name8       男         数据科学    False
9    9       name9       女         数据科学    False
10   9       name9       女         数据科学    True
11   10      name1       男         数据科学    False

#删除重复值
data.drop_duplicates(inplace=True)
     学号      姓名        性别        专业
0    1       name1       男         计算机
1    2       name2       女         计算机
2    3       name3       男         计算机
4    4       name4       男         软件
5    5       name5       男         软件
```

```
6    6      name6        女       软件
7    7      name7        女       数据科学
8    8      name8        男       数据科学
9    9      name9        女       数据科学
11   10     name1        男       数据科学

#只根据姓名判断是否为重复值
data["重复"]=data.duplicated(subset=["姓名"])
     学号     姓名         性别      专业         重复
0    1      name1        男       计算机       False
1    2      name2        女       计算机       False
2    3      name3        男       计算机       False
3    3      name3        男       计算机       True
4    4      name4        男       软件         False
5    5      name5        男       软件         False
6    6      name6        女       软件         False
7    7      name7        女       数据科学     False
8    8      name8        男       数据科学     False
9    9      name9        女       数据科学     False
10   9      name9        女       数据科学     True
11   10     name1        男       数据科学     True
'''
```

3. 异常值

下面介绍使用统计学方法、3σ 方法和箱形图法三种方法实现Python中异常值处理。

案例 3-11　统计学方法检测异常值。

检测异常值Python源代码及注释说明如下：

```
import numpy as np

#randn(10)生成服从标准正态分布的10个随机数
data=np.random.randn(10)
print("data:\n",data)
#计算均值、中位数和标准差
mean=np.mean(data)
median=np.median(data)
std=np.std(data)
#手动添加2个异常值得到newdata
newdata=np.append(data,[19,-6])
print("newdata:\n",newdata)
#打印均值、中位数和标准差
print("mean:",mean)
print("median:",median)
print("std:",std)

#判断是否为异常值
for i in newdata:
    if(i <(mean - 3 * std)) or(i >(mean + 3 * std)):
        print(i,"is an outlier")
'''
输出结果：
```

```
data:
 [0.90861436 0.19070734 0.5615367  0.53365836 0.98636434 0.42558286
 0.54268724 0.24744647 0.80048292 0.81763401]
newdata:
 [0.90861436  0.19070734  0.5615367   0.53365836  0.98636434 0.42558286
 0.54268724  0.24744647  0.80048292  0.81763401 19.        -6.]
mean:0.6014714608420129
median:0.5521119706381161
std:0.2575767327586386
19.0 is an outlier
-6.0 is an outlier
'''
```

案例3-12 3σ方法检测异常值。

3σ方法检测异常值Python源代码及注释说明如下：

```
#pandas处理异常值-3σ方法
import numpy as np

#生成正态随机数
data=np.random.randn(100)
#求均值μ
mn=data.mean()
#求标准差σ
sd=data.std()

#手动再添加4个异常值得到 newdata
newdata=np.append(data,[5,6,-5,-6])

#计算上界和下界
Upper=mn+3*sd
Lower=mn-3*sd
print("Upper=",Upper)
print("Lower=",Lower)

#判断是否为异常值
for i in newdata:
    if(i < Lower) or(i > Upper):
        print(i,"is an outlier")
'''
输出结果:
Upper= 3.0217132372512885
Lower= -2.6241345991101546
-2.688218648793124 is an outlier
5.0 is an outlier
6.0 is an outlier
-5.0 is an outlier
-6.0 is an outlier
'''
```

案例3-13 箱形图法检测异常值。

箱形图法检测异常值Python源代码及注释说明如下：

```
import numpy as np
import matplotlib.pyplot as plt
import seaborn as sns

#生成随机数
data=np.random.randn(100)
#手动再添加4个异常值得到 newdata
newdata=np.append(data,[5,6,-3,-6])
#绘制箱形图
sns.boxplot(y=newdata,width=0.3)

#判断是否为异常值
for i in newdata:
    if(i < -1.5) or(i > 1.5):
        print(i,"is an outlier")

plt.show()
'''
输出结果:
-1.5058994640247272 is an outlier
-2.118617385868754 is an outlier
1.6665274571597606 is an outlier
-1.9001970144846951 is an outlier
-2.5074778008346903 is an outlier
-2.033650194911637 is an outlier
-1.9403270995878712 is an outlier
1.8195285000907357 is an outlier
1.710858340234941 is an outlier
-1.7613168671969741 is an outlier
-1.8281374300144766 is an outlier
-1.5004479646294728 is an outlier
-1.6357904398934184 is an outlier
5.0 is an outlier
6.0 is an outlier
-3.0 is an outlier
-6.0 is an outlier
'''
```

绘制的箱形图如图3-40所示。

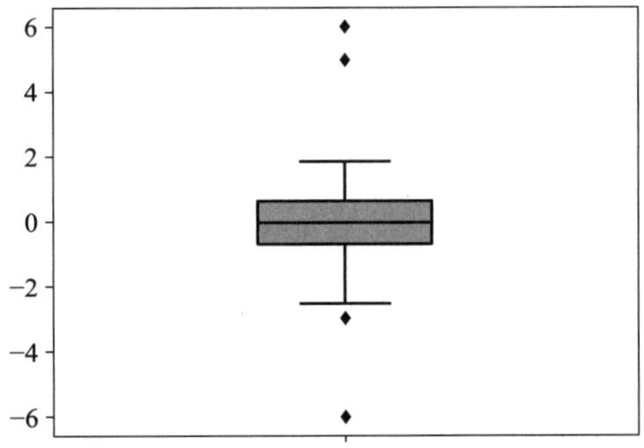

图3-40　箱形图

案例 3-14 删除异常值。

检测出异常值，可根据需要删除异常值或者替换异常值。删除异常值Python源代码及注释说明如下：

```
#pandas删除异常值-3σ方法
import numpy as np

#生成正态随机数
data=np.random.randn(10)
#求均值μ
mn=data.mean()
#求标准差σ
sd=data.std()

#手动再添加4个异常值得到newdata
newdata=np.append(data, [5, 6, -5, -6])
print(newdata)
#计算上界和下界
Upper=mn + 3 * sd
Lower=mn - 3 * sd
print("Upper=", Upper)
print("Lower=", Lower)

#判断是否为异常值
for i in newdata:
    if(i < Lower) or(i > Upper):
        #记录异常值位置
        x=np.argwhere(newdata==i)
        #删除指定位置异常值
        newdata=np.delete(newdata,x[0][0],axis=0)
#输出处理之后的数据
print(newdata)
'''
输出结果：
[0.91191039  0.69556073 -0.00950147  0.3257746  -0.1329656   0.75476994
 -0.64352936  0.19448576 -0.37497628  0.59020294 5.          6.
 -5.         -6.        ]
Upper= 1.7055910118546362
Lower= -1.243244678744963
[0.91191039  0.69556073 -0.00950147  0.3257746  -0.1329656   0.75476994
 -0.64352936  0.19448576 -0.37497628  0.59020294]
'''
```

案例 3-15 替换异常值。

如果不删除异常值，也可以使用均值或其他值替换异常值。上例使用均值替换异常值的Python源代码及注释说明如下：

```
import numpy as np

#生成正态随机数
data=np.random.randn(10)
```

```
#求均值μ
mn=data.mean()
#求标准差σ
sd=data.std()

#手动再添加四个异常值得到 newdata
newdata=np.append(data,[5,6,-5,-6])
print(newdata)
#计算上界和下界
Upper=mn + 3 * sd
Lower=mn - 3 * sd
print("Upper=",Upper)
print("Lower=",Lower)

#判断是否为异常值
for i in newdata:
    if(i < Lower) or(i > Upper):
        #记录异常值位置
        x=np.argwhere(newdata==i)
        #修改指定位置异常值为均值
        newdata[x]=mn
#输出处理之后的数据
print("mean=",mn)
print(newdata)
'''
输出结果:
[-0.65315095  0.58751306 -0.80372056 -0.81163541  1.49376971 -0.62973028
  0.12742447  0.07706159 -0.82393226 -0.04296824  5.          6.
 -5.         -6.        ]
Upper= 2.0129874132321195
Lower= -2.3088611866858066
mean= -0.1479368867268434
[-0.65315095  0.58751306 -0.80372056 -0.81163541  1.49376971 -0.62973028
  0.12742447  0.07706159 -0.82393226 -0.04296824 -0.14793689 -0.14793689
 -0.14793689 -0.14793689]
'''
```

扩展阅读

1. ETL 工具 Kettle

Kettle是一款开源的ETL工具，采用Java编写，可以在Windows、Linux、UNIX上运行。主要作者为Matt Casters，2003年开始该项目，2006年Kettle加入了开源的BI（business intelligence）组织Pentaho，被正式命名为PDI（pentaho data integration）。

PDI是一个端对端的数据集成平台，可以对多种数据源进行抽取、加载、数据入湖*（请自主探究该术语），对数据进行各种清洗、转换、混合，并支持多维联机分析处理和数据挖掘。

目前，我国仍习惯把PDI的开源版称为Kettle，中文名称为水壶，表达把各种数据放到一个壶里，然后以一种指定的格式流出的思想。借助Kettle的图形用户界面，可以方便地处理来自不同数据库的数据。Kettle提供两种脚本文件，Job（作业）和Transformation（转换），Job完成整个工作流的控制，Transformation完成对数据的基础转换。

Kettle有Spoon、Pan和Kitchen三个核心组件，Spoon是Kettle的图形化界面开发ETL任务的环境，用于快速设计和维护复杂的ETL转换或作业，并且支持测试和调试。Pan以命令行的形式执行Kettle的Transformation，Kitchen以命令行的形式执行Kettle的Job。

2. ETL 工具 DataX

DataX是阿里开源的一个异构数据源离线同步工具，实现了包括关系型数据库、HDFS、Hive、ODPS（阿里的海量数据离线处理平台）、HBase等各种异构数据源之间稳定高效的数据同步功能。

DataX将不同数据源同步抽象为从源头数据源读取数据的Reader组件，以及向目标端写入数据的Writer组件。理论上DataX框架可以支持任意数据源类型的数据同步工作，核心组件主要包括如下三个：

①Reader：数据采集模块，负责采集数据源的数据，将数据发送给Framework。

②Writer：数据写入模块，负责不断从Framework取数据，并将数据写入目的端。

③Framework：用于连接Reader和Writer，作为两者的数据传输通道，并处理缓冲、流控、并发、数据转换等核心技术问题。

小　　结

本章展示了大数据的三种类型，介绍了数据采集的几种方式，重点阐述了数据预处理的理念，如数据清洗、数据脱敏等，然后使用Excel和Python分别演示数据预处理的实验操作和编程方法，如处理缺失值、重复值和异常值等。

思考与练习

1. 举例说明你接触过哪些传感器。
2. 编写一个豆瓣电影Top250或者豆瓣读书Top250爬虫程序。
3. 如何构造正态分布数据？
4. 练习数据清洗的Excel综合案例。
5. 自主探究其他缺失值填充方法，如回归、分类等。
6. 自主探究其他异常值检测方法。
7. 自主探究Python处理其他类型文件（如.txt、.cvs等）的数据清洗方法。
8. 自主探究MySQL数据库进行数据清洗实现方法。
9. 自主探究使用Excel或者Python进行数据清洗的综合案例。
10. 读完本章，哪部分内容触发了你的思考？引发你查阅了哪些资料？

第4章 数据存储与计算

采集预处理后的数据需要存储下来以供后续分析和应用。分布式存储和分布式计算是大数据的两大核心技术。

分布式存储技术是相对于集中式存储技术来说的，在大数据技术被广泛使用之前，企业级的存储设备都是集中式存储。集中式存储多是采用专用的软硬件一体机的方案，相对成本比较高。

当一个计算任务过于复杂不能被一台机器独立完成时，就需要分布式计算。分布式计算技术将一个大型任务切分为多个更小的任务，用多台计算机通过网络连接，把这些小任务分别交给这些机器独立完成，最终完成这个复杂的任务。本章将重点介绍分布式存储技术和分布式计算技术。

学习目标

◎了解大数据架构Hadoop原理及应用。

◎理解数据存储、分布式存储和HDFS。

◎理解大数据的分布式计算的四种类型，即批量计算、流计算、图计算和查询分析计算。

◎了解大数据生态中主要组件的功能。

学习指导

本章是大数据技术的重点内容，建议通读多遍以便全面熟练掌握分布式存储和分布式计算技术，特别是对重点和难点部分，如HDFS、MapReduce等。遇到疑惑之处先认真思考，然后再查阅相关资料，最后总结自己补充扩展的内容，做好总结、归纳和整理。请尽可能逐步探索适合自己的学习方法，以期达到阅读学习的最大收获，提高自主学习能力。

4.1 Hadoop 概述

4.1.1 引例

首先用一个生活中的例子帮助读者对大数据处理和计算建立一个初步认识。以中国石油大学

（北京）为例，高考结束大学生活开始了，新生从祖国各地来到北京昌平府学路报到。面对新环境，第一个要解决的就是住宿问题。学校先安排同学们在校内学生公寓住宿，但是学生太多，校内学生公寓住不下，于是再安排到校外润杰学生公寓。这是日常生活中很合理的思路，一个公寓不能解决所有学生的住宿问题，那就安排多个公寓。这一思想如果迁移到大数据中就是开源大数据系统Hadoop中的HDFS（Hadoop distributed file system，Hadoop分布式文件系统），解决大数据的分布式存储。数据量太大，一台机器无法满足存储要求，那就用多个机器，Hadoop的关键技术之一分布式存储HDFS就是这个思想。

住宿问题解决后，下一个问题就是一日三餐。所有同学都在学生公寓的润杰餐厅吃饭有点不现实，因为润杰餐厅目前没有足够的打饭窗口，不能在短时间内给几千名同学提供餐饮服务，同学也不能接受等待很长时间才能吃上饭。当然有解决办法，同学可以在校内的第一、第二或者第三食堂吃饭，或者润杰餐厅可以再多提供几个打饭窗口也能缓解。简单来说就是一个大厨师完成配餐工作忙不过来，那就多安排几个大厨师，大家一起干就可以解决了。这一思路如果迁移到大数据中就是Hadoop的MapReduce。对于工作量较大较复杂的任务，一台机器不能满足服务，那就多台机器一起合作，即“分而治之”的思想，这就是大数据系统Hadoop的另一个关键技术分布式计算MapReduce。“分而治之”就是把一个比较大而复杂的问题按一定的策略分为规模较小的若干小问题，对每个小问题逐个解决，分别找出它们的解，最后再把各部分的解组合成整个问题的解。通过“住”和“吃”的例子大家应该大致理解了Hadoop的两个关键技术分布式存储和分布式计算的基本思想。

解决完“吃住”问题就该是大学最重要的“学”了。一般来说同一个班的新生第一学期所有课程基本相同。大学的课程是上大课，一节大课是包含两小节课，一节大课上完换另外一门课程，这时教学楼内楼外人潮涌动，因为大家上完课后要换教室上下一节课。不难理解这种情况最好采用教师转换教室而学生在原教室不动的方式。因为一个班学生大约30人，一门课程至少一个班修读，而教师只是1个人，30个人走动和1个人走动有显著的区别。这一类似思路如果迁移到大数据中就是MapReduce的“计算向数据靠拢”，而不是“数据向计算靠拢”的概念。因为相对要处理的数据的量而言，移动一个程序的数据量是很小的，所以一般是移动程序而不是移动数据，即“计算向数据靠拢”，而不是小数据时移动数据的“数据向计算靠拢”。在这个例子中学生类比为“大数据”，老师类比为处理大数据的“程序”。

新生报到还有一项工作安排入学体检。体检工作分为身高、体重、视力、血常规和胸透等。如果采用Hadoop的MapReduce方法，体检的工作是类似这样的方式进行的：所有同学先在校医院大厅等候，然后去身高体重测量室进行第一项身高体重测量，第一项完成后，所有人再回到大厅等候；第二项视力测试时，所有人再去视力检查室进行视力测试；其余各项测试依此类推，这就对应了MapReduce的方式，做一次计算就要把数据（类似于要体检的同学们）写到磁盘（类似于体检时校医院的大厅），这样很耗费时间，效率低。为了快速完成所有新生的体检工作，校医院采用科室并行方式进行。不是所有同学都在第一个体检项目处等待，而是将学生按照院系分成几组同时进行。有的小组同学先进行身高体重测试，有的先查视力，有的做胸透，有的抽血化验，能独立完成的就先完成。一个项目完成之后不会再返回大厅而是直接进行下一个项目，这样把一个工作分成几个小的任务可以同时进行，大大提高了效率。这种方式可对应于分布式计算的Spark框架，对任务进行阶段划分以实现性能优化，而且每次计算完成之后，不会把数据再写到磁盘，而是直接把处理后的数据传给下一个计算，数据一直在内存中，因此Spark被称为基于内存的计算。

至此大家基本构建起了大数据的基础概念和思想，几个关键技术术语Hadoop、HDFS、

MapReduce和Spark也有了简单了解，深入的理解在后续章节中会进一步展开介绍。下面介绍一下大数据的技术发展。

Google公司先后发表了三篇论文介绍Google如何对大规模数据进行存储和分析，2003年的Google文件系统（*the google file system*），2004年的MapReduce：大型集群简化数据处理（*MapReduce：simplified data processing on large clusters*），2006年的Bigtable：结构化数据的分布式存储系统（*Bigtable：a distributed storage system for structured data*）。2007年亚马逊也发表了一篇Dynamo：Amazon高可用的键值存储（*Dynamo：Amazon's highly available key-value store*），这几篇论文奠定了大数据时代的技术基础。

基于Google发表的三篇论文，2006年1月，"大数据之父" Doug Cutting开发Hadoop框架开源实现了GFS和MapReduce。为实现分布式存储海量数据及对海量数据进行分布式并行计算，Hadoop将单机文件系统扩展到多台机器上，突破了传统数据文件系统的单机模式。

2008年4月，Hadoop打破世界纪录，成为排序1 TB数据最快的系统，它采用一个由910个节点构成的集群进行运算，排序时间只用了209 s。在2009年5月，Hadoop把排序1 TB数据的时间缩短到62 s。Hadoop从此迅速发展成为大数据时代最具影响力的开源分布式开发平台，并成为事实上的大数据处理标准。

Hadoop可以使用简单的编程模型在跨计算机集群的分布式环境中存储和处理海量数据，主要解决了两大问题：海量数据的存储和计算，即Hadoop的两大核心模块HDFS和MapReduce。HDFS是GFS（google file system）的开源实现，MapReduce是Google MapReduce的开源实现，另外一个列式数据库HBase是Bigtable的开源实现。

4.1.2 Hadoop 简介

Hadoop是一个用Java编写的实现分布式存储和分布式计算的开源项目，能为用户提供系统底层细节透明的（可以理解为不用管底层是如何实现的）分布式基础架构。该框架下可以使用廉价的计算机集群对大型数据集进行分布式存储和处理，数据的存储和计算从单个服务器扩展到数千台机器，每台机器都提供数据的本地存储和计算。Hadoop具有高容错、高可靠性、高扩展性等特点，特别适合写一次、读多次的场景。

Hadoop主要包含以下四个模块：

①Hadoop Common：支持其他Hadoop模块的通用工具。

②Hadoop分布式文件系统（HDFS）：一种分布式文件系统，提供对应用程序数据的高吞吐量访问，主要解决大数据存储。

③Hadoop YARN（yet another resource negotiator）：另一种资源协调者，用于作业调度和集群资源管理的框架。

④Hadoop MapReduce：一个基于YARN的系统，用于并行处理大型数据集，主要解决大数据计算。

Hadoop是目前应用最为广泛的分布式大数据处理框架，其核心组件主要是HDFS和MapReduce。随着技术的发展和处理任务不同，各种组件相继出现，不断丰富Hadoop生态圈。Hadoop核心架构如图4-1所示。

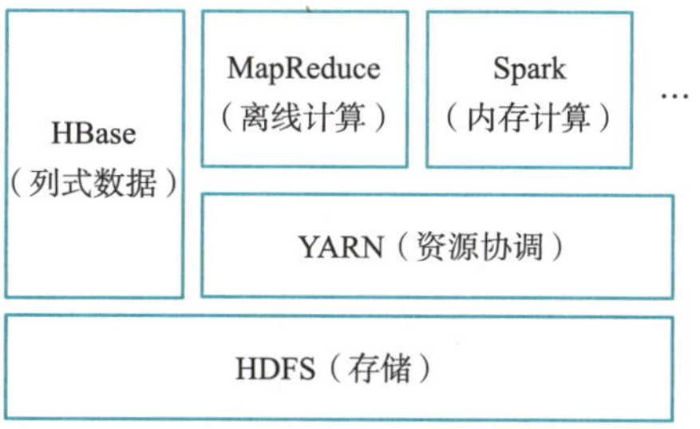

图4-1　Hadoop核心架构

Hadoop能够对海量数据进行分布式处理，它具有如下特性：

①高可靠性，不论是存储还是计算，系统都值得信赖。

②高效性，Hadoop能够在集群节点之间动态地移动数据，并保证各个节点的动态平衡，因此处理速度非常快。

③高可扩展性，Hadoop是在可用的计算机集群间分配数据并完成计算任务的，这些集群可以方便地进行扩展。

④高容错性，Hadoop可以部署在廉价机上，因此机器有可能发生宕机出错等情况，通过数据备份和自动重新分配失败任务可以保证服务的可用性。

⑤成本低，可以使用廉价机器，而且Hadoop运行在开源的Linux平台上，依赖于社区服务，使用成本比较低。

⑥支持多种编程语言，应用人员范围大。

4.2 数据存储

本节首先介绍传统的数据存储方式，然后介绍大数据存储方式，最后对Hadoop中的分布式存储HDFS进行讲解。

4.2.1 传统数据存储

传统的数据存储主要包括文件系统、数据库和数据仓库。其中前两部分在第2章已经介绍，本节重点介绍数据仓库。

在数据的处理过程中，当数据量过于庞大，Excel表格或者MySQL等数据库无法处理时，需要有一个更好的解决方案，既能查看历史数据，又能提供具有时效性的数据给不同业务部门用于支持管理与决策，数据仓库可以满足这些需求。

数据仓库（data warehouse，简称DW或DWH），由数据仓库之父比尔·恩门（Bill Inmon）于1990年提出。1991年，Bill Inmon出版了*building the data warehouse*（建立数据仓库），书中提出数据仓库是一个面向主题的（subject oriented）、集成的（integrated）、不可修改的（non-volatile）、与时间相关的（time variant）的数据集合，专门用于支持管理决策（decision making support）。

①面向主题：是指数据仓库中的数据是按照一定的主题域进行组织。传统数据库的主要任务是数据处理，即事务操作，所以传统数据库一般是以事务相关性进行存储。数据仓库的主要任务是数据分析，因此需要按主题进行存储。主题是指用户使用数据仓库进行决策时所关心的重点方面，主题与业务领域相关。例如对一所高校来说，数据仓库主题范围可以是学生成绩测评、教师评价等，将多年积累的学生成绩和课程教学等数据引入学生成绩分析中，可以找到影响学生成绩的具体因素，从而提高教学质量。

②集成：是指数据仓库的数据来自分散的操作型数据，需要将数据从原来的数据源中经过抽取、筛选、清理、转换、整合等工作后存储在数据仓库中以供使用。

③不可修改：是指数据仓库中的数据来源于其他数据源，无须更新修改。数据仓库主要是为决策分析提供数据支撑，一旦某些数据进入数据仓库以后，通常情况下将被长期保留。数据仓库中一般有大量的查询操作，但修改和删除操作很少，通常只需要定期的加载、刷新。

④时间相关：是指数据仓库中的数据基本都要求标注数据的时间特性，这主要是出于决策需要。在决策过程中，时间属性是非常重要的。数据仓库的数据是随时间不断变化的，会以每天，

每小时或其他定期的方式接收新的集成数据，从而反映最新的数据变化。但是数据仓库在一段时间内是一致的，并且在此期间不会更改。

数据仓库与数据库不同，数据库一般用于在线处理业务、存储数据。而数据仓库是专门为数据分析设计的，涉及读取大量数据以了解数据之间的关系和趋势，具体区别见表4-1。

表4-1 数据仓库与数据库比较

比较项目	数据仓库	数据库
应用场景	支持企业的决策和分析	企业的日常业务应用，如银行交易
处理类型	分析型处理，联机分析处理OLAP	操作型处理，联机事务处理OLTP
数据量	较大	较小
数据源	多个	单个来源（某个事务系统）
响应时间	实时性要求不高	实时性要求高，秒级响应
代表产品	DB2 Data Warehouse Edition、Warehouse Studio	MySQL、Oracle、SQL Server等

4.2.2 大数据存储

1. 大数据产生

计算机最初主要用于军事领域，那时候计算机很大很笨重。随着技术的发展，计算机的性能越来越高，应用范围也逐渐扩展到民用领域，各行各业计算机应用越来越多，如银行、电信和网络购物等。银行的每一次交易都需要存储在数据库中，打电话的通话记录被电信运营商存储下来，购物记录被电商网站记录下来。实际上记录下来的不仅仅包括这些简单的信息，请思考，电商网站还会记录用户的哪些信息？比如购物车、收藏、待付款、待收货、待评价订单等，这些都是大家能想到的，实际上还有同学可能不太了解的，如鼠标单击行为、页面停留时间等信息。网站根据采集的一系列用户行为数据进行分析，获取有价值信息为决策提供支撑，如商品推荐等。

接下来请试着估算一下我国一天有多少人上网购物，需要记录多少信息？

看看2019天猫双十一全球成交额统计数据，具体见表4-2。

表4-2 2019天猫双11全球成交额

时长（时分秒）	成交额（人民币元）
00:01:36	100亿
00:12:49	500亿
01:03:59	1 000亿
14:21:27	2 000亿
24:00:00	2 135亿

假设所有这些购物信息都记录在一个数据表中，数据越来越多如何处理呢？因为数据表的大小是有限制的。一个数据表存不下，可以分成多个数据表。当一个表的数据增多时可以采用拆分的方法对表进行切分，称为“分表”。比如购物的商品信息表，商品名称、商品价格是买家比较关注的部分，可以放到一张数据表中，而商品编号、商品经销商等不太关注的信息放到另外一张表中。数据库一般包含多张表，随着数据量越来越大，也可以采用类似分表的方法将数据库进行

切分，这种方式称为“分库”。如可以将长江以南的数据信息存储在一个数据库中，长江以北的数据信息存放在另外一个数据库中，或者每个省级行政单位存放到一个数据库中。

但是每台计算机的存储空间是有限的，即使采用的是大容量计算机，硬盘空间大小仍然是有限制的，可是数据还是变大，这又如何处理呢？

一台计算机存不下可以用多台计算机共同存储。但并不是想象中的把一台台计算机放在一起，目前常用的是刀片服务器，如图4-2所示。一个机架放置多台刀片服务器，数据中心安放有多个机架，如图4-3所示。

图4-2 刀片服务器

图4-3 数据中心

数据是如何变大以至于传统的存储和处理无法解决问题呢？人类社会的数据产生方式大致经历了三个阶段：运营式系统阶段、用户原创内容阶段和感知式系统阶段。正是由于数据产生方式发生了巨大变化，最终导致大数据的产生。

（1）运营式系统阶段

人类大规模的管理和使用数据是随着数据库的诞生开始的，数据库使得数据管理的复杂度大大降低。很多运营系统采用数据库进行数据的管理，如大型超市销售系统、银行交易系统、医院诊疗系统、企业客户管理系统等。这些系统使用数据库保存大量结构化的数据信息，用于满足企业的不同业务需求。在这一阶段，数据的产生是被动的，即只有当业务真正发生时，才会产生新的数据记录并保存到数据库中。如超市只有销售出一件产品才会在数据库中产生相应的一条销售记录。

（2）用户原创内容阶段

互联网的出现，使得数据的传播更加便捷。Web 1.0时代主要以门户网站为代表，强调内容的组织和数据的共享，用户上网浏览网页，其本身并不产生数据。真正的数据爆发产生于以“用户原创内容”为特征的Web 2.0时代，Web 2.0的最重要标志就是用户原创内容（user generated content，UGC），如微博、微信、视频网站等。在这一阶段，用户是数据的生成者，尤其当智能手机等新型移动设备的出现，使得用户可以随时随地发微博、照片、视频等，此时数据量急剧增长。这一阶段数据的产生方式是主动的。

（3）感知式系统阶段

物联网的发展最终导致了人类社会数据量的第三次飞跃，这次飞跃的根本原因在于感知式系统的广泛使用。物联网中包含了大量的传感器，如温度传感器、湿度传感器、压力传感器、位移传感器、光电传感器等。图4-4所示为某类型的$PM_{2.5}$传感器和温湿度传感器。除了传感器，还有视频监视摄像头也是物联网的重要组成部分，这些设备无时无刻不在产生大量数据。

与Web 2.0时代的人工数据的产生方式相比，物联网中的数据是自动产生的，而且在短时间内生成更密集、更大量的数据，使得人类社会迅速进入“大数据时代”。这一阶段数据的产生方式是自动的。

数据的产生经历了上述被动、主动和自动三个阶段，这些不同方式产生的数据共同构成了大数据的来源，其中自动式的数据是大数据产生的最根本原因。

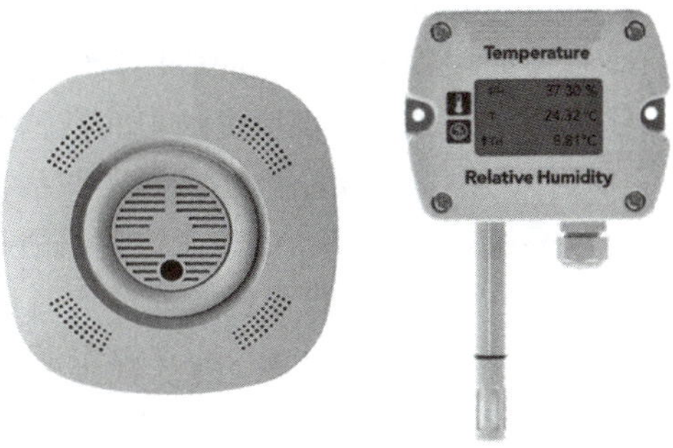

（a）$PM_{2.5}$传感器　　（b）温湿度传感器

图4-4　$PM_{2.5}$传感器和温湿度传感器示例

2. 大数据存储

传统的文件系统和数据库的存储容量和吞吐性能不足以支撑海量数据的规模、无法满足海量数据的管理需求、无法满足数据高并发的需求、无法满足高可扩展性和高可用性的需求，因此大数据存储管理系统必须采用能够支撑海量数据规模的分布式文件系统、非关系型数据库NoSQL和NewSQL。

分布式文件系统将文件分布存储于多个计算机节点，所有计算机节点构成计算机集群，可将数据分块分别存储于各节点中。NoSQL数据库主要包括列式数据库、文档数据库、键值数据库和图数据库。NewSQL典型产品有Amazon的RDS（relational database service），微软的SQL Azure等。

（1）分布式文件系统

目前分布式文件系统主要有GFS和HDFS。

GFS（google file system）是Google的分布式文件存储系统，于2003年提出，是为了满足存储海量搜索数据而设计的基于Linux的分布式文件系统。GFS适用于大量数据的顺序读取和顺序追加，如大文件的读写。GFS与一般分布式文件系统具有许多相同点，如性能（吞吐能力、响应时间、并发能力等）、可伸缩性、可靠性和可用性，同时也有一些不同的设计观点，主要区别有如下几个方面：

①文件系统由成百上千台廉价计算部件构成，部件发生故障是常态，因此持续监控、错误检测、容错和自动恢复必须是系统的组成部分。

GFS的开创性在于摒弃昂贵的系统硬件，选用普通廉价的商用服务器硬盘集群作为存储介质，因此必须在软件层面解决这些廉价硬件的不可靠性，为上层应用提供一个可靠的存储服务，这和MapReduce计算框架面对的问题是一致的。另外，在软件层面，通常会有成百上千的客户端同时访问集群，在这种存储介质上构建如此大规模的系统，软硬组件出问题应该被认为是常态。如用户代码有问题、操作系统出问题、硬盘内存网络甚至电源供应故障等。

在设计系统时，必须在系统内引入持续的监控，以获得各个软硬组件的健康状态；整合出错检测、错误容忍、自动恢复机制，以对基本的错误进行告警、处理和自动恢复等。

②系统针对的文件很大，但实际可能会处理大量（数亿）小文件（KB级），需要重新考虑设计I/O输入输出和文件块大小参数。

GFS设计目标是针对单个文件数十兆字节到数吉字节的大小，对于数百万计的千字节大小的文件，GFS虽然可以支持其存储，但是却难以高效地对其进行管理。因此，GFS重新对常规文件系统的一些基本设计做了调整，包括文件块（block）的大小，I/O操作的流程等。

③文件通过使用Append追加方式进行改变，几乎不存在随机写，一旦写入文件只能顺序读取。

GFS针对的场景是所有文件修改类型基本以追加为主，很少出现对已经存在的部分进行覆盖，事实上更不存在随机写的。通常情况是一旦写入完毕，文件就变为只读，并且是顺序读。

这样的场景很多，比如应用持续运行所产生的数据流、归档数据或者一些机器产生提供另外一些机器同步或者异步消费的中间数据集。考虑到这些访问模式都是针对大数据文件，如何保证追加操作的并发性和原子性成为文件系统设计的要点。

④系统灵活性高。GFS设计为高吞吐优先于低延迟，为了保证吞吐量，可以适当牺牲延迟。因此，GFS比较适合批量任务而非实时任务。

Hadoop的HDFS是GFS的开源实现，本章下一节将详细介绍。

（2）非关系型数据库NoSQL

为方便读者更好地理解NoSQL和NewSQL等数据库，首先了解一下数据库相关基础理论。

①ACID：是传统的关系型数据库中事务（transaction）的特性。

在数据库系统中，一个事务是指由一系列数据库操作组成的完整的不可拆分的逻辑执行单元。例如，银行的转账操作，需要涉及从原账户减少金额和向目标账户增加金额，这两个操作构成一个完整的逻辑过程，不可拆分，这个过程称为一个事务。事务具有ACID特性，即原子性（atomicity）、一致性（consistency）、隔离性（isolation）和持久性（durability）。

• 事务的原子性：是指事务必须是一个原子的操作序列单元。事务中包含的各项操作在一次执行过程中，只允许出现以下两种状态之一：全部成功执行或者全部不执行。任何一项操作失败都将导致整个事务失败，同时其他已经被执行的操作都将被撤销并回滚，只有当所有的操作全部成功，整个事务才算是成功完成。

• 事务的一致性：是指一个事务在执行之前和执行之后，数据库都必须处于一致性状态。如果事务成功，则整体数据提交修改，如果事务不成功则回滚到数据原来的状态。以转账为例，假设用户A和用户B两账户总金额是9 000元，那么不管A和B之间如何转账，转几次账，事务结束后两个用户的钱相加还是9 000元。

• 事务的隔离性：是指在并发环境中，并发的事务是相互隔离的，一个事务的执行不能被其他事务干扰。不同的事务并发操作相同的数据时，每个事务都有各自完整的数据空间，即一个事务内部的操作及使用的数据对其他并发事务是隔离的，并发执行的各个事务之间不能互相干扰。

• 事务的持久性：又称永久性，是指一个事务一旦提交，它对数据库中对应数据的状态变更就应该是永久性的。也就是说，一旦某个事务成功结束，那么它对数据库所做的更新就必须被永久保存下来——即使发生系统崩溃或机器宕机等故障，只要数据库能够重新启动，那么一定能够将其恢复到事务成功结束时的状态。

*②CAP理论：CAP和下面介绍的BASE是分布式数据库中的经典理论。在分布式数据库中，数据在不同节点上存储一定数量的副本。CAP定理（CAP theorem），又称布鲁尔定理（Brewer's theorem），它指出对于一个分布式系统来说，不可能同时满足一致性（consistency）、可用性（availability）和分区容忍性（partition tolerance）这三项要求。

• 一致性：指的是更新操作成功并返回客户端后，所有节点在同一时间的数据完全一致。根据获取更新数据的不同策略，一致性又分为强一致性、弱一致性和最终一致性。

强一致性是指当更新操作完成之后，任何多个后续进程或者线程的访问都会返回最新的更新过的值。简单理解就是用户上一次写什么，下一次就保证能读到什么。这种是对用户最友好的，但是根据CAP理论，这种实现需要牺牲可用性，因为要保证返回最新的值需要等待，所以可用性受到影响。

弱一致性是指系统并不保证后续进程或者线程的访问都会返回最新的更新过的值。用户读到某一操作对系统特定数据的更新需要一段时间，称这段时间为“不一致性窗口”。系统在数据写入成功之后，不保证立即可以读到最新写入的值，也不会具体承诺多久之后可以读到。简单理解就是更新一个值，但不确定能不能读取到，也不确定什么时候能读取到。

最终一致性是弱一致性的一种特例。系统保证在没有后续更新的前提下，能够最终返回上一次更新操作的值。在没有故障发生的前提下，不一致窗口的时间主要受通信延迟，系统负载和复制副本的个数影响。

举例来说，对于关系型数据库，要求更新过的数据都能被后续的访问看到，这是强一致性。如果能容忍更新过的数据后续的部分或者全部访问不到，则是弱一致性。如果经过一段时间后要求能访问到更新后的数据，则是最终一致性。

• 可用性：是指在正常响应时间内服务一直可用，或者说每次请求都能在合理的时间内返回非错的响应，但是不能保证获取的数据为最新数据。对于一个可用的分布式系统，衡量系统可用性一般通过停机时间来计算。

• 分区容忍性：指的是分布式系统在遇到某节点或网络分区故障时，还可以继续为用户提供服务，除非是整个网络都发生了故障。

一个分布式系统无法同时满足一致性、可用性和分区容忍性三项需求，而只能满足其中两项。但是在分布式数据库系统中，分区容忍性是必需的，分区是始终会存在的，因此需要在一致性和可用性之间进行权衡。

*③BASE：是基本可用（basically available）、软状态（soft state）和最终一致性（eventually consistent）三个短语的简写。其核心思想是即使无法做到强一致性（strong consistency），但每个应用都可以根据自身的业务特点，采用适当的方式来使系统达到最终一致性。也就是牺牲数据的一致性来满足系统的高可用性，系统中有一部分数据不可用或者不一致时，仍能保持系统整体可用。

• 基本可用：是指分布式系统在出现不可预知故障的时候，允许损失部分可用性。如响应时间上的损失或者功能上的损失。

• 软状态：是指允许系统中的数据存在中间状态，并认为该中间状态的存在不会影响系统的整体可用性，即允许系统在不同节点的数据副本之间进行数据同步的过程存在延时。

• 最终一致性：强调的是系统中所有的数据副本，在经过一段时间的同步后，最终能够达到一个一致的状态。因此，最终一致性的本质是需要系统保证最终数据能够达到一致，而不需要实时保证系统数据的强一致性。

BASE理论面向的是大型高可用可扩展的分布式系统，它和传统事务的ACID特性是相反的，完全不同于ACID的强一致性模型，而是提出通过牺牲强一致性来获得可用性，并允许数据在一段时间内不一致，但最终达到一致状态。

基于以上理论基础，接下来介绍NoSQL。NoSQL全称为“not only SQL”，它是一个用来表示非关系型数据库的概念。NoSQL一词最早出现于1998年，是Carlo Strozzi开发的一个轻量、开源、不提供SQL功能的关系型数据库。2009年来自Rackspace的Eric Evans再次提出了NoSQL的概念，这时的NoSQL主要指非关系型、分布式、不遵循ACID原则的数据库设计模式。

出现NoSQL的主要原因是随着互联网的不断发展，传统的关系型数据库在处理超大规模数据以及开发高并发应用时显得力不从心，出现了很多难以克服的问题。NoSQL数据库的产生就是为了解决大规模数据集合多重数据种类带来的问题，特别是大数据应用的难题。NoSQL具有易扩展、高性能、灵活的数据模型以及高可用等显著特点，NoSQL数据库因其本身的特点在大数据时代得到迅速发展。

NoSQL数据库的种类繁多，但是它们都拥有一个共同的特点，即去掉关系数据库的关系型特性。数据之间均无关系，这就使得数据库可以非常容易地扩展，这是完全区别于传统关系型数据库的一大特性。

NoSQL数据库具有高并发读写性能，这一点在海量数据的处理上表现得尤其明显，主要是得益于NoSQL数据库的无关系性，数据库的结构比较简单，所以在大数据量下的读写性能很好。NoSQL数据库不需要事先为存储的数据建立相应的字段，用户可以随时存储自定义的各种数据格式。NoSQL在不太影响性能的情况下，可以方便地实现高可用的架构。

相对于传统关系型数据库，NoSQL分类较复杂，主要包括键值数据库（key-value database）、文档数据库（document-oriented database）、列式数据库（column-family database）和图数据库（graph database）等，这些类型的数据库能够更好地适应复杂类型的海量数据存储。

键值数据库将数据存储为键值对key-value集合，其中键作为唯一标识符。值是键对应的相关数据，通过键来获取，可以存放任何类型的数据。键值数据库的键和值都可以是从简单对象到复杂复合对象的任何内容，经常应用在内容缓存、购物订单等场景中，常用的键值数据库有Redis、DynamoDB等。一个购物系统的应用键值数据库示例见表4-3。

表4-3　键值数据库示例

商品ID	商品属性
G2023061301	商品类别：图书，书名：大数据小白自学笔记，作者：王小朵，出版社：中国**出版社，价格：18.99元，ISBN：****，内容简介：****……
G2023061306	商品类别：手机，品牌型号：HUAWEI P60，颜色：洛可可白，商品编号：100054651299，价格：5 888元，机身内存：512 GB，性能说明：****……
…	…

Redis（remote dictionary server，远程字典服务）由意大利人Salvatore Sanfilippo使用C语言编写。Redis与传统数据库不同之处在于数据存储于内存中，所以读/写速度非常快，广泛应用于缓存。

在文档数据库中，文档是处理信息的基本单位，一个文档相当于关系型数据库中的一条记录，图4-5所示为文档数据库示例。文档数据库将半结构化数据（如JSON文件、XML等）存储为文档。文档数据库可以看作键值数据库的升级版，在处理网页等复杂数据时其查询效率更高，多应用于日志系统、电子商务网站和博客等。

MongoDB是一个开源的、可扩展的、跨平台的、面向文档的非关系型数据库，由C++语言编写，为Web应用提供可扩展的高性能数据存储解决方案。

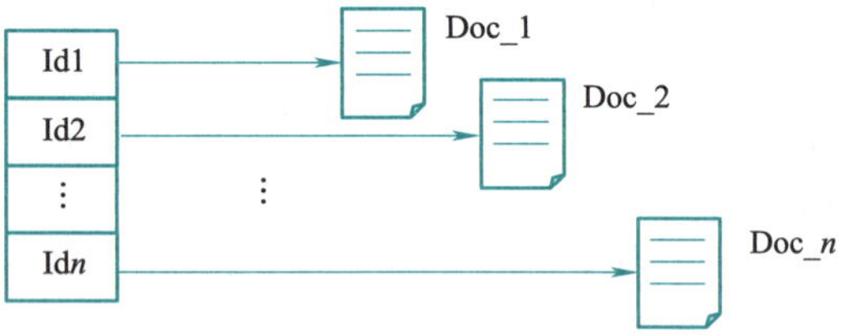

图4-5　文档数据库示例

关系数据库表中的数据是以行为单位逐行存储在磁盘上的，而列式数据库中的数据则是以列为单位逐列存储在磁盘中。列式数据库改变了传统的行存储数据库，将数据存储存在列式（又称列簇、列族）数据库中，一个列式数据库存储经常被一起查询的相关数据。常用的列式数据库有HBase、Cassandra等。

在表4-4所示的列式数据库中，基本信息、屏幕和数据接口为列族，基本信息列族包括的列有尺寸、颜色、CPU和质量。

表4-4　列式数据库示例

商品名	基本信息				屏幕			数据接口		
	尺寸	颜色	CPU	质量	分辨率	刷新率	尺寸	耳机	充电	数据
华为P60	宽74.5 mm 长161 mm 厚8.3 mm	绿色	骁龙8+4 G	197 g	2 700 × 1 220	120 Hz	6.67英寸	Type-C	Type-C	红外、蓝牙、USB、OTG接口、Wi-Fi、NFC
小米13	宽71.5 mm 长152.8 mm 厚7.98 mm	白色	第二代骁龙8	189 g	2 400 × 1 080	120 Hz	6.36英寸	Type-C	Type-C	USB、红外、蓝牙、NFC、OTG接口
…	…	…	…	…	…	…	…	…	…	…

图数据库是应用图形理论来存储实体之间关系信息的数据库。图模型由两个要素组成：节点和边，每个节点代表一个实体，每条边代表两个节点之间的关系，常应用于社交网络、商品推荐和搜索引擎，常见的图形存储数据库有Neo4j等。

图4-6所示为苏东坡人物关系图，实体为椭圆节点，如“苏轼”“眉州”“绘画”等。箭头表示实体之间的关系，如“出生地”“爱好”等。

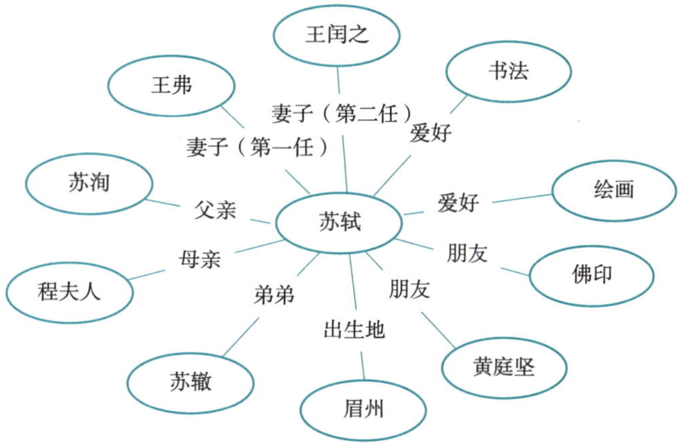

图4-6　苏东坡人物关系图

（3）NewSQL

NewSQL一词是由451 Group的分析师Matthew Aslett在研究论文中提出的。NewSQL是一种新型的数据库系统，它吸收了传统关系型数据库和分布式数据库的优点，同时克服了它们的缺点。这类数据库不仅具有NoSQL对海量数据的存储管理能力，还保持了传统数据库支持ACID和SQL等特性。NewSQL数据库兼容SQL语句，使得开发者可以继续使用熟悉的SQL语法进行数据查询和操作，降低了学习难度。

NewSQL提供高可用性、高性能和高可扩展性的数据库服务，在架构设计上进行了优化，提高数据处理性能，特别是在高并发和大规模数据场景下，能够提供更高的吞吐量和低延迟。

NewSQL适用于超大型高并发场景，如电子商务、金融交易等。典型的NewSQL数据库有Google的Spanner、Amazon的Aurora等。

4.2.3　HDFS

HDFS是开源分布式系统基础架构Hadoop的分布式存储，一个大的文件被切分成一块一块的，存储在不同的节点上。用户访问这个大文件时，需要知道文件切分的每一块都存在哪个节点上，因此要提供一个文件用于记录这个文件被分成几块，每一块存储的存储位置等元数据信息。这个元数据信息文件存储在一个称为NameNode的节点上，而大文件切分成的一块一块的数据存储在DataNode节点上。NameNode类似一个管家，是主节点，DataNode则具体提供数据存储服务，是从节点。

因为Hadoop集群不是高端机型构建的，为保证数据的高可靠性，每个数据块需要多个数据备份存储在不同节点上。

如图4-7所示，一个大文件w.txt被切成3块，分别用不同颜色表示，每一块都有两个副本，分别存储在不同DataNode上。在HDFS中，每个文件都是采用的分块的方式存储，每个块放在不同的DataNode上。

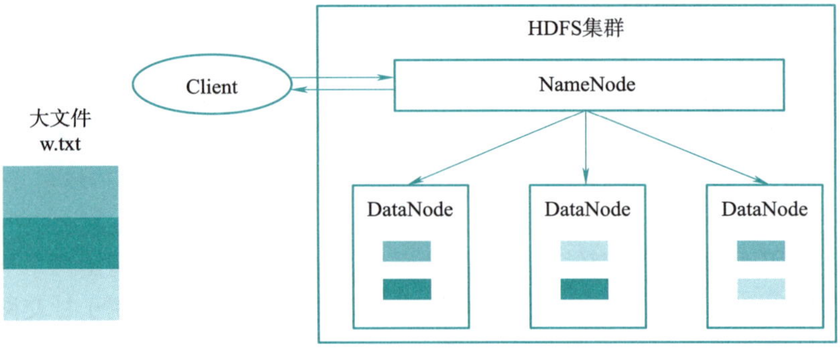

图4-7　HDFS分块图

HDFS默认一个块的大小是固定的，如64 MB或128 MB，一个文件被分成多个块，以块作为存储单位，块的大小远远大于普通文件系统。HDFS采用块概念有几个好处：

①支持大规模文件存储：文件以块为单位进行存储，一个大规模文件可以被拆分成若干个文件块，不同的文件块可以被分发到不同的节点上，因此，文件的大小不会受到单个节点存储容量的限制，可以远远大于网络中任意节点的存储容量。

②简化系统设计：首先，大大简化了存储管理，因为文件块大小是固定的，这样就可以很容易地计算出一个节点可以存储多少文件块；其次，方便了元数据的管理，元数据不需要和文件块一起存储，可以由其他系统负责管理元数据。

③适合数据备份：每个文件块都可以冗余存储到多个节点上，大大提高了系统的容错性和可用性。

当客户端访问文件时，要先询问NameNode文件有几块，每一块存储在哪里，根据返回的信息，去指定的DataNode访问文件，可以参照Apache Hadoop官网给出的HDFS架构图，如图4-8所示。

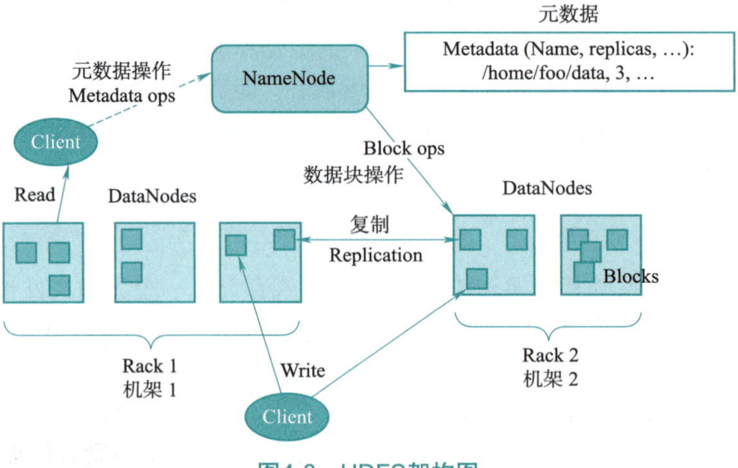

图4-8　HDFS架构图

首先说明图中的几个术语。

①数据块（Blocks）：一个大文件进行分块，默认大小Hadoop 2.0的版本中是128 MB，Hadoop 1.0版本是64 MB。数据写入后不能修改，但可以追加。名称节点NameNode是Master节点，保存整个文件系统的目录信息、文件信息及分块信息。如果主NameNode失效，切换到第二名称节点Secondary NameNode，处理客户端读写请求。

②数据节点（DataNode）：是Slave节点，分布在廉价的计算机上，用于存储Block块文件。

③客户端（Client）：与NameNode进行交互获取文件的位置信息，然后与DataNode交互，读取或写入数据。

④元数据（Metadata）：用于记录文件和数据块的映射信息，如文件名、块的副本数、数据块位置等。

⑤复制（Replication）：为了提升HDFS的可靠性，需要创建多份数据块的副本，由DataNode完成数据块的复制。

⑥第二名称节点（Secondary NameNode）：是NameNode的备份，官网架构图中没有显示。

注意： Secondary NameNode并非NameNode的热备，即当NameNode宕机的时候它并不能马上替换NameNode并提供服务。Secondary NameNode可以辅助NameNode分担其工作量，在紧急情况下可辅助恢复NameNode。

HDFS采用Master/Slave的架构来存储数据，这种架构主要由四部分组成，分别为HDFS Client、NameNode、DataNode和Secondary NameNode。各部分的主要功能如下：

（1）Client：客户端

- 文件切分。文件上传HDFS的时候，Client将文件切分成一个一个的块，然后进行存储。
- 与NameNode交互，获取文件的位置信息。
- 与DataNode交互，读取或者写入数据。
- 可以提供一些命令来管理HDFS，比如启动或者关闭HDFS。
- 可以通过一些命令来访问HDFS。

（2）NameNode：是一个Master、管理者

- 管理HDFS的名称空间（目录树、文件、块）。
- 管理数据块映射信息。
- 配置副本策略。
- 处理客户端读/写请求。

（3）DataNode：就是Slave，NameNode下达命令，DataNode执行实际的操作

- 存储实际的数据块。
- 执行数据块的读/写操作。

（4）Secondary NameNode：第二名称节点，解决单点故障问题

- 辅助NameNode，分担其工作量。
- 在紧急情况下，可辅助恢复NameNode。

下面简单介绍HDFS的数据读写流程。图4-9所示为写数据流程示意图，具体操作步骤如下：

①用户向Client提出请求，假定需要写入数据的大小为500 MB，Client将要写入的数据按照每块128 MB切分成四个Block。

②处理第一个Block，Client向NameNode询问数据存储在哪个DataNode。

③NameNode根据配置文件中指定的副本数量（这里假定副本数量为3）及副本放置策略进

行文件分配，告诉Client存储Block的三个DataNode的地址，并按照DataNode到Client的距离远近排序。

④Client把第一个Block数据和三个DataNode地址发给DataNode1。

⑤DataNode1将数据复制给DataNode2。

⑥DataNode2将数据复制给DataNode3。

⑦如果当前Block的数据都已写入，DataNode向NameNode反馈已完成。

对剩余的三个Block，也进行相同的操作。

图4-10所示为HDFS读数据流程，具体操作步骤如下：

①用户向Client提出读取请求。

②Client向NameNode请求这个文件的所有信息。

③NameNode将返回给Client这个文件的块列表，以及存储各个块的数据节点地址（按照与客户端的距离排序）。

④Client从距离最近的数据节点下载所需的块。

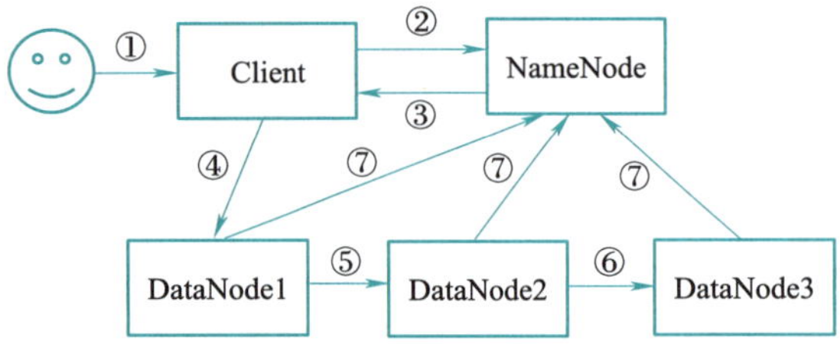

图4-9　HDFS写流程

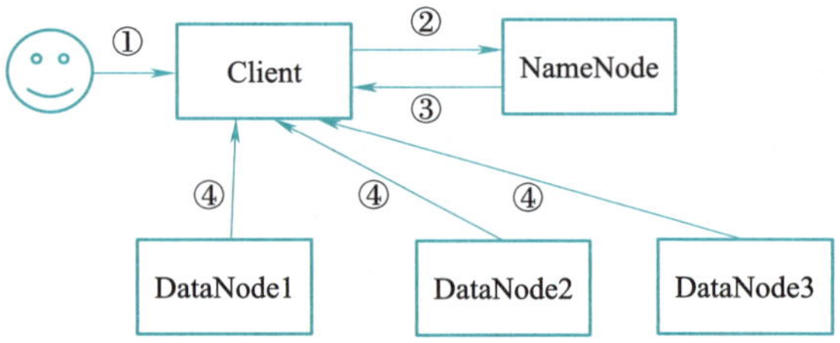

图4-10　HDFS读流程

HDFS中还有一个重要问题是副本存放策略，即NameNode如何选择在哪个DataNode存储副本replication。这里需要对可靠性、写入带宽和读取带宽进行权衡。在大多数情况下，副本系数是3，HDFS的存放策略是将一个副本存放在本地机架节点上，一个副本存放在同机架的另一个节点上，最后一个副本放在不同机架的节点上，如果还有其他副本则随机存放。这种策略减少了机架间的数据传输，提高了写操作的效率。机架的错误要比节点的错误少，所以这种策略不会影响到数据的可靠性和可用性。同时，因为数据块只存放在两个不同的机架上，所以减少了读取数据时需要的网络传输总带宽。

4.3　大数据计算

大数据的计算模式主要有批处理计算、流计算、图计算和查询分析计算四种类型。批处理计算针对大规模数据的批量处理，代表性的有MapReduce、Spark等。流计算是针对流数据的实时处理，主要技术有Storm、Flink等。图计算是针对大规模图结构数据的处理，具有代表性的有Neo4j、Pregel、GraphX等。查询分析计算针对大规模数据的存储管理和查询分析，具有代表性的有Hive、Presto、Impala、Dremel、Cassandra等。

4.3.1　批量计算

1. MapReduce

为了更好地理解MapReduce，先看一个大数据入门的经典案例WordCount，类似编程语言里的“Hello World”。假设有一个特别大的文件w.txt，需要统计里面每个单词出现的次数，简单起见，假设这个文件的内容如下：

```
Hello Hadoop
Hello HDFS
Hello MapReduce
Hadoop
HDFS
MapReduce
```

由于这个文件太大了，统计单词个数这项工作依靠一台计算机在有限的时间内根本统计不完，把它分成两块Block1和Block2分别进行存储和统计，其中Block1数据如下：

```
Hello Hadoop
Hello HDFS
```

Block2数据如下：

```
Hello MapReduce
Hadoop
HDFS
MapReduce
```

MapReduce简单理解就是“任务分解与结果汇总”。MapReduce采用“分而治之”的思想，把对大规模数据集的操作，分发给一个主节点管理下的各个分节点共同完成，然后通过整合各个节点的处理结果，得到最终结果。

MapReduce框架把处理过程高度抽象为两个函数：Map和Reduce，Map负责把任务分解成多个任务，Reduce负责把分解后的多个任务的结果汇总起来。一个存储在分布式文件系统中的大规模数据集，会被切分成许多独立的分片（split），这些分片可以被多个Map任务并行处理。以上面的WordCount为例，Map1负责统计Block1，Map2负责统计Block2，最终生成如下统计结果，其中每一行为一个键值对，表示每个单词出现的次数。

Map1输出：

```
Hello,1
Hadoop,1
Hello,1
HDFS,1
```

Map2输出：

```
Hello,1
MapReduce,1
Hadoop,1
HDFS,1
MapReduce,1
```

Map阶段完成后，接下来是Reduce阶段。Reduce会把这两个Map的输出合在一起计算，得出最终的输出结果如下：

```
Hadoop,2
HDFS,2
Hello,3
MapReduce,2
```

用户向MapReduce框架提交一个计算作业时，首先会把计算作业拆分成若干个Map任务，然后分配到不同的节点上去执行，每一个Map任务处理输入数据中的一部分，当Map任务完成后，它会生成一些中间文件，这些中间文件将会作为Reduce任务的输入数据。Reduce任务的主要目标就是把前面若干个Map的输出汇总到一起并输出。

MapReduce核心就是Map+Shuffle+Reduce。首先通过读取文件，进行数据分片，通过Map获取文件的key-value映射关系，用作Reduce的输入，输入Reduce之前，要先对Map的key进行一个Shuffle，主要是排序，然后将排完序的key-value作为Reduce的输入进行Reduce操作。上述词频统计处理过程如图4-11所示，具体步骤如下：

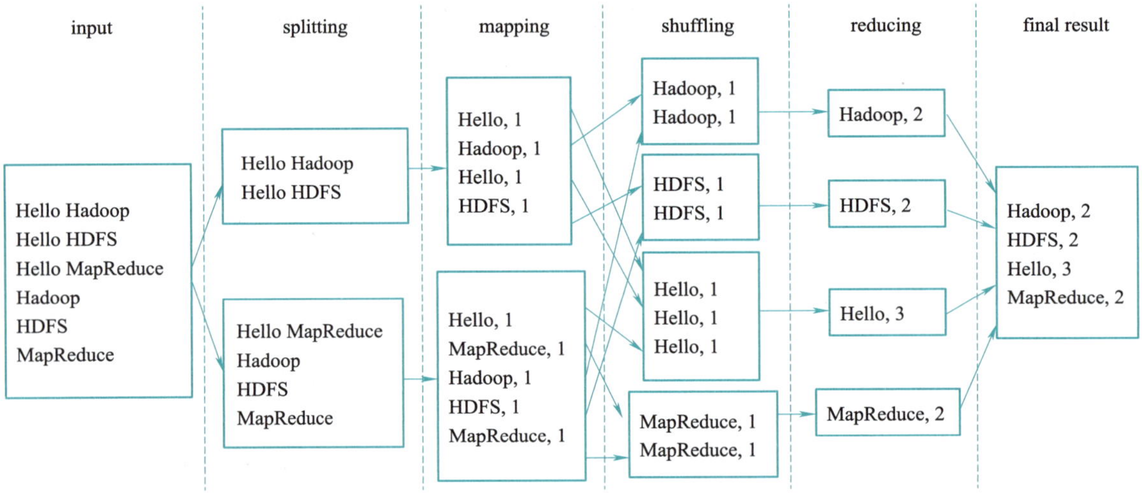

图4-11　MapReduce词频统计

①Hadoop将输入数据切成若干个分片split，并将每个split交给一个Map任务Map task处理。

②Mapping处理之后得出这个task里面每个词以及它出现的次数。

③Shuffle将相同的词放在一起，并对它们进行排序，分成若干个分片。

④根据这些分片，进行Reduce。

⑤统计出Reduce task的结果，输出到文件。

MapReduce设计的一个重要理念就是“计算向数据靠拢”，而不是“数据向计算靠拢”。因为移动数据需要大量的网络传输开销，相对移动程序要方便得多，程序的数据量与要处理的大数据来说要小得多。

MapReduce框架采用了Master/Slave架构，包括一个Master和若干个Slave。Master上运行JobTracker，Slave上运行TaskTracker。MapReduce具体架构如图4-12所示。

MapReduce架构主要由Client、JobTracker、TaskTracker和Task四部分组成，它们的主要功能如下：

①Client：用户编写的MapReduce程序通过Client提交到JobTracker端，用户可通过Client提供的一些接口查看作业运行状态。

②JobTracker：负责资源监控和作业调度，监控所有TaskTracker与Job的健康状况，一旦发现失效，就将相应的任务转移到其他节点，还会跟踪任务的执行进度、资源使用量等信息，并将这些信息告诉任务调度器（TaskScheduler），而调度器会在资源出现空闲时，选择合适的任务去使

用这些资源。

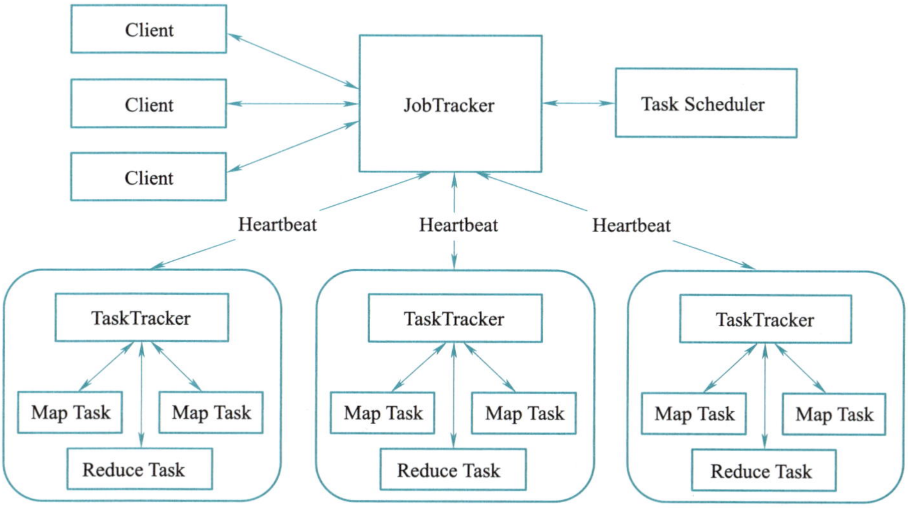

图4-12　MapReduce架构

③TaskTracker：会周期性地通过“heartbeat”（心跳）将本节点上资源的使用情况和任务的运行进度汇报给JobTracker，同时接收JobTracker发送过来的命令并执行相应的操作（如启动新任务、杀死任务等）；TaskTracker使用“slot”（槽）等量划分本节点上的资源（CPU、内存等）。一个Task获取到一个slot后才有机会运行，而Hadoop调度器的作用就是将各个TaskTracker上的空闲slot分配给Task使用。slot分为Map slot和Reduce slot两种，分别供Map Task和Reduce Task使用。

④Task：分为Map Task和Reduce Task两种，均由TaskTracker启动，一个节点可以执行多个Map Task和Reduce Task任务，但一个Map Task或Reduce Task任务只能在一个节点上运行。

Hadoop MapReduce非常适合于对大规模数据集合进行批处理操作，虽然Hadoop已经成了大数据技术的事实标准，但是其本身还存在如下一些缺陷：

①表达能力有限，因为只有Map和Reduce两个函数，而有的任务不能通过这两个函数解决。

②延迟高，适合批处理，不适合实时处理。任务之间的衔接涉及I/O开销。

③Map结果写入磁盘，Reduce再从磁盘里取出使用，磁盘I/O开销大。在前一个任务执行完成之前，其他任务就无法开始，难以胜任复杂、多阶段的计算任务，如机器学习和数据发掘的一些算法需要多次迭代。

下面举例说明磁盘I/O开销问题。在MapReduce中，Shuffle是连接Map和Reduce之间的桥梁。Shuffle主要完成对Map输出结果进行分区、排序、合并等处理并交给Reduce的功能。

以Map端的Shuffle过程为例：Map的输出结果首先被写入缓存，当缓存满时，就启动溢写操作，把缓存中的数据写入磁盘文件，并清空缓存。当启动溢写操作时，首先需要把缓存中的数据进行分区，不同分区的数据发送给不同的Reduce任务进行处理，然后对每个分区的数据进行sort排序和combine合并，之后再写入磁盘文件。每次溢写操作会生成一个新的磁盘文件，随着Map任务的执行，磁盘中就会生成多个溢写文件。在Map任务全部结束之前，这些溢写文件会被merge归并成一个大的磁盘文件，然后，通知相应的Reduce任务来领取属于自己处理的数据。

由此可知，MapReduce会频繁地与磁盘进行I/O交互，导致磁盘I/O开销大，为解决MapReduce的问题出现了基于内存计算的Spark框架。

*2. Spark

Spark在借鉴Hadoop MapReduce优点的同时，很好地解决了MapReduce所面临的问题，具体如下：

①Spark的计算模式也属于MapReduce，但不局限于Map和Reduce操作，还提供了多种数据集操作类型，如filter、join、groupby等，编程模型比Hadoop MapReduce更灵活。

②Spark提供了内存计算，减少了磁盘I/O开销，可将中间结果放到内存中，提高了计算速度，对于迭代运算效率更高。

③Spark基于DAG的任务调度执行机制，可以将多个操作转化为DAG图，按照最优的执行方式进行计算，从而减少了数据的读/写、shuffle等操作，提高了处理效率。

Spark最初由美国加州伯克利大学（UC Berkeley）的AMP（algorithm machine people）实验室于2009年开发，是基于内存的大数据并行计算框架，可用于构建大型、低延迟的数据分析应用程序。2013年，Spark加入Apache孵化器项目后发展迅猛，如今已成为Apache软件基金会最重要的三大分布式计算系统开源项目（即Hadoop、Spark、Storm）之一。

Spark在2014年打破了Hadoop保持的基准排序纪录，Spark/206个节点/23 min/100 TB数据，Hadoop/2 000个节点/72 min/100 TB数据，Spark用十分之一的计算资源，获得了比Hadoop快三倍的速度。

Spark的主要特性如下：

①运行速度快：使用DAG执行引擎以支持循环数据流与内存计算。

②容易使用：支持使用Scala、Java、Python和R语言进行编程，可以通过Spark Shell进行交互式编程。

③通用性：Spark提供了完整而强大的技术栈，包括SQL查询、流式计算、机器学习和图算法组件。

④运行模式多样：可运行于独立的集群模式中，可运行于Hadoop中，也可运行于Amazon EC2等云环境中，并且可以访问HDFS、HBase、Hive、Cassandra等多种数据源。

Spark的设计遵循"一个软件栈满足不同应用场景"的理念，逐渐形成了一套完整的生态系统，既能够提供内存计算框架，也可以支持SQL查询、实时流式计算、机器学习和图计算等。Spark所提供的生态系统足以应对多种场景（见表4-5），同时支持复杂批处理、历史数据的交互式查询和实时的流数据处理。

表4-5 Spark组件的应用场景

应用场景	时间跨度	其他框架	Spark组件
复杂的批量数据处理	小时级	MapReduce、Hive	Spark
基于历史数据的交互式查询	分钟级、秒级	Impala、Dremel、Drill	Spark SQL
基于实时数据流的数据处理	毫秒、秒级	Storm、S4	Spark Streaming
基于历史数据的数据挖掘		Mahout	Spark MLlib
图结构数据的处理		Neo4j、Pregel、Hama	Spark GraphX

Spark基于Spark Core扩展了四个核心组件，分别用于满足不同领域的计算需求。Spark的生态系统主要包含Spark Core、Spark SQL、Spark Streaming、MLlib和GraphX等组件，如图4-13所示。

Spark Core是Spark的基础组件，提供了任务调度、内存管理、容错性和分布式数据集（resilient distributed dataset, RDD）等功能。所有其他Spark组件都建立在Spark Core之上，图4-13中Apache Spark，就是Spark Core。

Spark SQL提供了用于处理结构化数据的接口，它支持SQL查询和数据框（dataframe）操作，可以将结构化数据集集成到Spark中，并与其他Spark组件无缝交互。Spark SQL允许开发人员直接处理RDD，同时也可查询Hive、HBase等外部数据源，可以使用SQL命令进行查询，并进行更复杂的数据分析。

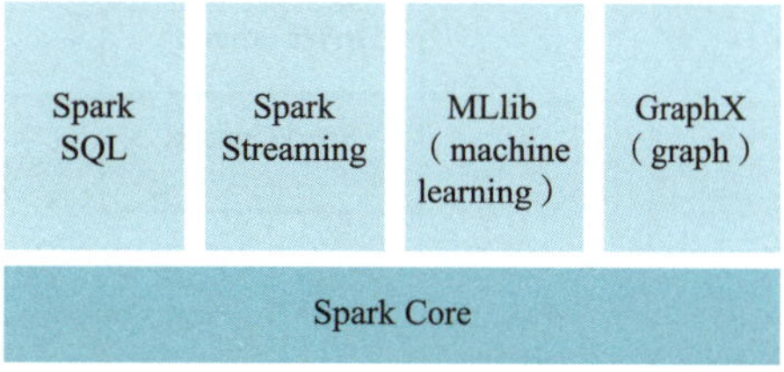

图4-13　Spark核心组件

Spark Streaming支持高吞吐量、可容错处理的实时流数据处理，其核心思路是将流式计算划分为微批数据，并通过Spark Core的计算引擎进行并行处理。Spark Streaming支持多种流数据输入源，如Kafka、Flume等。

Spark MLlib是Spark的机器学习库，提供了丰富的机器学习算法和工具。它支持常见的机器学习任务，如分类、回归、聚类和推荐等，降低了机器学习的门槛，并提供了分布式的机器学习算法和特征处理工具，开发人员只要具备一定的理论知识就能进行机器学习的工作。

Spark GraphX是Spark的图计算库，用于处理大规模图数据。它提供了一组用于图计算的操作和算法，包括图的构建、转换、遍历和图算法等，能在海量数据上运行复杂的图算法。

下面简单介绍Spark中的基本概念。

①RDD：弹性分布式数据集（resilient distributed dataset, RDD）是分布式内存的一个抽象概念，提供了一种高度受限的共享内存模型。受限是指一旦RDD生成是不允许改变的，是只读的。

②DAG：有向无环图（directed acyclic graph, DAG）反映RDD之间的依赖关系。

③Executor：运行在工作节点（worker node）的一个进程，负责运行Task。

④Application：用户编写的Spark应用程序。

⑤Task：运行在Executor上的工作单元。

⑥Job：一个Job包含多个RDD及作用于相应RDD上的各种操作。

⑦Stage：是Job的基本调度单位，一个Job会分为多组Task，每组Task称为Stage，又称TaskSet，代表了一组关联的、相互之间没有Shuffle依赖关系的任务组成的任务集。

在Spark中，一个Application（应用）由一个Driver（任务控制节点）和若干个Job（作业）构成，一个作业由多个Stage（阶段）构成，一个Stage由多个Task（任务）组成。当执行一个Application时，Driver会向cluster manager（集群管理器）申请资源，启动Executor（执行进程），并向Executor发送应用程序代码和文件，然后在Executor上执行任务，运行结束后，执行结果会返回给Driver，或者写到HDFS或者其他数据库中。具体运行架构如图4-14所示。

Spark运行架构包括cluster manager（集群管理器）、运行作业任务的worker node（工作节点）、每个应用的Driver（任务控制节点）和每个工作节点上负责具体任务的Executor（执行进程）。Spark作业运行流程如下：

①构建Spark Application的运行环境，启动SparkContext，SparkContext向cluster manager申请运行Executor资源。

②cluster manager分配并启动Executor，Executor的运行情况将随着心跳发送给cluster manager。

③SparkContext构建成DAG，将DAG分解成Stage（TaskSet），Executor向SparkContext申请Task。

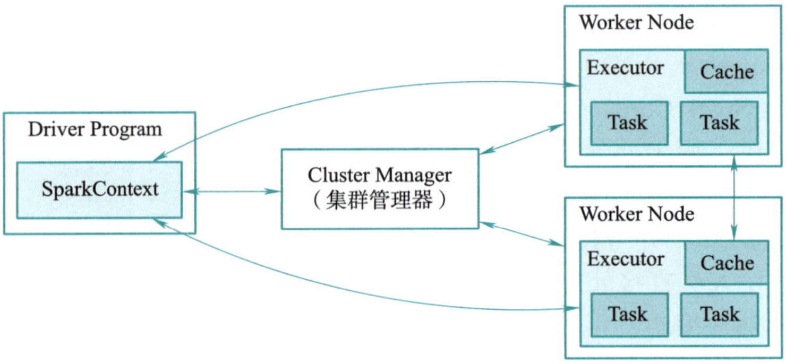

图4-14 Spark运行架构

④SparkContext将应用程序代码发放给Executor。

⑤Executor负责执行Task，并将执行状态汇报给Driver，同时也会将当前节点资源的使用情况汇报给cluster manager。

*4.3.2 流计算

1. 流数据

在Web应用、网络监控、传感监测等领域，一些数据以大量、快速、时变的流形式持续到达，这种类型的数据称为流数据。流数据具有如下特征：

①数据快速持续到达，潜在大小也许是无穷无尽的。

②数据来源众多，格式复杂。

③数据量大，但是不关注存储，经过处理后或者被丢弃，或者被归档存储。

④注重数据的整体价值，不过分关注个别数据。

⑤数据有可能顺序颠倒，或者不完整，系统无法控制将要处理的数据顺序。

2. 流计算

流计算定义为对流数据进行实时分析处理以获得有价值的信息。流计算的基本理念是数据的价值随着时间的流逝而降低，因此当数据出现时就应该立即处理，而不是缓存起来再批量处理。为了及时处理流数据，需要一个低延迟、可扩展、高可靠的处理引擎。

（1）流计算系统的需求

对于一个流计算系统来说，应达到如下需求：

①高性能：处理大数据的基本要求，如每秒处理几十万条数据。

②海量式：支持TB级甚至是PB级的数据规模。

③实时性：保证较低的延迟时间，达到秒级别，甚至是毫秒级别。

④分布式：支持大数据的基本架构，必须能够平滑扩展。

⑤易用性：能够快速进行开发和部署。

⑥可靠性：能可靠地处理流数据。

（2）流计算的处理流程

流计算的处理流程一般包含三个阶段：数据实时采集、数据实时计算和实时查询服务。

①数据实时采集阶段：通常采集多个数据源的海量数据，需要保证实时性、低延迟与稳定可靠。以日志数据为例，由于分布式集群的广泛应用，数据分散存储在不同的机器上，因此需要实

时汇总来自不同机器上的日志数据。

②数据实时计算阶段：对采集的数据进行实时的分析和计算，并反馈实时结果。经流处理系统处理后的数据，可视情况进行存储，以便之后再进行分析计算。在时效性要求较高的场景中，处理之后的数据也可以直接丢弃。

③实时查询服务阶段：实现流计算框架得出的结果供用户进行实时查询、展示或存储。在传统的数据处理中，用户需要主动发出查询才能获得想要的结果。而在流处理流程中，实时查询服务可以不断更新结果，并将用户所需的结果实时推送给用户。虽然通过对传统的数据处理系统进行定时查询，也可以实现不断地更新结果和结果推送，但这种方式获取的结果，仍然是根据过去某一时刻的数据得到的结果，与实时结果有着本质区别。流处理系统处理的是实时数据，传统的数据处理系统处理的是预先存储好的静态数据；用户通过流处理系统获取的是实时结果，而通过传统的数据处理系统获取的是过去某一时刻的结果；流处理系统无须用户主动发出查询，实时查询服务可以主动将实时结果推送给用户。

（3）流计算的应用

流计算可以应用在多种场景中，如Web服务、机器翻译、广告投放、自然语言处理、气候模拟预测等。如百度、淘宝等大型网站中，每天都会产生大量流数据，包括用户的搜索内容、用户的浏览记录等数据。采用流计算进行实时数据分析，可以了解每个时刻的流量变化情况，通过分析用户的实时浏览轨迹，可以进行实时个性化内容推荐。

但是，并不是每个应用场景都需要用到流计算。流计算更适合于需要处理持续到达的流数据、对数据处理有较高实时性要求的场景。如提供导航路线，一般的导航路线并没有考虑实时的交通状况，即便在计算路线时考虑了交通状况，往往也只是使用以往的交通状况数据。要实现根据实时交通状态进行导航的效果，就需要获取海量的实时交通数据并进行实时分析。

3. 分布式流计算框架

开源的分布式流计算框架主要有Twitter Storm和Yahoo! S4（simple scalable streaming system）。Apache Storm是一个分布式的、可靠的、容错的实时数据流处理框架。Storm与Spark Streaming的最大区别在于它是逐个处理流式数据事件，而Spark Streaming是微批处理，Storm比Spark Streaming更实时。

Storm基本概念包括Stream、Spout、Bolt和Topology。Storm将流数据Stream描述成一个无限的Tuple序列。Tuple是消息传递的基本单元，这些Tuple序列以分布式的方式并行地创建和处理。每个Stream都有一个源头，Storm将这个源头抽象为Spout。

如图4-15所示，Spouts从外部数据源（如队列、数据库等）读取数据，然后封装成Tuple形式，发送到Stream中。

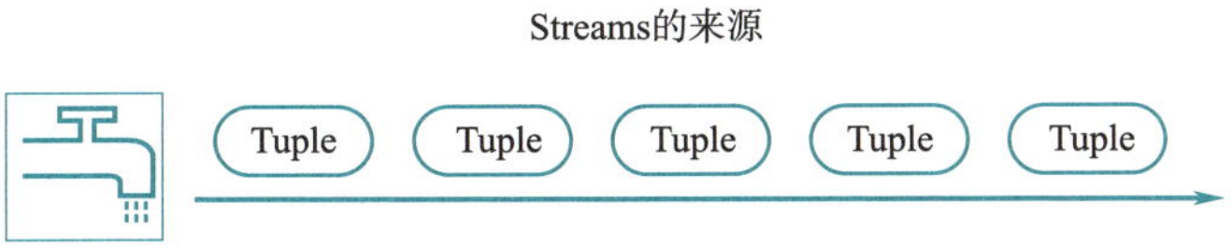

图4-15　Spouts

Storm将Streams的状态转换过程抽象为Bolt。如图4-16所示，Bolt既可以处理Tuple，也可以将处理后的Tuple作为新的Streams发送给其他Bolt。

Storm将Spouts和Bolts组成的网络抽象成Topology，如图4-17所示，它可以被提交到Storm集群执行。可将Topology视为流转换图，图中节点是一个Spout或Bolt，边则表示Bolt订阅了哪个Stream。Topology中每个组件都是并行运行的。

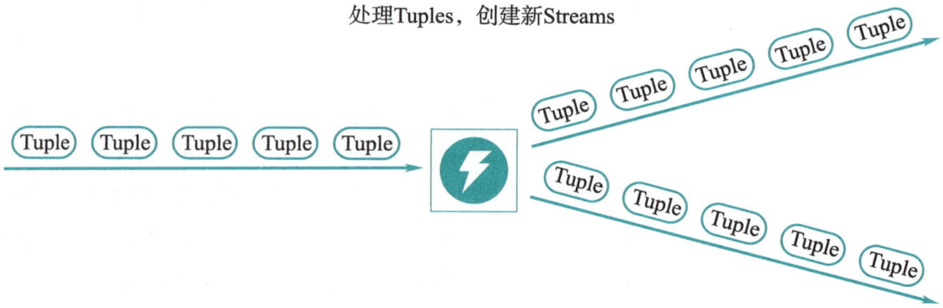

图4-16 Bolts

Storm架构如图4-18所示，各组件的功能如下：

①Nimbus是Storm的Master节点，负责资源分配和任务调度。一个Storm集群只有一个Nimbus。负责接收客户端Client提交的作业，向工作节点Supervisor分配处理任务（包括进程级别和线程级别）、传输作业副本，并依赖协调节点ZooKeeper的服务监控集群运行状态。

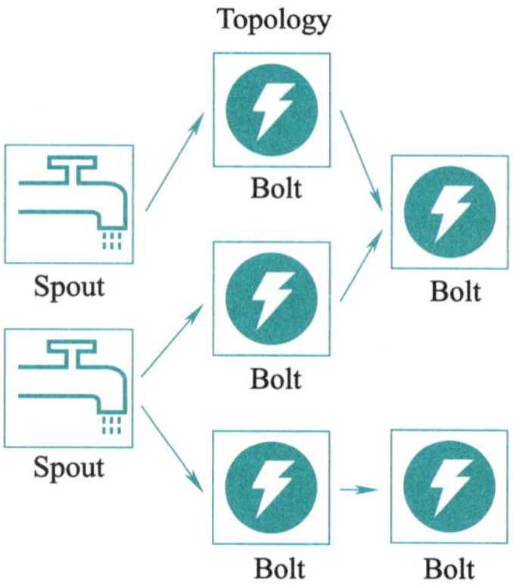

图4-17 Topology

②ZooKeeper：用来协调Nimbus和Supervisor，包括分布式状态维护和分布式配置管理，Nimbus依赖于ZooKeeper来监视Supervisor的状态。如果Supervisor因故障出现问题而无法运行Topology，Nimbus会第一时间感知到，并重新分配Topology到其他可用的Supervisor上运行。Zookeeper并不是Storm专用的，可以作为一类通用的分布式状态协调服务。为了实现服务的高可用性，Zookeeper往往是以集群形式提供服务的，即在Storm系统中可以存在多个Zookeeper协调节点。

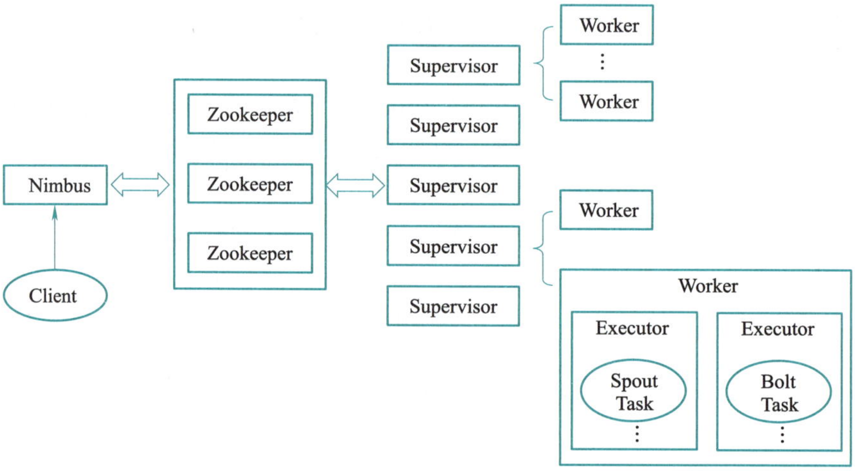

图4-18 Storm架构

③Supervisor：Storm的Slave节点，是工作节点，负责接收Nimbus分配的任务，管理所有Worker，一个Supervisor节点中包含多个Worker进程，管理Worker进程完成由Numbus分配的任

务，如启动、暂停、撤销或者关闭任务的工作进程。Supervisor工作节点是实时数据处理作业运行的节点。其中，计算在节点上的物理单元是Worker，也即工作进程；计算的逻辑单元是Executor，也即计算线程。而计算的作业逻辑单元是Topology，即拓扑；计算的任务逻辑单元是Task，即任务。每个Worker执行特定Topology的Executor子集，每个Executor执行一个或多个Task。

④Worker：工作进程，每个工作进程中都有多个Task。

⑤Executor：执行线程，是工作进程产生的单个线程，运行一个或多个任务（Spout或Bolt）。

⑥Task：任务，在Storm集群中每个Spout和Bolt都由若干任务（tasks）来执行。每个任务都与一个执行线程相对应。

4.3.3　图计算

图的应用范围很广，比如交通运输问题，每个顶点可以是一个城市，每条边可以是城市之间的道路，权重为城市之间的距离。或者社交网络，每个顶点可以表示一个人，每条边可以表示人与人之间的关系，权重为关系亲密程度。

许多大数据都是以大规模图或网络的形式呈现，如社交网络、传染病传播途径、交通事故对路网的影响等。许多非图结构的大数据，也常常会被转换为图模型后进行分析，图数据结构可以很好地表达数据之间的关联性。

传统的图计算无法解决大型图的计算问题，针对大型图的计算，目前通用的图计算软件主要包括两种：

第一种：主要是基于遍历算法的、实时的图数据库，如Neo4j、OrientDB、DEX和Infinite Graph。

第二种：是以图顶点为中心的、基于消息传递批处理的并行引擎，如GoldenOrb、Giraph、Pregel和Hama。

4.3.4　查询分析计算

对于大数据信息的处理中，通常以批计算处理、查询分析计算和流计算三种为主要方式。批处理通常是离线计算，对计算时效性要求不高，一个任务几十TB甚至几PB的数据都可以完成。流计算是在数据流入的同时即把相应的计算操作完成，有极高的时效性，非常适用于实时统计，根据预设规则预警，结合各种算法进行预测等数据分析需求。但流计算本质属于预计算分析，必须预先知道要统计分析的数据或维度，灵活度受限极大。查询分析计算兼顾良好的时效性与灵活性，是对批处理、流计算两大计算模式的有益补充。当前用于大数据查询分析的主要有Hive、Impala、Presto和Spark SQL等。

Hive是基于Hadoop的一个数据仓库工具，可以将结构化的数据文件映射为一张数据库表，并提供类SQL查询功能，其本质是将SQL转换为MapReduce的任务进行运算，底层由HDFS提供数据的存储。MapReduce的出现大大降低了大数据编程的门槛，普通工程师也能使用MapReduce开发大数据程序。但是对于经常使用SQL进行大数据分析和统计的人员来说，MapReduce编程还是有一定的难度。Hive能够自动将SQL语句生成MapReduce代码，不必开发专门的MapReduce应用程序，而是采用类SQL语法去操作数据，使MapReduce变得更加简单。

Impala是Cloudera公司主导开发的新型查询系统，是用C++和Java编写的开源软件。Impala提供SQL语义，能查询存储在Hadoop的HDFS和HBase中的PB级大数据。已有的Hive系统虽然也提供了SQL语义，但由于Hive底层执行使用的是MapReduce引擎，仍然是批处理过程，难以满足查询的交互性。Impala无须转换MapReduce，直接访问存储在HDFS、HBase中的数据，速度快。同时Impala基于内存运算，不需要把中间结果写入磁盘，省掉了大量的I/O开销。与其他Hadoop的SQL引擎相比，Impala提供了快速、交互式的SQL查询，满足高性能和低延迟需求。

4.4 大数据生态

为克服自身局限与不足Apache Hadoop一直在改进与提升，截至目前出现了三个版本：Hadoop 1.0、Hadoop 2.0和Hadoop 3.0。广义上来说，Hadoop通常是指一个更广泛的概念——Hadoop生态圈。

4.4.1 Hadoop 版本

Hadoop 1.0：包含Common、HDFS、MapReduce，现在已经不再使用。

Hadoop 2.0：包含Common、HDFS、MapReduce、YARN。相比于Hadoop 1.0、Hadoop 2.0功能更加强大，且具有更好的扩展性，并支持多种计算框架。

Hadoop 3.0：包含Common、HDFS、MapReduce、YARN、Ozone等。Hadoop 3.0相比之前的Hadoop 2.0有一系列的功能增强，已趋于稳定。

Hadoop版本变化如图4-19所示。下面简单介绍一下Hadoop版本发展过程。

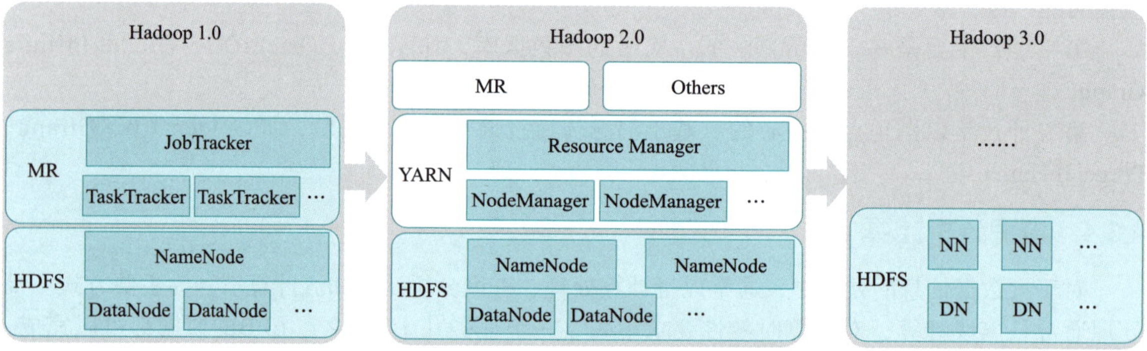

图4-19 Hadoop版本变化

2011年11月，Hadoop 1.0版本正式发布。Hadoop 1.0版本中，存在如下一些问题：

①扩展性差，JobTracker负载较重，成为性能瓶颈。

②可靠性差，NameNode只有一个，万一宕机，整个系统就会崩溃。

③仅适用MapReduce一种计算方式。

④资源管理的效率比较低。

在Hadoop 1.0中，JobTracker既要接收任务、分配任务，还要监控这些任务是否执行完成，这使得JobTracker成为MapReduce的性能瓶颈。Hadoop 1.0官方文档中，TaskTracker的个数不能超过4 000个。随着大数据技术的发展，产生了越来越多的计算框架（如Pig、Storm、Spark等），在Hadoop 1.0中这些计算框架都是直接抢占Hadoop集群的资源，容易导致资源冲突，所以在Hadoop 2.0中提供了一个统一的资源管理和任务调度器YARN以解决上述问题。

2012年5月，Hadoop推出了2.0版本。Hadoop 2.0提升了系统的安全稳定性，成为目前行业使用较多的版本。在2.0版本中，HDFS之上增加了YARN资源管理框架，可以为各类应用程序提供资源管理和任务调度。资源管理主要管理集群的硬件资源，如内存、CPU等。任务调度实现多个程序同时申请计算资源如何分配，采用何种算法进行调度。

YARN是对Hadoop 1.0的重大改进，主要包含三大模块：Resource Manager（RM），Node Manager（NM），Application Master（AM）。Resource Manager负责所有资源的监控、分配和管理；Application Master负责每个具体应用程序的调度和协调；Node Manager负责每个节点的维护。

YARN还有一个资源抽象概念Container容器，它封装了某个节点上的多维度资源，如内存、CPU、磁盘、网络等，当AM向RM申请资源时，得到的就是用Container表示的。YARN会为每个任务分配一个Container，且该任务只能使用该Container中描述的资源。

YARN具体架构如图4-20所示。

当用户向YARN中提交一个应用程序后，YARN将分两个阶段运行该应用程序。第一个阶段是启动AM，第二个阶段是由AM创建应用程序，为它申请资源，并监控它的整个运行过程，直至运行完成。

YARN的工作流程分为如下几个步骤：

①用户向YARN提交一个作业请求。

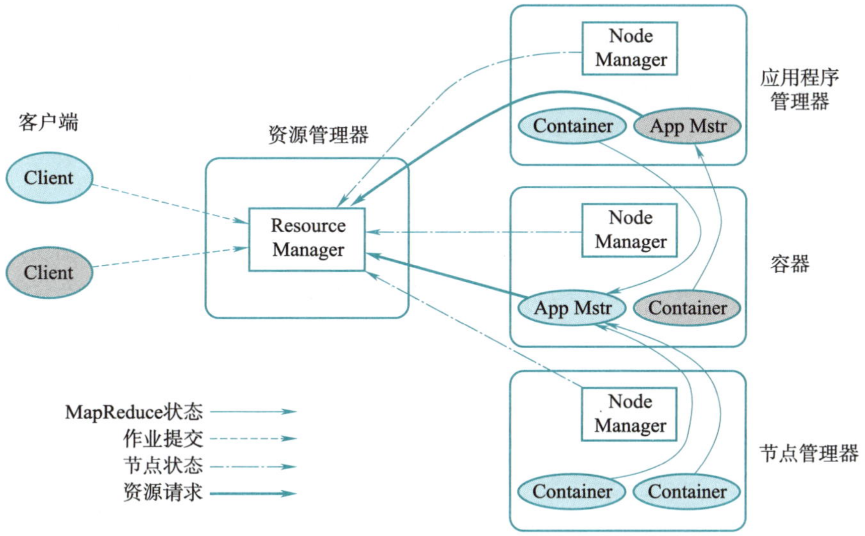

图4-20　YARN架构

②RM为该应用程序分配第一个Container，并与对应的NM通信，要求它在这个Container中启动AM。

③AM首先向RM注册，这样用户可以直接通过RM查看应用程序的运行状态，然后它将为各个任务申请资源，并监控其运行状态，直到运行结束。

④AM向RM申请和领取资源。

⑤AM申请到资源后，便与对应的NM通信，要求它启动任务。

⑥NM为任务设置好运行环境后启动任务。

⑦启动后的每个任务会定时向AM汇报自己的状态信息和执行的进度。

⑧作业运行完成后，AM向RM注销并关闭自己，至此流程结束。

YARN是Hadoop 2.0中最重要的特性之一。Hadoop 2.0具有以下几个优势：

①Hadoop 2.0提出了HDFS Federation机制，在HDFS集群中运行两个NameNode，一个是工作名称节点Active NameNode，另一个是热备用的Standby NameNode。Standby NameNode一旦切换成Active模式，马上就可以提供NameNode服务，解决单点故障问题，增强高可用性（high availability, HA）。同时不同NameNode分管不同的目录进而实现访问隔离和横向扩展。

②YARN将资源管理和应用程序管理分为两部分，分别由Resource Manager和Application Master实现。Resouce Manager负责整个集群的资源管理和分配，是全局资源管理系统，Application Master负责与具体应用程序相关的任务切分、任务调度和容错等。YARN集群每个节点都运行一个NodeManager，是该节点的资源和任务管理器，它是管理这台机器的代理，负责该节点程序的运行，管理和监控该节点的资源。

③YARN具有向后兼容性，用户在MapReduce 1.0上运行的作业，无须任何修改即可运行在YARN之上。

④支持多个框架，YARN是一个框架管理器，用户可以将各种各样的计算框架移植到YARN之上，由YARN进行统一管理和资源分配。

2017年9月Hadoop 3.0.0发布。Hadoop 3.0架构组件和Hadoop 2.0类似，3.0着重于性能优化，如采用纠删码（erasure coding, EC），EC技术可以防止数据丢失，又可以节省HDFS存储空间。Hadoop 3.0增加MapReduce任务本地化优化、内存参数自动推断等，引入多个NameNode备机，支持在一个集群中一个Active NameNode、多个Standby NameNode的方式。这种架构能够容忍系统中任何一个节点的失败，进一步增强集群的可靠性。

4.4.2 大数据生态

经过时间和技术的积累，Hadoop已经从最开始的几个组件，发展成一个拥有20多个组件的生态系统，如图4-21所示。比较重要的组件总结如下（读者可以试着用自己的语言解释）：

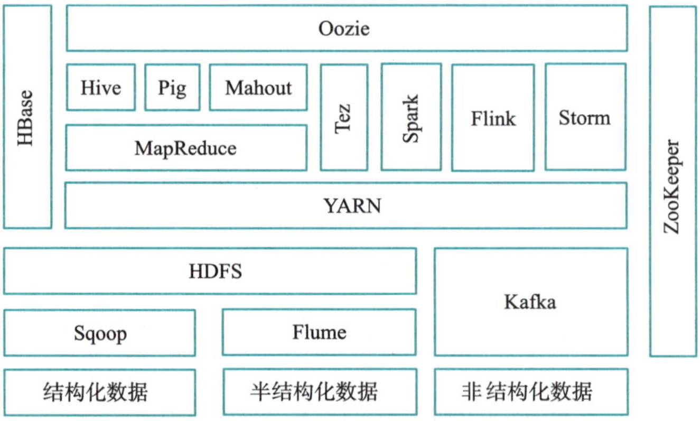

图4-21 Hadoop生态圈

①HDFS：Hadoop分布式文件系统，GFS的Java开源实现，实现海量数据的分布式存储。

②MapReduce：Hadoop分布式并行计算框架，Google MapReduce的Java开源实现，应用程序能够运行在由上千个商用机器组成的大型集群上，以一种可靠容错的方式并行处理TB级别及以上的数据集。

③YARN：一种新的Hadoop通用资源管理器，为上层应用提供统一的资源管理和任务调度，它的引入为集群在利用率、资源统一管理和数据共享等方面带来了巨大好处。

④HBase：基于Hadoop的分布式数据库，Google BigTable的开源实现，有良好的伸缩性和高可用性，将数据存储到各个计算节点上。

⑤Spark：加州大学伯克利分校AMP实验室开发的通用内存并行计算框架，借鉴了MapReduce，继承了其分布式并行计算的优点并改进了MapReduce明显的缺陷。

⑥Storm：一个分布式的、可靠的、容错的实时数据流处理框架。Storm集群的输入流由spout组件管理，数据处理组件bolt接收由spout或者其他上游bolt发来的数据流，bolt可以把数据保存到存储器，或者把数据传递给其他的bolt。

⑦Sqoop：SQL和Hadoop的单词首尾组成，是Hadoop和关系型数据库中的数据互相转移的工具，可以将一个关系型数据库中的数据导入Hadoop的HDFS中，也可以将HDFS的数据导入关系型数据库中。

⑧Flink：一种兼具高吞吐、低延迟和高性能的实时流计算框架，并同时支持批处理和流处理。起源于德国柏林工业大学等三所大学联合开展的Stratosphere项目，后捐赠给Apache软件基金会。Flink中的数据主要分为两类：有界数据流（bounded streams）和无界数据流（unbounded streams）。有界数据流就是指输入的数据有始有终。例如，数据可能是一分钟或者一天的交易数据，处理这种有界数据流的方式称为批处理。无界数据流就是指有始无终的数据，数据一旦开始生成就会持续不断地产生新的数据，即数据没有时间边界。无界数据流需要持续不断地实时处理。Flink中Client用来提交任务给JobManager，JobManager分发任务给TaskManager去执行，TaskManager汇报任务状态。

⑨Flume：Cloudera提供的一个高可用的、高可靠的、分布式的海量日志采集、聚合和传输的系统。Flume核心组件为agent，agent是最小的独立运行单位。一个agent由source、channel和sink等构成。日志源的数据经由负责采集或读取日志的组件source通过channel缓冲区输出到日志写出组件sink，最终存储到HDFS中。Flume的数据流由事件（event）贯穿始终。event是Flume的基本数据单位，由字节数组形式的日志数据和头信息组成。

⑩Kafka：由Linkedin开发，最终开源到Apache软件基金会的项目。Kafka是一种高吞吐量的分布式发布/订阅消息系统。消息系统负责将数据从一个应用传递到另外一个应用。消息传递模式主要有两种：点对点传递模式和发布/订阅模式，大部分消息系统选用发布/订阅模式。Kafka本质上就是一个消息队列。消息队列可以理解为一个管道，管道的两端分别是消息生产者（producer）和消息消费者（consumer），消息生产者产生日志等消息后可以发送到管道中，消息可以驻留在内存或者磁盘上，直到消费者将其读走为止。Kafka架构主要概念有topic、producer、broker和consumer。topic是特定类型的消息流，producer是能够发布消息到话题的任何对象，已发布的消息保存在一组服务器中，它们被称为代理（broker）或Kafka集群。consumer可以订阅一个或多个topic，并从broker获取数据，从而消费这些已发布的消息。

⑪Tez：是支持DAG（有向无环图）作业的开源计算框架，它可以将多个有依赖的作业转换为一个作业从而大幅提升DAG作业的性能。Tez源于MapReduce框架，核心思想是将Map和Reduce两个操作进一步拆分。将Map拆分成input、processor、sort、merge和output，Reduce拆分成input、shuffle、sort、merge、processor和output等。这些分解后的元操作可以灵活组合，产生新的操作，这些操作经过一些控制程序组装后，可形成一个大的DAG作业。在数据处理过程中可以不向HDFS写数据，提高作业的计算性能。

⑫Hive：Facebook开源的建立在Hadoop上的数据仓库软件，可以将存储在Hadoop文件中的结构化、半结构化数据映射为一张数据库表，并提供类似SQL的Hive查询语言（hive query language，HQL），避免写MapReduce程序。Hive常用于数据分析，对实时性要求不高的场景。

⑬Pig：Yahoo捐献给Apache的一个项目，使用Pig Latin语言，该语言的编译器会把类SQL的数据分析请求转换为一系列经过优化处理的MapReduce运算，Pig为复杂的海量数据并行计算提供了一个简单的操作和编程接口。

⑭Mahout：基于Hadoop MapReduce的大规模数据挖掘与机器学习算法库。

⑮Oozie：由Cloudera公司贡献给Apache，提供对Hadoop MapReduce、Pig Jobs的任务调度与协调，由Oozie Client和Oozie Server两个组件构成。一个完整的数据分析系统通常由大量的任务单元组成，各个任务单元之间存在时间先后及前后依赖关系。为了更好地组织复杂的执行计划，需要一个工作流调度系统来调用执行。Ooize定义了控制流节点control flow nodes和操作节点action nodes。控制流节点定义一个工作流何时开始和何时结束，并提供控制工作流执行路径的机制。操作节点是指能够触发一个计算任务computation task或者处理任务processing task执行的节点。对数据进行连续操作的时候，可以定义好各个Action，把它们串在一个工作流自动执行，不需要写处理代码，对于大数据的分析非常方便。

⑯ZooKeeper：高可用、可靠的、开源的分布式应用程序协调服务系统，是Google Chubby的Java开源实现。在Hadoop生态中有很多服务或组件，服务或组件之间进行协调处理是很困难的工作。ZooKeeper实现如数据发布/订阅、负载均衡、命名服务、分布式协调/通知、集群管理、Master选举、配置管理、分布式锁和分布式队列等功能。

扩展阅读

1. 数据湖

数据库用于联机事务，通常是对小数据量的高频读写。数据仓库主要用于联机分析业务，通常为大数据量读取。两者相同之处就是处理的都是结构化数据，数据湖（data lake）可以存储各种类型的数据。

数据湖概念最早是由Pentaho公司的创始人兼首席技术官James Dixon（詹姆斯·狄克逊）于2010年10月在纽约Hadoop World大会上提出的。James Dixon对数据湖的解释为把以前在磁带上拥有的东西倒入数据湖，然后开始探索该数据。

数据湖的主要思想是对企业中的所有数据进行统一存储，从原始数据（源系统数据的精确副本）转换为用于报告、可视化、分析和机器学习等各种任务的目标数据。数据湖中的数据包括结构化数据（关系数据库数据），半结构化数据（CSV、XML、JSON等），非结构化数据（电子邮件、文档、图像、音频、视频），从而形成一个容纳所有形式数据的集中式数据存储。

数据湖本质上就是一个大数据平台，能够存储各种类型的原始数据，提供丰富的计算模型，随着大数据的技术不断完善，目前成熟的数据湖体系已具备了大数据存储、大数据处理、机器学习、大数据分析等能力。目前流行的三大开源数据湖方案为delta、Apache Iceberg和Apache Hudi。

数据湖这个概念国内谈得少，但绝大部分互联网公司都已经使用该技术，一般把整个HDFS称为数据仓库（广义），即存放所有数据的地方，而国外一般称为数据湖。

2. 图计算 Neo4j

Neo4j是一个高性能的开源NoSQL图形数据库，2003年使用Scala和Java语言开发，2007年发布Neo4j 1.0版本。

Neo4j提供了一个用户友好的Web界面，可以进行各项配置、写入、查询等操作，并且提供了可视化功能，实现对原始图数据的存储、检索和处理。Cypher是Neo4J的声明式图形查询语言（cypher query language, CQL），类似SQL，用户不用编写图形结构的遍历代码，就可以对图形数据进行高效查询。

Neo4j图形数据库主要有节点、属性、关系、标签、数据浏览器等数据元素。

①节点（node）是图形数据库中的一个基本元素，用来表示一个实体记录，类似关系数据库中的一条记录。节点是主要的数据元素，节点通过关系连接到其他节点。节点可以包含多个属性和多个标签。

②属性（property）是用于描述图节点和关系的键值对。其中key是一个字符串，值可以通过使用任何Neo4j数据类型来表示。

③关系（relationship）在图论中称为边（edge），也是图数据库的基本元素。当数据库中已经存在节点后，需要将节点连接起来构成图。关系就是用来连接两个节点，其始端和末端都必须是节点。关系是有方向性的，Neo4j关系分为单向关系和双向关系两种主要类型。

④标签（label）用一个公共名称与一组节点或关系相关联。

⑤借助Neo4j Browser，用户可以浏览、查询和分析Neo4j数据库中的数据。

⑥Neo4j的常见应用场景包括金融行业的反洗钱模型、社交网络分析和知识图谱等。图4-22所示为第1章概述中知识图谱的一个简单例子，这里使用Neo4j图形数据库处理。

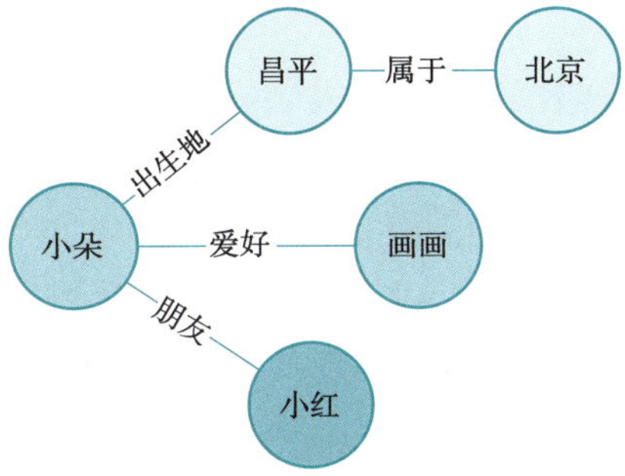

图4-22　Neo4j图形数据库示例

下面简单介绍上面例子实现的具体步骤。

①打开Neo4j环境：安装配置好环境后，以管理员身份运行命令提示符后输入neo4j.bat console，打开浏览器，输入网址：http://localhost:7474/。

②创建节点：在neo4j$提示符下依次输入如下语句并执行。

```
CREATE(xd:Person {name:"小朵"})
CREATE(xh:Person {name:"小红"})
CREATE(draw: Hobby{name:"画画"})
CREATE(cp:Place {name:"昌平"})
CREATE(bj:Place {name:"北京"})
```

上面语句中Person、Hobby、Place称为标签，同属于一类标签在图4-22中用相同颜色表示；图中小朵、昌平为节点；朋友、出生地为关系。

③建立节点之间的关系，代码如下：

```
MATCH (a:Person),(b:Person) WHERE a.name='小朵'AND b.name='小红' CREATE(a)-
[r: 朋友]->(b)
MATCH (a:Person),(b:Hobby) WHERE a.name='小朵' AND b.name='画画' CREATE(a)-
[r: 爱好]->(b)
MATCH (a:Person),(b:Place) WHERE a.name='小朵' AND b.name='昌平' CREATE(a)-
[r: 出生地]->(b)
MATCH (a:Place),(b:Place) WHERE a.name='昌平' AND b.name='北京' CREATE(a)-
[r: 属于]->(b)
```

④单击所有关系即可显示节点之间的关系图，可以适当调整位置。

3. 查询分析计算 Presto

Presto是Facebook开源的分布式SQL查询引擎，可以在秒级或分钟级时间内返回查询结果，适用于交互式分析查询，可以对PB级海量数据进行复杂分析，支持跨数据源进行数据查询和分析。Presto支持多种数据源，如MySQL、Hive、Kafka、Redis等，通过扩展式Connector组件实现。

Presto采用Master/Slave模式，典型架构如图4-23所示。

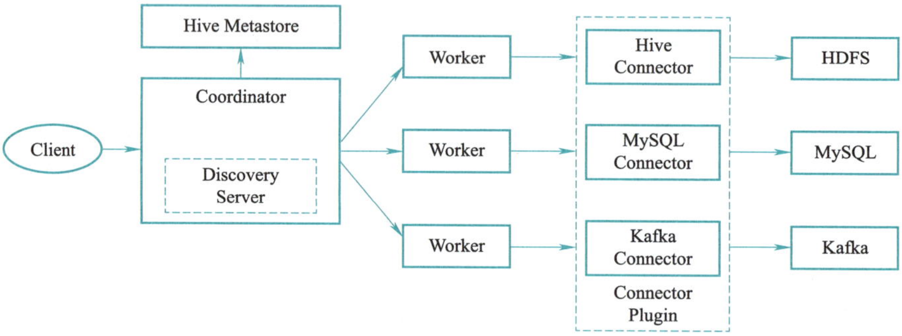

图4-23 Presto架构

Presto架构中各组件功能说明如下：

①Coordinator协调器：是主节点Master，用来管理从节点Worker，负责接收SQL查询语句，解析SQL，生成和优化执行计划，生成和调度任务Task并分发任务给Worker节点执行。协调器是整个Presto集群的大脑，用户可以通过Presto CLI、JDBC或者ODBC驱动连接协调器，进行SQL的交互。

②Worker工作节点，是执行查询任务的节点，从对应数据库中读取数据，负责计算和读写。Worker启动后向Discovery Server服务注册，Coordinator从Discovery Server获得可以正常工作的Worker节点列表。

③Discovery Server：通常内嵌于Coordinator节点中，用于节点心跳。Coordinator和Worker都会将自身注册到这个发现服务上，通过这种第三方服务的方式，Coordinator可以知道有多少Worker节点，而Worker节点可以知道Coordinator是谁。

④Connector连接器。Presto以插件形式对数据存储层进行了抽象，Connector是适配器，用于连接Presto和数据源。

⑤Client：提交数据操作的窗口。

⑥Connector Plugin：获取数据和元信息，允许Presto连接和访问不同类型的数据源，支持Hive、MySQL、Kafka等数据源。

一个SQL查询进入Presto系统中，需要完成以下几个关键步骤返回结果：

①Client发送查询请求。

②通过Discovery Server发现可用的Server。

③Coordinator构建查询计划，将SQL查询解析为抽象语法树（abstract syntax tree，AST），然后通过Connector获取原始数据的Metadata信息，生成分发计划和执行计划。

④Coordinator向Worker发送任务。

⑤Worker通过Connector插件读取数据。

⑥Worker在内存中执行任务。

⑦ Worker将数据返回给Coordinator，汇总之后再响应客户端。

小　　结

本章重点介绍了大数据的两个关键技术即分布式存储和分布式计算，包括架构、组件、功能、原理和技术等，并对Hadoop生态圈的组件进行简单介绍。本章主要是原理性的讲解，没有阐述如何安装配置大数据环境，建议读者在理解的基础上能够自己查阅并尝试安装大数据环境和相关组件并进行简单实验。

思考与练习

1. 为什么是Google公司和Amazon率先提出并实现了大数据技术？

2. 查阅数据存储设备的发展并整理总结报告。

提示：打孔卡、磁带、磁盘光盘/固态硬盘/硬盘、软盘、硬盘、光盘、U盘、刀片服务器、云存储等。

3. 查阅Excel、MySQL最大能处理多大数据量。

4. 解释分库分表的几种方式。

提示：四种（垂直分表、垂直分库、水平分表和水平分库）。

5. 简述Web 3.0的特点和方向。

6. 查阅数据库的发展历史并整理总结报告。

7. 参考教材相关内容，绘制感兴趣的文学作品中的人物关系图。

8. 自主探究Spark中使用DAG的原因。

9. 比较Storm、Flink和Spark stream流数据处理。

10. 查阅并总结当前大数据生态圈的新组件。

11. 自主探究安装Neo4j并进行简单操作。

12. 学习完本章后，哪部分内容触发了你的思考？引发你查阅了哪些资料？

第 5 章 数据分析与应用

大数据处理与分析的主要目的是通过数据分析来挖掘数据背后的价值。大数据分析是指使用各种技术和工具（如统计分析、数据挖掘、机器学习等）对数据进行建模、分析和预测等，以发现数据中的模式和关联，从中提取有价值的信息和知识，帮助人们解决问题或辅助决策。

学习目标

◎了解数据分析的概念与方法。
◎掌握算法的基本概念，能够设计算法解决实际问题。
◎理解数据挖掘常用基本算法的思想。
◎能够对部分算法进行Python编程验证。
◎理解搜索引擎和推荐系统等大数据技术的应用原理。

学习指导

本章涉及算法比其他章节多，建议读者深入理解并掌握常用基本算法，尽量了解难度大的算法。请按照本章知识呈现顺序同步思考，逐步探索适合自己的学习方法，以期达到阅读学习的最大收获。

本章编程主要使用Python演示一些数据挖掘算法的应用，可适当选择难度较小的进行实验验证，理解简单搜索引擎和推荐系统的实现。

5.1 数据分析

本节将介绍数据分析的基础概念和基本方法，主要包括数据分析的四个层次、数据挖掘和机器学习基本算法及Python编程实现和大数据分析简介等。

5.1.1 概述

2013年，Gartner公司将数据分析分为四个层次：描述型分析（descriptive analysis）、诊断型分析（diagnostic analysis）、预测型分析（predictive analysis）和指导型分析（prescriptive analysis）。

描述型分析是对已经发生的事实用数据做出准确的描述，主要回答“发生了什么”的问题。描述型分析针对一些不能通过简单观察得到的结论，为了获得对数据的初步感知，借助基本的统计学知识有目的地去分析和描述数据的特征，是数据分析的起点。描述型分析不做推断，只做展示，一般是以报告的形式呈现，最常用的工具就是Excel，使用基础的统计学函数即可完成描述型分析任务，如方差、最值、均值、中位数、众数等。

诊断型分析是针对数据问题进行深入分析的过程，是在描述型分析的基础上更深层次地观察数据的分布规律、洞悉数据本质、追溯问题发生的根本原因，主要回答“为什么会发生”的问题。诊断型分析首先列出所有与结果可能相关的因素，然后使用特定分析方法验证这些因素和结果是否相关，通过检查数据质量、发现异常值和异常情况，给出问题可能的原因。

预测型分析是根据以前的数据预测未来的趋势或结果，主要回答“未来可能发生什么”的问题。预测型分析根据描述型分析和诊断型分析的结果，通过数据建模、机器学习和深度学习预测未来趋势，以便制订计划和决策。相对于前两者，预测型分析难度更大，但是所能获取的价值也更大。

指导型分析建立在描述型、诊断型和预测型分析结果的基础上，使用更高级的工具和技术来评估决策的可能后果，并确定最佳行动方案，主要回答“应该做什么”的问题。指导型分析一般都不是独立使用的分析行为，与其他分析行为组合使用才能达到最佳效果。

描述型分析和诊断型分析一般采用随机抽样的方法在待研究的全部数据集合（在统计理论中称为总体）中抽取部分数据（在统计理论中称为样本），通过使用一些简单的统计分析方法和函数推测总体的统计量结果。

预测型分析和指导型分析需要从大量的数据总体中，采用决策树、神经网络、关联规则、聚类分析等较复杂的统计学、人工智能和机器学习等相关理论和算法，提取隐含在其中的、人们事先不知道的、但又有潜在价值的信息和知识，以辅助预测、推荐和决策。在第3章中对描述型分析和诊断型分析已做过介绍，本章将主要介绍预测型分析。

5.1.2　算法

数据分析通常需要采用多种算法，特别是数据挖掘和人工智能方法会涉及很多算法，下面先简单介绍算法的基本概念，理解算法概念的读者可直接跳过。

1. 简介

计算机科学的一个重要方面就是算法（algorithm），算法也是计算的核心。简单地说，算法就是将问题分解为计算机可以进行处理的步骤。计算机发明之前，算法属于数学范畴，现在提到的算法主要是指计算机的算法。

先通过一个例子了解算法的基本概念。古希腊数学家欧几里得（Euclid）发现求两个正整数A和B的最大公约数（greatest common divisor, GCD）问题可以采用下面的步骤完成。

第1步：比较A和B这两个数，将A设置为较大的数，B为较小的数。

第2步：A除以B，得余数R（remainder）。

第3步：如果R=0，则最大公约数就是B；否则将B赋值给A，R赋值给B，重复进行前两步。

由上例可知，算法是求解问题的步骤的有序集合，可以理解为解决问题具体的方法和步骤，算法需要产生结果并在有限时间内结束。需要注意并非所有问题都有算法，还有一些问题目前可能没有算法，但并不意味着是不可计算的。

2. 特性

一个算法必须满足以下五个特性：

①确定性：算法中的每个步骤都应是确定的，计算机能够确定下一步要做什么，不产生二义性。如计算机不能处理“如果电影好看我就去看”，对于好看不好看每个人有每个人的理解，计算机不知道什么叫“电影好看”，可以描述为“如果电影评分大于9.9我就去看”，这样根据电影的评分数值，能够确定是否去看。

②有穷性：算法中的步骤应是有限的且在有限的时间内能够执行完毕。

③有效性：算法中的每个步骤都应该被有效地执行，并能得到一个明确的结果。比如数学里规定除数不能为零，如果在算法里出现了除数为零的情况就不符合有效性。

④可有零个或多个输入：针对具体问题，有时候需要输入数据，有时不需要输入数据。

⑤有一个或多个输出：输出是看问题是否被解决，算法必须有输出，没有输出的算法是没有意义的。这里的输出不能简单理解为输出信息，只要解决了问题就是有输出。

3. 分类

目前计算机算法分为数值算法和非数值算法两类。数值算法是对数值进行求解，是传统意义上的计算。由于数值运算的模型比较成熟，因此对数值算法的研究是比较深入的。非数值运算包含的内容广泛，如图书管理、物流管理、信息系统等，其计算问题涉及更多的是“处理”，如排序、检索、变换、存储、分析和传输等，非数值运算是整个计算任务的主要部分。

4. 基本结构

荷兰计算机科学家Dijkstra提出算法具有三种基本控制结构：顺序、分支和循环，这三种基本结构能够解决任何问题。顺序结构（sequence）是算法中最简单的一种结构，表示问题求解过程按照顺序由上至下执行。事实上，程序的主结构都是顺序的：从一个入口开始，到一个出口结束，顺序结构如图5-1所示，*A*和*B*各表示一个操作。

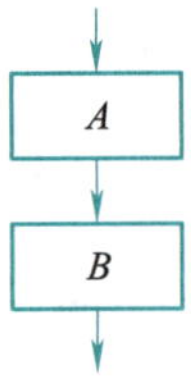

图5-1 顺序结构

请思考：把大象关进冰箱一共分几步？

可以按照下面的步骤一步一步从上到下逐步进行：

①打开冰箱门；

②把大象关进去；

③关上冰箱门。

分支结构（alteration）又称条件结构或选择结构，流程图如图5-2所示，若条件成立结果为真，则执行*A*分支，否则执行*B*分支。

请再思考：有钱买什么？

那需要看到底有多少钱，如果钱不够1角，如果钱不够5角，如果有好多好多钱等，所以需要看看哪个条件满足，根据条件判断执行什么操作。

第三个控制结构是循环（loop）结构，算法中的重复操作通过循环结构表示。循环一般有两种结构：while结构和do...while结构，如图5-3所示，*A*是循环体（loop body），即重复操作的部分。

while结构执行过程是首先判断条件是否满足，如果条件满足则执行循环体*A*，否则直接退出循环体，接着执行循环体后面操作。do...while结构的执行过程是首先执行循环体*A*，然后判断条件是否满足，如果条件满足则继续执行循环体*A*，否则直接退出循环体，接着执行循环体后面操作。

读者可以尝试比较一下两种循环的区别，思考每种循环最少执行次数与循环判断条件的关系。

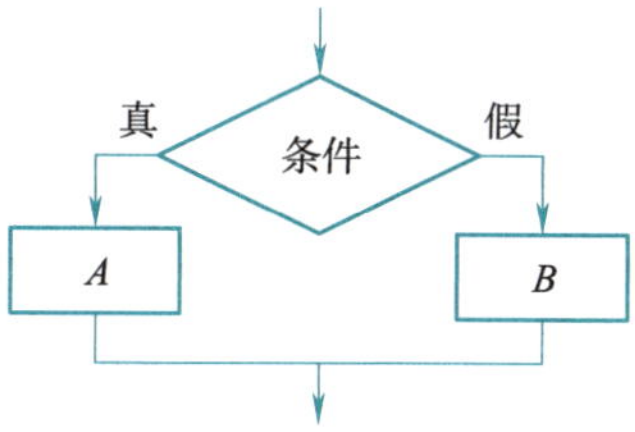

图5-2　分支结构

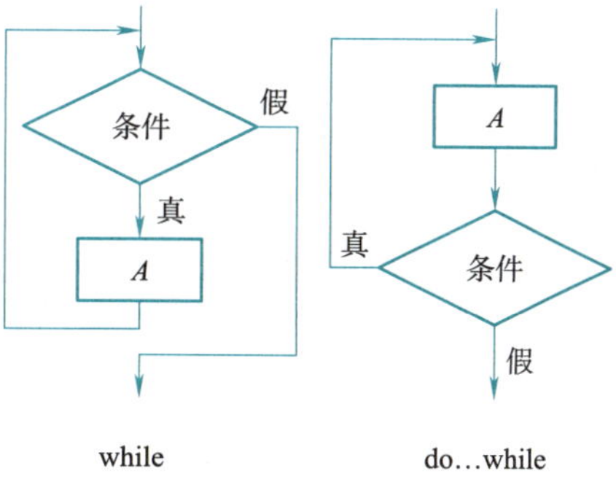

图5-3　循环结构

如每天晚上锻炼身体绕操场跑步8圈，在学校操场一圈一圈地跑，跑完一圈看看够8圈了吗？不够就继续跑，够了就停下。每一圈都是在做重复的跑步操作，但是这个重复的跑步操作不是没完没了的，只要满足条件即够8圈就停下来。

5. 表示方法

计算机算法一般有五种表示方法，包括自然语言、伪代码、流程图、N-S盒图和计算机语言，以下分别说明。

（1）自然语言

自然语言通俗易懂，但文字冗长，而且容易出现歧义，所以在计算机中表达算法一般不使用这种方法。

（2）伪代码

伪代码是用介于自然语言和计算机语言之间的文字和符号形式来描述算法。用伪代码写算法没有固定的、严格的语法规则，可以用英文，也可以中英文混用，只要把意思表达清楚即可。图5-4所示为用伪代码表示求5!的算法。

（3）流程图

流程图用不同类型的图框等形状表示各种操作，直观形象，易于理解。常用符号如图5-5所示。

```
S1: 开始
S2: t←1
S3: i←1
S4: t←t×i
S5: i←i+1
S6: 如果 i≤5，返回 S4
S7: 输出 t
S8: 结束
```

图5-4　求5!伪代码表示

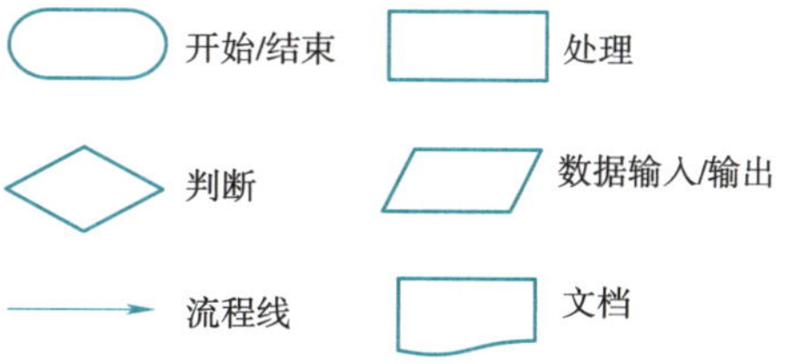

图5-5　流程图常用符号

图中的符号解释如下：

①“开始/结束”符号是圆角矩形，用来表示一个算法的开始或结束，“开始”和“结束”文字写在符号内。

②“处理”符号是矩形，用来表示一个单独的步骤，该步骤操作的简要说明写在矩形内。

③“判断”又称“判定”，符号是菱形，用来表示过程中的一个判断或一个分支点，要判断

的内容说明写在菱形内，常以问题的形式出现。对该问题的回答决定了判断符号之外引出的流程线，每条流程线上标明相应的回答。

④“数据输入/输出”符号是平行四边形，表示数据的输入或者输出。

⑤“流程线”符号是有箭头方向的线，用来表示步骤在顺序中的进展。箭头表示一个操作的流程方向。

⑥“文档”符号表示输入或者输出的文件。

图5-6所示为用流程图表示求5!的算法实现。

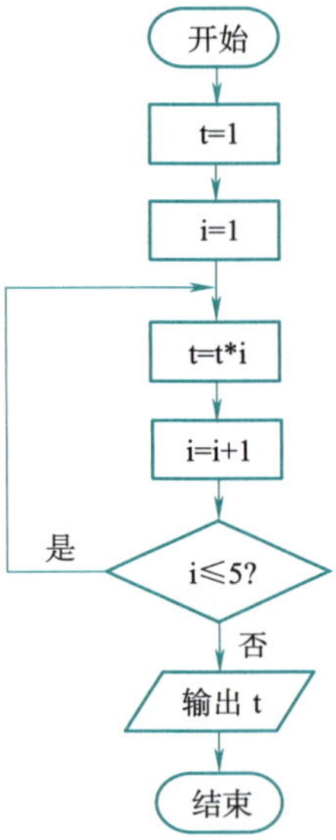

图5-6　流程图表示求5!

使用上述传统的流程图表示算法存在一些问题，如占用篇幅较多，而且对流程线的使用没有严格限制，有时候流程线随意走向，使流程图逻辑令人费解。当算法较为复杂时，画流程图费时不方便。为了提高算法的质量，方便算法的设计和阅读，必须限制流程线的滥用，即不允许无规律地使流程随意转向。为解决这一问题，人们规定了算法的顺序、分支和循环三种基本结构。这三种结构具有以下特点：

①只有一个入口。

②只有一个出口。

③结构内每一部分都有机会被执行到，对于每一个框来说，都应有一个从入口到出口的路径通过它。

④结构内不存在死循环（无终止的循环）。

（4）N-S盒图

1973年，美国学者I.Nassi和B.Shneiderman提出了完全去掉带箭头流程线的流程图，如同一个多层的盒子，常称为N-S盒图（box diagram）。三种基本控制结构的N-S盒图如图5-7所示。求5! N-S盒图表示如图5-8所示。

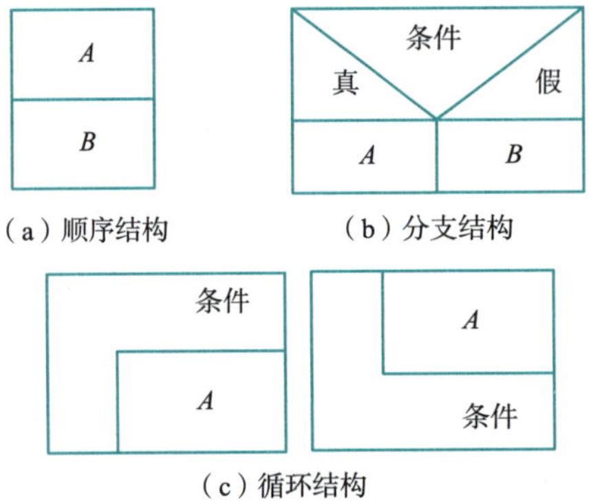

图5-7　三种控制结构的N-S盒图

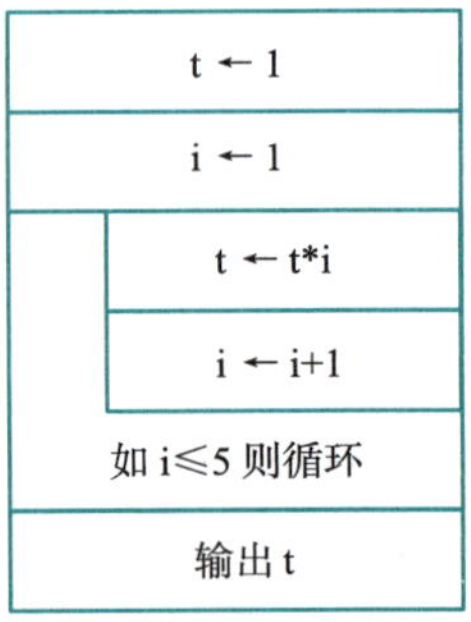

图5-8　求5! N-S盒图表示

（5）计算机语言

用计算机语言表示算法，必须严格遵循所用语言的语法规则。下面代码为求5!的Python语言实现。

```
#求5!，Python实现
t=1
i=1
while i<=5:
```

```
    t=t*i
    i=i+1
print("5!=",t)
```

6. 要求

通常一个好的算法应该达到以下目标：

①正确性：算法应当能正确地解决问题，输入数据能够得出满足要求的结果。

②可读性：算法应当具有良好的可读性，方便人们阅读和交流。

③健壮性：算法运行时必须稳定可靠，具备容错性，如输入非法数据或进行错误操作能适当地做出正确的反应或进行相应的处理。

④高效率和低存储量要求：算法性能评价一般考虑时间复杂度和空间复杂度两个指标。时间复杂度是评估程序执行所需的时间长短，空间复杂度评估程序执行所需的存储空间大小。解决同一个问题的算法多种多样，好的算法要求算法消耗的时间和空间都要少。

5.1.3　数据挖掘

数据挖掘（data mining）是指从海量数据中搜索和挖掘潜在、未知和有意义的知识或模式。理解数据挖掘概念需要把握的关键：①需要处理的数据量大；②发现的知识隐含在数据中且未知。

数据挖掘是基于数据库理论、机器学习、人工智能、现代统计学的迅速发展的交叉学科，在很多领域中都有应用。数据挖掘涉及的算法很多，有基于统计学习理论的支持向量机、分类回归树和关联分析等算法，还有源于机器学习的神经网络、决策树和遗传算法等。

1. 应用

数据挖掘在商业、金融、电力、石油、交通等领域都有广泛应用。

（1）商业

在商品营销中数据挖掘可以了解分析顾客的购买习惯和偏好，有助于决定商品的摆放和产品的捆绑销售策略，将顾客划分为不同客户群体，精准地进行产品设计和推送。大家较为熟悉的“猜你喜欢”“根据您的浏览历史记录精心为您推荐”“购买此商品的顾客同时也购买了商品”“浏览了该商品的顾客最终购买了商品”等，都是推荐算法运算的结果。采用非现金支付时，系统会实时判断行为是否属于异常决定提醒非法或终止交易，这些都有助于节约营销成本、提高效率、增强企业竞争力。

（2）金融

数据挖掘在金融领域的一种典型应用是信用风险评估，通过构建信用评级模型，基于每个客户的账户特征，如就业情况、收入、年龄、资产、负债、贷款、信用调降报告及其他信息等评估贷款人或信用卡申请人的风险。通过挖掘股票交易数据，对历史股价、市盈率、市净率、财务指标等数据进行分析，对股票进行评估，筛选出质量优良、价值潜力大的股票，发现可能帮助客户制定投资策略的趋势，辅助客户投资。金融交易活动是洗钱犯罪行为的一个重要环节，通过分析金融机构的客户信息和交易数据，运用数据挖掘方法，得到交易记录的可疑度，识别出可疑金融交易记录，为反洗钱监测提供快速准确的参考。

（3）电力

在电力系统中，数据挖掘可应用于电力输电线路故障分布预测，根据历史故障记录，结合环境状态信息挖掘隐含的环境元素故障规则，提出预测模型能够为输电线路系统故障防范措施的安排和规划提供有效参考，有助于系统的安全稳定运行。

（4）石油

石油行业现场生产的数据体量庞大，包括地质数据、测井数据、钻井液参数、钻井参数等，有效利用已有数据对石油工业的发展大有益处。如处理分析油田产量历史数据，从中挖掘出有用的预警信息，为油田开采工作提供数据支撑。或者根据油田各区块的综合勘探开发信息，包括地震数据、测井数据、钻井工程数据、储层开发数据等，对未来各施工阶段的工作内容和工作量进行分析和预测，提高效率。

（5）交通

交通领域产生的数据量巨大，应用数据挖掘可以分析公交车上定位系统每天的位置和时间数据，结合时刻表预测出每一辆公交车的到站时间，根据车流、路况、经济和舒适度等因素计算最佳路径。数据挖掘还可以进行交通事故分析预测，结合天气、灯光、路面状况、道路类型、道路安全设施等客观因素与人类主观因素，研究道路交通事故的分布规律、原因分析和预测模型，给出科学有效的事故预防措施，以降低事故的发生率和危害的严重程度。

2. 流程

完整的数据挖掘需要围绕数据进行一系列工作，数据挖掘的步骤会随不同领域的应用而有所变化，针对不同问题和需求所制定的数据挖掘过程也会存在差异。通常数据挖掘流程包括六个步骤，如图5-9所示。

图5-9 数据挖掘流程

（1）明确需求

数据挖掘项目实施之前，首先要明确业务需求和项目实施后所需要达到的目标，再根据这些需求和目标，制定数据挖掘的实施流程。

（2）理解数据

在数据收集的过程中，首先要理解每个业务数据的含义，知道各个业务数据的构成，通过与业务部门的沟通，了解每个业务指标的含义，探究数据的真实性和数据之间的相关关系，分析数据之间的相关关系，形成新的字段来描述数据。

（3）准备数据

准备数据是指将原始数据整合处理形成后续建模所需要的各种数据集的过程。数据准备的过程可能会因模型的需要而反复处理，而且没有顺序规定。这一阶段的主要工作包含选择数据变量和数据量，根据模型需求，标准化处理相关变量，处理缺失值、重复值和异常值。

（4）建立模型

在建立模型阶段，首先是选择参与数据建模的变量，其次是分析自变量和因变量之间的相关关系，以及自变量之间的相关关系，确保自变量与因变量具有合适的相关关系。最后选择一种或多种数据挖掘技术，通常需要采用多种数据挖掘算法对数据进行建模，最后将各种算法训练出的结果进行准确性和有效性比较，从而挑选最适合的算法。

（5）评估模型

建立了数据模型后，将模型应用到实践中之前，需要先评估数据模型的有效性，确保模型稳定有效并且能够很好地解决业务问题。接着就是对模型进行验证，将模型输出结果与实际情况进行比较，计算模型数据结果的准确率，在这个过程中，如果发现模型还不够好，或未能达到特定的业务目标，则需要回到之前的步骤进行调整。

（6）应用模型

数据模型评估确定了模型的有效性，并不意味着整个数据挖掘流程已经结束，因为建立数据模型最根本目的是解决实际问题。因此在整个数据挖掘最后要将建立好的模型应用到实际中去，并且根据模型结果制定相应决策。

3. 算法

为更好地理解数据挖掘所涉及的算法思想及程序源代码，先介绍一下数据挖掘中的常用术语。

①训练集（train set）：用于训练模型的数据集合。

②测试集（test set）：用于评估最终模型性能的数据集合。

③均方误差（mean squared error，MSE）：该指标是拟合数据和原始数据对应样本点的误差的平方和的均值，其值越小说明拟合效果越好。

④判定系数R^2（R-Square）：取值范围是[0, 1]，越接近于1说明自变量越能解释因变量的方差变化，这个值越大越好，值越小则说明效果越差。

⑤欠拟合（under fitting）：指模型无法很好地拟合训练数据，无法捕捉到数据中的真实模式和关系。欠拟合的因素主要为模型复杂度不足和数据特征不足。

⑥过拟合（overfitting）：指模型在训练数据上表现得过于优秀，但在测试数据上表现较差。过拟合的因素主要为模型复杂度过高、数据特征过多和训练数据量较少等。

欠拟合、正常拟合和过拟合的Python模拟程序运行结果示意图如图5-10所示。图中实心三角形表示数据点，虚线表示数据理论拟合曲线，实线表示不同类型的拟合曲线。

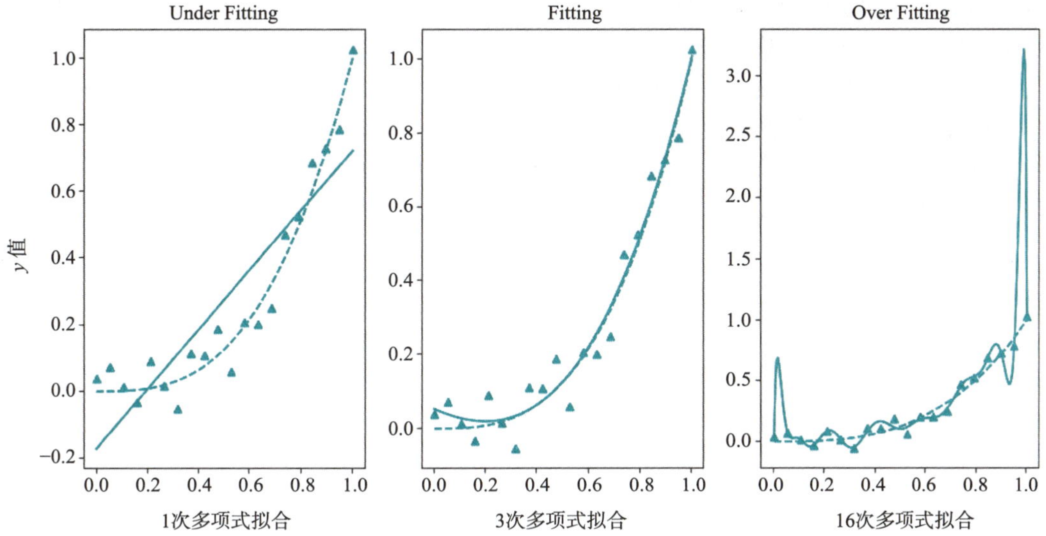

图5-10　几种拟合的Python模拟程序运行结果图示

数据挖掘涉及的学科和算法很多，一般数据挖掘可分为统计法和机器学习法。统计法包括回归、关联规则、分类和聚类等。机器学习法包括决策树、神经网络、*k*-最近邻域、简单贝叶斯算法和遗传算法等，下面简单介绍几种常用的算法。

（1）回归

“回归”一词来源于英国生物学家、统计学家弗朗西斯•高尔顿（Francis Galton）。为了研究父代与子代身高的关系，高尔顿搜集了1 078对夫妇及其儿子的身高数据，发现这些数据的散点图大致呈直线状态，总的趋势是父辈的身材偏高（矮）时，儿子的身材也偏高（矮）。具体来说，以每对夫妇的平均身高作为自变量，他们的一个成年儿子的身高作为因变量，父母身高和儿子身高的关系可以拟合成一条直线，即儿子的身高y与父母平均身高x大致可归结为等式$y=0.8567+0.516x$（以米为单位）。

通过对这些数据进一步深入分析，高尔顿得出结论：身材较高的父母，他们的孩子也较高，但这些孩子的平均身高并没有他们父母的平均身高还高；身材较矮的父母，他们的孩子也较矮，但这些孩子的平均身高却比他们父母的平均身高要矮。它反映了一个规律，即儿子的身高，有向他们父辈的平均身高回归的趋势。高尔顿把这种后代的身高向中间值靠近的趋势称为“回归现象”。1855年，高尔顿将上述结果发表在论文《遗传的身高向平均数方向的回归》中，这就是统计学上“回归”概念的第一次出现。这个概念与现代统计学中的“回归”并不相同，但是却是回归一词的起源。

数据挖掘中回归算法有多种，如线性回归、多项式回归、支持向量机回归、LASSO回归、Ridge岭回归等，简单起见下面仅介绍线性回归。

线性回归（linear regression）通常是学习数据挖掘和机器学习的第一个算法。线性回归是一种线性模型，它假设输入变量x和单个输出变量y之间存在线性关系。线性回归一般有两种类型：单变量线性回归和多变量线性回归。单变量线性回归又称一元线性回归，研究单个输入变量（单个特征变量）和单个输出变量之间的关系。多变量线性回归又称多元线性回归，研究多个输入变量（多个特征变量）和单个输出变量之间的关系。回归分析通常用于预测分析，还可以用来发现变量之间的因果关系。

线性回归研究的是因变量y与自变量x之间的关系，通过已有数据拟合出一条曲线，使得这条曲线对原数据的误差最小。数据可以是连续的，也可以是离散的。连续数据又称连续变量，指在一定区间内可以任意取值、数值连续不断，如身高、体重、电压和电流等。离散数据又称离散变量，是指其数值只能用类似自然数或整数单位计算的数据，如年龄、班级、颜色等。

如果预测结果是离散值（discrete value），如图片上的图案是猫或狗，这类学习任务称为分类。如果预测的是连续值（continuous value），如孩子的身高为1.82 m等，此类学习任务称为回归。

本文仅介绍一元线性回归。假设已有数据集$D=\{(x_1,y_1),(x_2,y_2),\cdots,(x_n,y_n)\}$，如图5-11中的小圆圈所示。

我们尝试从数据集中学习出一个模型$y=kx+b$，如图中直线，其中x为自变量，y为因变量。根据该模型可以实现给定一个x值能够预测出y值，本例中y的值只由一个变量x确定，因此称为“一元”。其中k为模型的斜率，b为模型的截距，二者都称为回归系数。当给定系数k和b时，可以在直角坐标系内画出一条直线，这就是“线性”的含义。

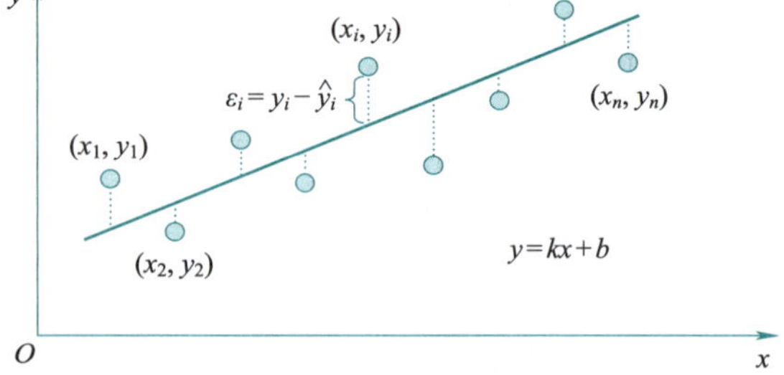

图5-11　一元线性回归示意图

为尽量准确地反映(x_i, y_i)之间的关系，这就要求所有数据点纵坐标值（即真实值）y_i和预测值$\hat{y}_i$间的差值最小。残差ε_i定义为真实值和预测值间的差值$\varepsilon_i=y_i-\hat{y}_i$。损失函数（loss function）用来度量真实值与模型预测值不一样的程度，损失函数值越小，模型就越好。在回归问题中，损失函数L一般常用误差平方和（sum of squared errors，SSE）度量，公式为

$$L = \text{SSE} = \sum_{i=n}^{n}(\hat{y}_i - y_i)^2 = \sum_{i=1}^{n}(kx_i + b - y_i)^2$$

为确保真实值与模型预测值之间的差值小，则需要SSE最小，一般采用最小二乘法。“最小”指的是参数的估计值要保证各个真实值和预测值的距离的平方和达到最小，“二乘”即平方的意思，这样可以使得尽可能多的数据点(x_i, y_i)落在或者更靠近这条拟合出来的直线上。

根据数学知识，求SSE的最小值需要分别对k和b求偏导并令其为0。即

$$\frac{\partial L}{\partial k} = 2x_i\sum_{i=1}^{n}(kx_i + b - y_i) = 0$$

$$\frac{\partial L}{\partial b} = 2\sum_{i=1}^{n}(kx_i + b - y_i) = 0$$

式中，x_i和y_i都是已知的，代入上面两个式子计算后得到k和b值，即

$$k = \frac{\sum_{i=1}^{n}(x_i - \bar{x})(y_i - \bar{y})}{\sum_{i=1}^{n}(x_i - \bar{x})^2}$$

$$b = \bar{y} - k\bar{x}$$

式中，$\bar{x} = \frac{1}{n}\sum_{i=1}^{n}x_i;\bar{y} = \frac{1}{n}\sum_{i=1}^{n}y_i$。

下面通过一个糖尿病数据案例演示使用Python第三方库自带数据集和线性模型实现一元线性回归的例子，运行结果如图5-12所示。

程序中的数据集为sklearn库自带的diabetes数据集，linear_model是sklearn库已有的线性模型。sklearn全称为Scikit-Learn，是基于Python语言的机器学习工具，建立在Numpy、Scipy、Pandas和Matplotlib之上，Sklearn包含六个模块：分类（classification）、回归（regression）、聚类（clustering）、降维（dimensionality reduction）、模型选择（model selection）和预处理（preprocessing）。

程序使用diabetes糖尿病数据集，Python源代码及注释说明如下：

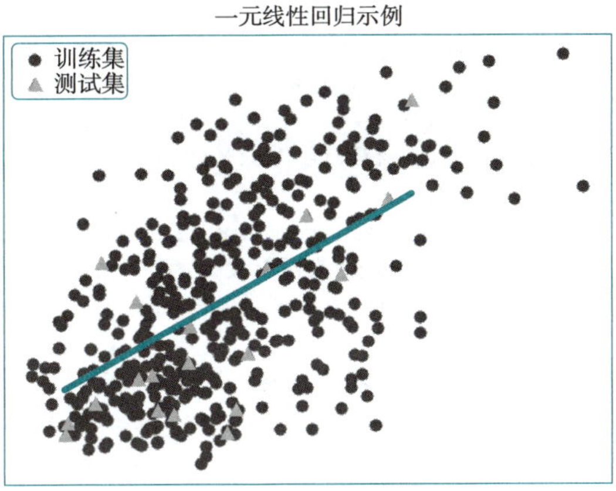

图5-12　一元线性回归示例

```
#导入库
import matplotlib.pyplot as plt
import numpy as np

#导入sklearn库相关部分
#datasets,linear_model是数据库和线性模型
#sklearn.metrics模型评估指标导入均方误差 MSE和判定系数R2
```

```
from sklearn import datasets,linear_model
from sklearn.metrics import mean_squared_error,r2_score

#显示中文
plt.rcParams['font.sans-serif']=['SimHei']
plt.rcParams['axes.unicode_minus']=False

#加载 diabetes 数据集
diabetes_X,diabetes_y=datasets.load_diabetes(return_X_y=True)

#只使用一个特征,类型 numpy.ndarray,442个数据
diabetes_X=diabetes_X[:,np.newaxis,2]
print(diabetes_X.shape)                                    #(442,1)

#将x数据分为训练集train和测试集test两部分
diabetes_X_train=diabetes_X[:-20]                    #(422,1)
diabetes_X_test=diabetes_X[-20:]                     #(20,1)

#将y数据分为训练集train和测试集test两部分
diabetes_y_train=diabetes_y[:-20]
diabetes_y_test=diabetes_y[-20:]

#创建线性回归对象regr
regr=linear_model.LinearRegression()

#使用训练集训练模型
regr.fit(diabetes_X_train,diabetes_y_train)

#使用测试集预测y
diabetes_y_pred=regr.predict(diabetes_X_test)

#模型的系数
print("Coefficients:\n",regr.coef_)
#均方误差
print("Mean squared error:%.2f" % mean_squared_error(diabetes_y_test,diabetes_y_pred))
#输出决定系数:1是预测最好的
print("Coefficient of determination:%.2f" % r2_score(diabetes_y_test,diabetes_y_pred))

#蓝色圆点为数据训练集，绿色三角形为测试集
plt.scatter(diabetes_X_train,diabetes_y_train,color="blue",label='训练集')
plt.scatter(diabetes_X_test,diabetes_y_test,color="green",marker="^",label='测试集')
#黄色显示预测线
plt.plot(diabetes_X_test,diabetes_y_pred,color="yellow",linewidth=3)
plt.xticks(())
plt.yticks(())
plt.legend(loc='best')
plt.title("一元线性回归示例")
plt.show()
```

*（2）关联规则

关联规则又称关联分析（association analysis），关联分析算法是数据挖掘中一类重要算法。

1993年，R.Agrawal等人首次提出了挖掘顾客交易数据中项目集间的关联规则问题，最早是为了发现超市销售数据库中不同商品之间的关联关系。例如，对超市购物的数据进行关联分析，通过发现顾客所购买的不同商品之间的关系，分析顾客的购买习惯，设计商品的组合摆放位置，制定相应的营销策略，从而提高销售额。最有代表性的就是沃尔玛超市的“啤酒与尿布”案例。典型的关联分析算法包括Apriori算法和FP-growth算法。

Apriori算法是最早也是最经典的关联规则算法之一，用来找出数据中频繁出现的数据集合。Apriori在拉丁语中含义是先验、先验的，表示“来自以前”，在计算机科学中通常用来描述一种基于频繁项集的数据挖掘算法。下面先介绍一下Apriori算法的基本概念。

①项集（itemset）：是一个集合的概念，一件物品即为一项（item），则若干项的集合称为项集，如{啤酒，尿布}即构成一个二元项集。

②频繁项集（frequent itemsets）：经常一起出现的物品的集合，衡量是否经常一起出现可设定一个阈值，满足最小支持度阈值的物品集合称为频繁项集。

③关联规则（association rules）：一般记为$A\to B$的形式，称关联规则左侧的项集A为先决条件，右侧项集B为相应的关联结果，用于表示出数据内隐含的关联性。如关联规则“尿布→啤酒”成立则表示购买了尿布的顾客往往也会购买啤酒这一商品，即这两个购买行为之间具有一定关联性。关联性的强度由关联规则中的支持度、置信度和提升度来度量。

④支持度（support）：数据集中包含该项集的记录所占的比例。如果用$P(A)$表示包含物品A的比例，$P(B)$表示包含物品B的比例，关联规则$A\to B$的支持度support（$A\to B$）=$P(AB)$，指的是同时包含物品A和物品B的比例（相当于联合概率）。在实际使用过程中，需要先设置一个支持度的阈值来进行项集的选择。

$$\text{support}(A\to B)=P(AB)=\frac{\text{number}(AB)}{\text{number}(\text{All\_Items})}$$

⑤置信度（confidence）：是针对一条诸如$A\to B$的关联规则来定义的。这条规则的置信度confidence（$A\to B$）=$P(B|A)$，指的是在事件A发生的基础上事件B发生的概率，如在购买物品A（尿布）的基础上购买物品B（啤酒）的概率（相当于条件概率）。比如规则beer→diaper，如果support（beer→diaper）=6%，confidence（beer→diaper）=80%，表示所有的商品交易中有6%的顾客同时买了啤酒和尿布，并且购买啤酒的顾客中有80%购买了尿布。

$$\text{confidence}(A\to B)=P(B|A)=\frac{P(AB)}{P(A)}$$

⑥提升度（lift）：表示在包含物品A的条件下同时含有物品B的可能性与没有这个条件下项集中含有物品B的可能性之比，即在物品B自身出现可能性$P(B)$的基础上，物品A的出现对于物品B的出现的提升程度。

$$\text{lift}(A\to B)=\frac{P(B|A)}{P(B)}=\frac{\text{confidence}(A\to B)}{P(B)}$$

提升度有如下三种情况：

- 提升度lift>1：代表有提升，值越大表明正相关性越高。
- 提升度lift=1：代表没有提升，也没有下降，表明没有相关性。
- 提升度lift<1：代表有下降，值越小表明负相关性越高。

对于Apriori算法，将支持度作为判断频繁项集的标准。Apriori算法的目标是找到最大的K项频繁集。这里有两层含义，首先，要找到符合支持度标准的频繁集，但是这样的频繁集可能有很多；其次就是要找到最大个数的频繁集。比如分析图书网站订单已经找到符合支持度的频繁集*A*={"平凡的世界"，"穆斯林的葬礼"，"活着"}和*B*={"平凡的世界"，"穆斯林的葬礼"，"活着"，"我与地坛"}，那么只保留*B*，因为*A*是3项频繁集，而*B*是4项频繁集。

Apriori算法有如下两个重要的定律：

定律1：如果一个集合是频繁项集，则它的所有子集都是频繁项集。

定律2：如果一个集合不是频繁项集，则它的所有超集都不是频繁项集。

其中子集和超集都是数学概念。如果集合A的任意一个元素都是集合*B*的元素，那么集合*A*称为集合*B*的子集。如果一个集合*A*中的每一个元素都在集合*B*中，且集合*B*中可能包含A中没有的元素，则集合*B*就是*A*的超集。

下面以一个购物交易记录为例说明Apriori算法。假设一共有5种商品，依次标记为Item1，Item2，…，Item5，数据表中列出5条交易记录，每条交易记录依次标记为Tid100，Tid200，…，Tid500。每次交易购买的商品如下：

```
Tid100: {Item1, Item2, Item3}
Tid200: {Item2, Item3, Item4}
Tid300: {Item2, Item3, Item5}
Tid400: {Item4, Item5}
Tid500: {Item1, Item2}
```

根据商品交易记录，形成表5-1所示交易记录表。数值1表示当前行的交易记录中包括所在列的商品。如第一行ID为Tid100的交易记录，购买商品为Item1、Item2、Item3，因此第一行的Item1、Item2、Item3列对应位置数值为1，其余列数值为0。

由表5-1可计算5条交易记录中每项商品购买次数及商品支持度，见表5-2。

表5-1 交易记录

Tid	Item1	Item2	Item3	Item4	Item5
Tid100	1	1	1	0	0
Tid200	0	1	1	1	0
Tid300	0	1	1	0	1
Tid400	0	0	0	1	1
Tid500	1	1	0	0	0

表5-2 支持度计算

Item	购买次数	支持度Support
Item1	2	2/5
Item2	4	4/5
Item3	3	3/5
Item4	2	2/5
Item5	2	2/5

假设支持度阈值为50%，则将支持度小于50%的商品Item1、Item4、Item5删除（在Apriori算法中称为剪枝），只剩下两件商品Item2、Item3。这两件商品的组合为{Item2, Item3}，再扫描5条交易记录计算包含这一种组合的支持度，见表5-3。

表5-3 组合支持度计算

Item集合	出现次数	支持度Support
Item2，Item3	3	3/5

最终结果即为频繁二项集{Item2，Item3}，即这两件商品经常一起购买，关联度高，可针对性制定组合购买优惠等营销策略。

下面使用一个图书订单案例演示在Python中直接使用第三方库mlxtend（machine learning extensions，机器学习扩展库）计算频繁子集，源代码及注释说明如下：

```
#导入库mlxtend的相关部分
from mlxtend.preprocessing import TransactionEncoder
from mlxtend.frequent_patterns import apriori
import pandas as pd

#图书订单交易记录，共5条订单
#订单1购买'我与地坛','乡土中国','苏东坡传'，其他类推
transaction=[['我与地坛','乡土中国','苏东坡传'],
             ['流浪地球','三体','我与地坛','围城','史记'],
             ['乡土中国','围城','史记','三体'],
             ['流浪地球','乡土中国'],
             ['围城','苏东坡传','三体']
            ]

#转换为算法可接受模型(布尔值)
te=TransactionEncoder()
#  生成one-hot编码(该编码不展开说明，读者可自行查阅资料)
nd_tf=te.fit_transform(transaction)           #numpy.ndarray
#生成DataFrame
df=pd.DataFrame(nd_tf, columns=te.columns_)

#设置支持度0.4计算频繁项集
frequent_itemsets=apriori(df, min_support=0.4, use_colnames=True)
#显示频繁项集
print(frequent_itemsets)
```

运行结果：

```
      support       itemsets
0       0.6       (三体)
1       0.6       (乡土中国)
2       0.4       (史记)
3       0.6       (围城)
4       0.4       (我与地坛)
5       0.4       (流浪地球)
6       0.4       (苏东坡传)
7       0.4       (史记,三体)
8       0.6       (围城,三体)
9       0.4       (史记,围城)
10      0.4       (史记,三体,围城)
```

（3）决策树

决策树（decision tree）又称判定树，是一种以树结构（包括二叉树和多叉树）形式来表达的预测分析模型。决策树主要有三种算法实现，分别是ID3算法、C4.5算法和CART算法。ID3算法是罗斯昆（J.Ross Quinlan）在悉尼大学提出的，之后在ID3算法的基础上又提出了C4.5算法。CART（classification and regression tree）分类回归树是Leo Breiman与三位合作者于1984年共同提出。

决策树法的优点是决策制定的过程是可见的，不需要长时间构造过程、描述简单，易于理解，分类速度快，决策树法擅长处理非数值型数据，而且特别适合大规模的数据处理。缺点是容

易过拟合，导致实际预测的效果并不高，不适合处理高维数据，对异常值过于敏感，泛化能力太差（没出现过的值几乎无法处理）等。

下面以“是否看电影”为例介绍决策树的基本概念，如图5-13所示。

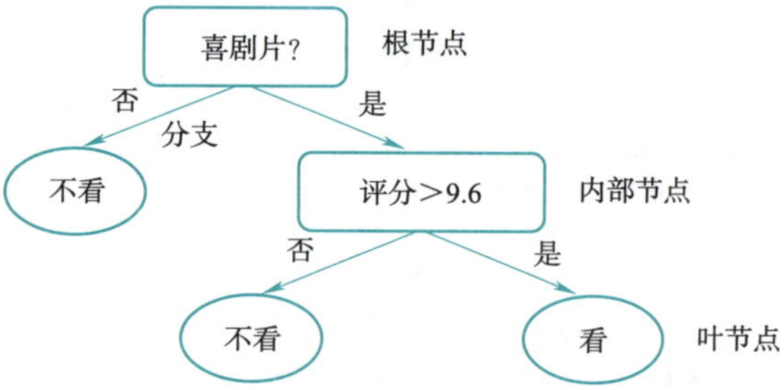

图5-13　决策树示例

在图5-13中，决策树由节点和分支组成。节点有三种类型：根节点、内部节点、叶节点。一般一棵决策树包含一个根节点，若干内部节点和若干叶节点。分支用于连接各个节点。每个内部节点表示一个属性上的测试，每个分支代表一个测试输出，每个叶节点代表一种类别。

决策树实际上就是大量的if...else语句，最终根据这些if...else语句得到结果。使用决策树进行决策的过程就是从根节点开始，测试待分类项中相应的特征属性，并按照特征属性的值选择输出分支，直到叶子节点为止，叶子节点存放的类别作为决策结果。

下面以sklearn的iris数据集为例说明使用Python编程实现决策树。iris数据集包含150个数据样本，分为三类，每类50个数据，每个数据包含四个属性，即花萼长度、花萼宽度、花瓣长度、花瓣宽度，可通过这四个属性预测鸢尾花卉属于Setosa、Versicolour、Virginica三个种类中的哪种类型，程序运行生成决策树如图5-14所示。

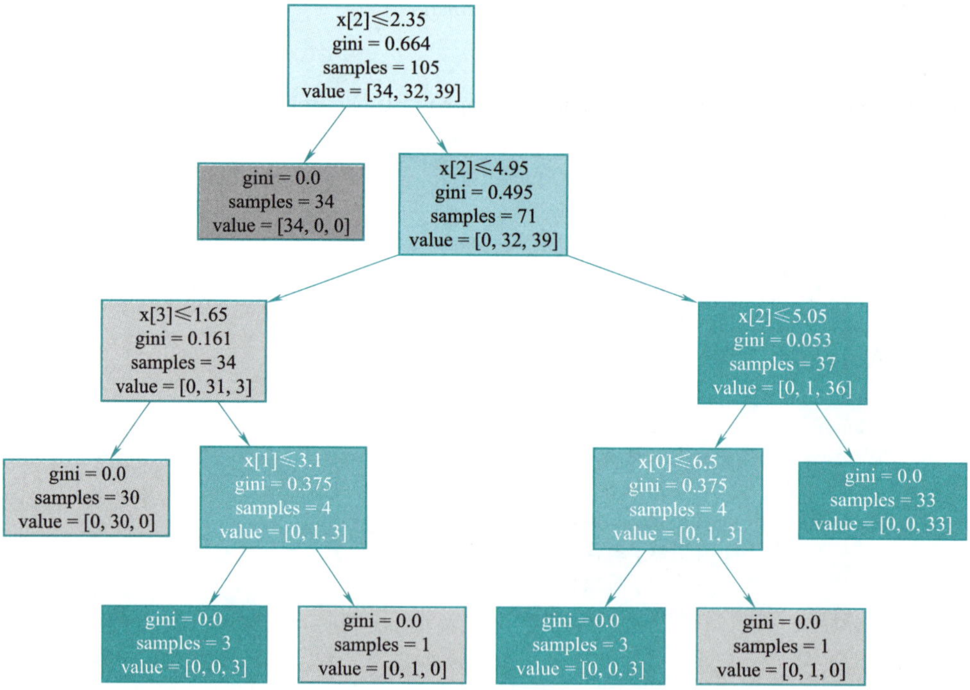

图5-14　iris决策树

程序输出结果如下：

```
准确率：0.9777777777777777
混淆矩阵：[[16  0  0]
          [ 0 17  1]
          [ 0  0 11]]
```

```
指标报告：
              precision    recall  f1-score   support

           0       1.00      1.00      1.00        16
           1       1.00      0.94      0.97        18
           2       0.92      1.00      0.96        11

    accuracy                           0.98        45
   macro avg       0.97      0.98      0.98        45
weighted avg       0.98      0.98      0.98        45
```

程序源代码及注释说明如下：

```
#导入库
import matplotlib.pyplot as plt
from sklearn.datasets import load_iris
from sklearn.tree import DecisionTreeClassifier
from sklearn.model_selection import train_test_split
from sklearn import metrics

#绘制决策树
from sklearn.tree import plot_tree

#决策树
dtc=DecisionTreeClassifier()
#加载iris鸢尾花数据集150行
iris=load_iris()
#x=iris.data                          #data对应样本的四个特征，二维列表
#y=iris.target                        #target对应样本的类别，一维列表
#将数据集按照7:3的比例分为训练集和测试集
#random_state是随机数的种子。在同一份数据集上，相同的种子产生相同的结果，不同的种子产生不同的划分结果
X_train,X_test,y_train,y_test=train_test_split(iris.data,iris.target,test_
size=0.3,random_state=0)

#训练算法
dtc.fit(X_train,y_train)
#预测
y_pred_model=dtc.predict(X_test)

#计算性能评估指标
score=metrics.accuracy_score(y_test,y_pred_model)
matrix=metrics.confusion_matrix(y_test,y_pred_model)
report=metrics.classification_report(y_test,y_pred_model)

#输出性能评估指标(这里就指标不展开说明，读者可自行查阅资料)
print('准确率：',score)
print('混淆矩阵：',matrix)
print('指标报告：\n',report)

#生成决策树图
plot_tree(dtc,filled=True)
plt.title("Decision tree trained on all the iris features")
plt.show()
```

（4）分类

分类（classification）是数据挖掘的关键技术。分类的目的是根据数据集的特点构造一个分类函数或分类模型（又称分类器），该模型能把未知类别的样本映射到给定类别中。分类算法主要包括构建模型和应用模型两个阶段。构造模型的过程一般分为训练和测试两个阶段。构造模型将数据集随机地分为训练数据集和测试数据集，通过分析学习已知的训练数据，训练并构建一个准确率可以接受的模型。应用模型阶段使用训练后的模型对未知的数据对象进行分类。

典型的分类方法包括决策树、贝叶斯、*k*-近邻、支持向量机和人工神经网络等。决策树前文已经介绍过，这里仅对后面几种分类方法做简单说明。

①贝叶斯（Bayes）分类算法：基于概率统计学的贝叶斯定理，是一种在先验概率与条件概率已知的情况下，对类别进行预测的一种分类算法。通过贝叶斯定理计算一个类别未知的给定样本属于各个类别的概率，并且选择其中概率最大的类别作为该样本的确定类别。贝叶斯算法原理相对简单，易于实现，在天气预报、医疗诊断、抽奖预测、股票预测、垃圾邮件处理等方面应用较多。

②*k*-近邻（*k*-nearest neighbor，KNN）：直观上比较容易理解，*k*指的是近邻个数，也就是距离最近的*k*个点。KNN的思想是预测一个新*x*值的时候，根据它距离最近的*k*个点是什么类别来判断*x*属于哪个类别。

以图5-15为例说明，图中心的圆点就是要分类的点。当*k*=3时，KNN算法找到与该圆点距离最近的三个点（图中已经用圆形虚线圈出），其中2个三角形、1个正方形，因此判定圆点归类为三角形类别。当*k*=5时，与该圆点距离最近的5个点中有3个正方形、2个三角形，因此圆点就归类到正方形类别。从这个例子可以看出*k*NN算法中*k*的取值是比较关键的。

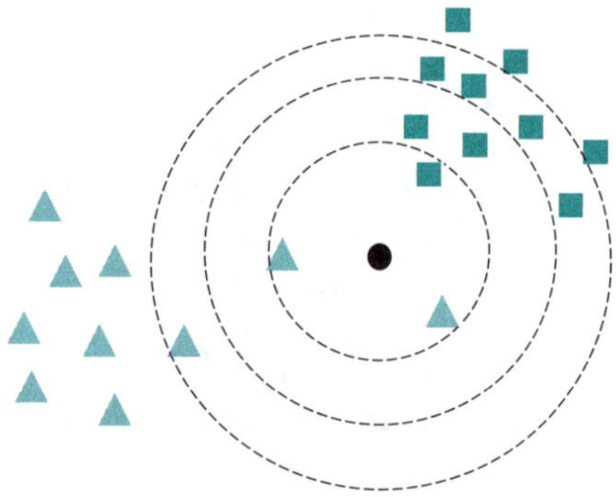

图5-15　KNN算法示意图

③支持向量机（support vector machines, SVM）：是一类经典的分类算法，目标是寻找一个满足分类条件的最优超平面（二维空间是直线，三维空间是平面，超过三维的就是超平面），能将两类样本分开，并且与两类样本的分类间隔最大，从而实现良好的分类效果。如果是多分类任务，多次使用SVM即可解决。SVM在实际中有着广泛的应用，如图像分类中手写体识别、人脸识别等，文本分类中识别垃圾邮件、情感分析等。

④人工神经网络（artificial neural networks, ANN）：是一种由类似多神经元结构的节点按照某些特定规则连接构成的信息处理网络，模拟人脑的结构及功能形成一种有效的运算模型。人工神经网络主要包含输入层、隐藏层、输出层三部分。常见的神经网络有单层神经网络、两层神经网络、多层神经网络、卷积神经网络（convolutional neural networks, CNN）、循环神经网络（recurrent neural network, RNN）等。深度学习（deep learning, DL）即是多隐藏层的神经网络。

（5）聚类

聚类是数据挖掘中用来发现数据分布和隐含模式的一种常见的方法，把大量数据点的集合分成若干类，使得每个类内数据间最大程度的相似，而不同类之间的数据最大程度的不同。聚类与分类的不同之处在于聚类的类别取决于数据本身；而分类的类别是由数据分析人员预先定义好的。典型的聚类算法一般分为三个阶段，首先是特征选择和特征提取，然后是数据对象间相似度计算，最后是根据相似度将数据对象分组。

相似度可采用欧氏距离计算，欧氏距离（Euclidean distance）又称欧几里得距离，是最常见的距离度量，衡量的是多维空间中两个点之间的绝对距离。在二维和三维空间中的欧式距离就是两点之间的距离，二维空间的公式为

$$\text{dist}_{\text{ed}} = \sqrt{(x_1 - x_2)^2 + (y_1 - y_2)^2}$$

三维空间的公式为

$$\text{dist}_{\text{ed}} = \sqrt{(x_1 - x_2)^2 + (y_1 - y_2)^2 + (z_1 - z_2)^2}$$

推广到n维空间，$x=(x_1, x_2, \cdots, x_n)$与$y=(y_1, y_2, \cdots, y_n)$的欧氏距离公式为

$$\text{dist}_{\text{ed}}(x,y) = \sqrt{(x_1 - y_1)^2 + (x_2 - y_2)^2 + \cdots + (x_n - y_n)^2}$$

传统的聚类算法一般可分为基于层次的、基于划分的、基于密度的、基于网格的和基于模型的五种。聚类算法在不同的应用领域中表现出不同的性能，很少有一种算法能同时适用于若干个不同的应用背景。下面简单介绍基于划分的代表性算法*k*-means。

k-means聚类算法是由Steinhaus 1955年、Lloyd 1957年、Ball & Hall 1965年、McQueen 1967年分别在各自不同的科学研究领域独立提出。*k*-means聚类算法被提出来后，因其容易实施、简单、高效，是应用最广泛的划分聚类算法之一，在不同的学科领域被广泛研究和应用。

k-means聚类算法中*k*表示将数据聚类成*k*个簇，means表示每个聚类中数据的均值作为该簇的中心，又称质心。*k*-means算法过程如下：

①首先随机选取*k*个点作为初始簇中心。

②对任意一个样本点，计算其到各类中心的距离，将该样本点归到距离最短的中心所在的簇。

③聚好类后，重新计算每个簇中心的位置。

④重复第②③步迭代，直到*k*个类簇中心点的位置不变，或者达到一定的迭代次数。

这里仅简单介绍部分数据挖掘算法，更多算法读者可自主查阅探究。

5.1.4　大数据分析

大数据时代前，数据分析主要以相对小规模的抽样数据为主，以单机分析工具（如SPSS，statistical package for the social sciences）或者单机编程（如Python）的方式运行分析程序。在大数据时代，数据量的爆发式增长使得数据的存储、管理、查询和分析方法与传统方法相比有了较大的改变，对数据的利用也从原来的简单查询统计，转变为在海量数据中发现数据变化的规律，寻找和挖掘有价值的信息。此时，单机工具和单机程序已经不能有效进行数据分析，需要采用分布式计算方式，如MapReduce或Spark编写分布式程序，同时借助多台机器的集群设备进行并行处理分析。

大数据分析与挖掘是大数据技术的核心，其目标是通过分析和挖掘技术发现海量、复杂、高速、低密度的大数据中隐藏的有价值的信息或知识从而辅助决策。大数据分析涉及大数据采集、大数据存储、大数据预处理、大数据分析及挖掘、可视化呈现等整个大数据处理流程，主要任务是实现短时间内响应用户的需求，准确完成数据分析任务并将结果可视化呈现给用户。

大数据时代，数据以前所未有的速度增长，数据存储成为大数据分析过程中首先面临的一个重要问题。大数据的特性及应用需求要求大数据存储必须具备可扩展、高容错、低延迟和低成

本，特别是有效表示隐藏在海量数据背后的复杂关系以及复杂数据类型。

大数据预处理是大数据分析的关键环节，考虑大数据的异构性和时空特性，提升数据的质量非常重要。大数据突破了传统的时空界限，这就要求大数据分析必须能够实时开展任务以适应大数据的动态变化特性。

大数据建模是发现大数据中有价值知识或模式的重要手段，大数据模型不仅考虑数据的动态性也要兼顾大数据的统计和语义特性。

大数据系统必须易用、具备人机交互的能力，同时系统的计算效率和吞吐量要高，为了适应大数据随时间变化的特性系统需要实时流式计算能力。

为了让大数据的分析和处理结果真正被用户理解从而为决策提供支持，必须对结果进行合理的解释，但由于大数据自身复杂性、语义复杂性、参数及假设复杂性、分析验证步骤复杂性以及模型复杂性等都给准确有效的结果解释和表示方法设置了障碍。

隐私也是大数据领域的重要问题，隐私保护的主要障碍来自数据的暴露和数据的动态特性，但太复杂的安全保护机制开销太大，在大数据上适用性和实用性不强，使用相对简单的保护机制又存在较大的信息安全隐患，需要在增强访问控制和数据处理的便利性之间达到一个平衡。

面对大数据的多样性、高维性、海量性等特性造成的严峻挑战，大数据分析需从下述几个方面应对：

①高速网络：对大数据的传输和处理需要超高速网络的支撑，对目前的网络架构和技术带来挑战。

②集群计算编程：分布式并行计算技术需要跟上大数据处理技术的发展，目前主流的计算模式并不能有效解决大数据处理的问题，有局限性。

③云计算的扩展：云计算需要与大数据进行完美的融合。

④机器学习及其他数据分析方法：机器学习等分析算法需要向深度学习发展，更加智能化，提出更多新型、有效的智能算法。

⑤广域部署（移动计算环境下的应用）：大数据技术需要能够在移动计算环境下方便、高效地部署使用。

⑥隐私和安全保护：大数据隐私和安全保护技术需要跟上大数据技术应用的发展，大数据安全和隐私保护是当前大数据技术面临的最大挑战，这些隐私和安全问题需要从多个角度去综合解决，包括技术的手段和政策法律方面的手段。

5.2 数据应用

通过数据分析，深入了解数据模型，能有效地为数据应用提供决策支持。大数据应用包含许多领域，通常分为三个层次。第一是描述性分析应用，是指从大数据中总结、抽取相关的信息和知识，帮助人们分析发生了什么，并呈现事物的发展历程，如使用可视化技术展示数据。第二是预测性分析应用，是指从大数据中分析事物之间的关联关系、发展模式等，并据此对事物发展的趋势进行预测。如电商根据客户的购买模式，预测客户行为、预测库存水平、预测客户可能一起购买的产品来确定销售趋势等。第三是指导性分析应用，是指在前两个层次的基础上，分析不同决策将导致的后果，并对决策进行指导和优化。如无人驾驶汽车分析高精度地图数据和海量的激光雷达、摄像头等传感器的实时感知数据，对车辆不同驾驶行为的后果进行预判，并据此指导车辆的自动驾驶。

在互联网领域中，大数据广泛应用于社交网络、电子商务和搜索引擎，在安全领域中，大数据主要用于欺诈检测和IT安全，在公共服务领域大数据的应用场景主要包括能源、医疗卫生等。下面以搜索引擎和推荐系统为例说明大数据的典型应用。

5.2.1　搜索引擎

1. 定义

搜索引擎（search engine），就是根据用户需求和算法，运用特定策略从互联网检索出指定信息反馈给用户的一门检索技术。搜索引擎依托于多种技术，如网络爬虫技术、网页处理技术、检索排序技术、自然语言处理技术等。

随着互联网信息的爆炸性增长，用户想要在互联网中寻找到所需信息就像大海捞针，搜索引擎在互联网中搜集、发现信息，对信息进行理解、提取、组织和处理，并为用户提供检索服务，从而起到信息导航的作用。

搜索引擎概念可追溯到1994年4月，斯坦福大学的博士David Filo和杨致远（Jerry Yang）共同创办了超级目录索引雅虎，从此搜索引擎进入了高速发展的时期。目前应用较多的搜索引擎有1998年上线的Google和2000年开始的百度。

2. 发展

根据搜索引擎采用的技术，可以将搜索引擎的发展划成四个阶段：分类目录、文本检索、链接分析和用户中心。

分类目录又称“导航时代”。Yahoo和国内hao123是这个时代的代表。通过人工方式收集整理，把属于各个类别的高质量网站或者网页分门别类，用户可以根据目录查找高质量的网站。

文本检索阶段的搜索引擎没有使用网页之间丰富的链接关系，只是采用经典的信息检索模型来计算用户的查询语句和网页内容的相关程度。相比分类目录，这种方式可以收录大部分网页，并能够按照网页内容和用户查询的匹配程度进行排序。但是总体而言，搜索结果质量不是很好。

在链接分析阶段，搜索引擎充分利用网页之间的链接关系，而且网页链接代表的含义也被深入挖掘并利用。一般情况下网页链接代表了一种推荐关系，所以通过链接分析可以在海量内容中找出重要的网页。这种重要性本质上是对网页流行程度的一种衡量，因为被推荐次数多的网页其实代表了其具有流行性。搜索引擎通过结合网页流行性和内容相似性来提高搜索质量。

采用链接分析能够有效提高搜索结果质量，但是这种搜索引擎并未考虑用户的个性化要求，只要输入的查询请求相同，所有用户都会获得相同的搜索结果。比如不同用户即使输入同一个查询关键词，但其目的也有可能不一样。如搜索“小米”，有的人可能是找谷物的“小米”，有的人可能是找“小米”手机。为了能够获取用户的真实需求，搜索引擎做了很多技术尝试。如利用用户发送搜索词的时间和地理位置信息，利用用户过去发出的搜索词及相应的点击记录等历史信息等技术手段，来试图理解用户此时此地的真正需求。搜索能够理解用户发出的某个搜索词背后包含的真正需求，这一代搜索引擎称为以用户为中心的一代。

3. 分类

常见的搜索引擎按其工作方式主要可分为三种：目录搜索引擎、全文搜索引擎和元搜索引擎。

①目录式搜索引擎通过人工浏览各站点的信息，按照一定的分类规则或分类体系，对网站进

行分类。一般来说，它们具有结构清晰、错误较少，比较符合人们的阅读习惯的优点，缺点是工作人员多、整理周期长，速度慢、人工干预成分多，不能适应Web资源的规模发展，另外如果查找的信息没有对应的分类项，则无法进行搜索。

②全文搜索引擎的全部工作基本上由程序自动完成，人工参与成分很少。它通过从互联网上提取各网站的文本信息建立数据库，再从这个数据库中检索与用户查询条件相匹配的相关记录，再把这些记录按照一定的排列顺序返回给用户。从搜索结果来源的角度，全文搜索引擎有自己的检索程序，并自行建立网页数据库，搜索结果就直接从自身的数据库中调用。

③元搜索引擎在接受用户查询请求的时候，由元搜索引擎负责转换处理后提交给多个预先选定的独立搜索引擎，并将所有查询结果集中起来以整体统一的格式呈现到用户面前。

4. 基本流程

搜索引擎的主要工作流程包括以下三个步骤：

（1）从互联网上抓取网页

利用能够从互联网上自动收集网页的网络爬虫自动访问互联网，并沿着网页中的URL爬到其他网页，重复该过程，并把爬过的所有网页收集回来。

（2）建立索引数据库

由分析索引系统程序对收集回来的网页进行分析，提取相关网页信息（包括网页所在URL、编码类型、页面内容包含的所有关键词、关键词位置、生成时间、大小、与其他网页的链接关系等），根据一定的相关度算法进行大量复杂计算，得到每个网页针对页面文字中及超链中每一个关键词的相关度（或重要性），然后用这些相关信息建立网页索引数据库。

（3）在索引数据库中搜索排序

当用户输入关键词搜索后，由搜索系统程序从网页索引数据库中找到符合该关键词的所有相关网页。因为所有相关网页针对该关键词的相关度已经计算完成，所以只需按照现有的相关度数值排序，相关度越高，排名越靠前。最后，由页面生成系统将搜索结果的链接地址和页面内容摘要等信息组织起来返回给用户。

搜索引擎涉及诸多技术和算法，如爬虫技术用来抓取互联网上的数据并将其保存到搜索引擎的数据库中，数据存储技术用于存储和管理搜索索引，自然语言处理技术识别查询意图和相关词汇，分词技术将搜索请求拆分成单词或短语或将中文句子拆分成词语，以便在索引中进行匹配，检索算法提供最符合搜索请求的结果、缓存技术等。

以缓存为例，为了能在极短的时间内响应用户的查询请求，搜索引擎除了在用户提交查询信息前就生成关键字对应的页面排序列表以外，还需要为那些查询最频繁的关键字对应的页面排序列表建立缓存机制。经过统计，搜索引擎发现关键字查询的集中现象非常明显。查询次数最多的前20%的关键字大约占了总查询次数的80%，因此只要对这20%左右的关键字建立缓存就可以满足80%的查询需求。

下面通过一个例子简单说明搜索引擎的基本原理。首先请思考每个人为什么有身份证号？学生为什么要有学号？这些ID有什么用？

假设让你去图书馆找一本《平凡的世界》，如果书是随机放置的，怎么找？是不是只能一层一层一本一本地找？但是图书馆的书不是随机放置的，是按社会科学、经济、数理科学与化学、工业技术、文学、艺术、体育等分类摆放的，分类的目的就是方便查找。但是属于同一类别的书有好多本，同一书名的书也有多个不同版本，怎么才能快速找到自己想要的那本呢？图书馆给每本书编号，图书按照号码顺序依次摆放。我们以学校图书馆《平凡的世界》人民文学出版社的版本为例，这部书的中图法分类号为“I247.5”，图书馆对这本书的编号为“I247.5/1330”。首先要确定“I2”类中国文学图书所在楼层位置为3楼，然后根据编号数组确定具体位置“0707架2层”。

在这个例子中，图书编号能够帮助我们快速找到想要的图书，大大提高了查找效率。图书编号在数据库中可以理解为索引（index），索引是帮助数据库高效获取数据的数据结构。书的目录也是一种索引，以中信出版社2013年5月出版的《改变未来的九大算法》为例，部分目录如图5-16所示。

通过图5-15所示目录，如果读者对搜索引擎感兴趣可直接翻到13页，如果想了解PageRank可以翻到31页，如果关注加密可以翻到49页。图书目录这种形式称为索引，通过索引可以很方便地找到关注的内容，可以采用表5-4所示形式。

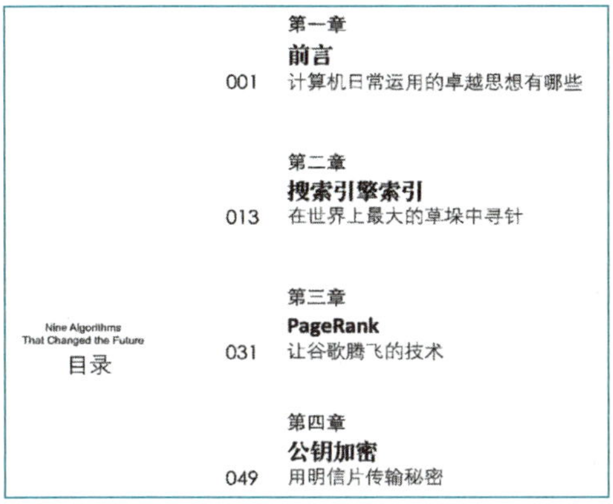
Nine Algorithms That Changed the Future
目录

第一章
前言
001 计算机日常运用的卓越思想有哪些

第二章
搜索引擎索引
013 在世界上最大的草垛中寻针

第三章
PageRank
031 让谷歌腾飞的技术

第四章
公钥加密
049 用明信片传输秘密

图5-16 《改变未来的九大算法》部分目录

表5-4　目录结构

标　题	页　码
第一章 前言——计算机日常运用的卓越思想	1
第二章 搜索引擎索引——在世界上最大的草垛中寻针	13
第三章 PageRank——让谷歌腾飞的技术	31
第四章 公钥加密——用明信片传输秘密	49

下面介绍搜索引擎功能实现流程。简单起见，以一行文字表示一个网页页面，整个互联网一共三个网页，下面三行文字表示三个网页页面，实现查找“北京石油大学”出现在哪些行中。

W1：中国石油大学（北京）前身为北京石油学院。

W2：北京校本部坐落在风景秀丽的北京市昌平区军都山南麓。

W3：克拉玛依校区位于被誉为“石油之城”的新疆维吾尔自治区克拉玛依市。

上述表示就可以理解为W1中出现了“中国石油大学（北京）前身为北京石油学院”这么多词汇，这就是正向索引，又称正排索引。正向索引的工作原理非常简单，但是实用性价值不大。在搜索引擎中使用倒排索引，如下所示：

“中国石油大学（北京）前身为北京石油学院”：W1

表示“中国石油大学（北京）前身为北京石油学院”出现在W1中，实际不是整个句子，而是对句子分词之后的结果，接下来简单介绍搜索功能的模拟实现。

模拟搜索功能一般需要创建索引库、分析用户请求、查找索引库、页面排序返回结果等几个步骤。

（1）创建索引库

完成这个功能首先要爬取互联网上所有的网页信息，建立一个索引库，用于记录词语在哪个网页中出现，首先处理第一行数据，其余两行操作类似。需要注意的是，英文句子可以很方便地通过“空格”区分单词，中文语句没有专门的区分符号，必须使用分词技术，目前Python中应用较多的中文分词模块是jieba库。通过分词，第一行信息“中国石油大学（北京）前身为北京石油学院”被处理成下述列表形式：

```
['中国','石油大学','(','北京',')','前身','为','北京石油学院','。']
```

具体代码如下：

```
import jieba                        #分词
txt='中国石油大学(北京)前身为北京石油学院。'
txtlist=jieba.lcut(txt)
print(txtlist)
```

列表中有一些元素，如标点符号“（”等对结果基本不产生关键影响，所以直接删除。删除标点符号等无意义字符后的列表为下述形式。

```
['中国','石油大学','北京','前身','为','北京石油学院']
```

此时还有一些词对结果产生影响不大，如“为”，这类词称为停用词。停用词是指在列表中出现的频数较高且价值不大的词。如英文的“is”“the”“and”等，中文的“了”“啊”“的”“为”“既然”等。去除停用词后的列表为下述形式：

```
['中国','石油大学','北京','前身','北京石油学院']
```

处理之后可以建立索引，为实现搜索功能，需要建立倒排索引（inverted index），见表5-5。

再依次处理其余两行，得到最终列表分别为下述形式：

```
['北京','校本部','坐落','风景秀丽','北京市','昌平区','军都山','南麓']
['克拉玛依','校区','位于','被誉为','石油','新疆维吾尔自治区','克拉玛依市']
```

将上述两行信息加入倒排索引中，如“北京”出现在第2行，所以相应的位置多一条W2信息。第2行中还有一个元素“北京市”，可将其归一化处理为“北京”。类似的还有“电脑”和“计算机”、“老师”和“教师”等，这类词语都需要归一化处理。处理完3行信息的倒排索引见表5-6，此处仅给出部分示例。

表5-5　倒排索引

词　语	位　置
中国	W1
石油大学	W1
北京	W1
前身	W1
北京石油学院	W1

表5-6　多行倒排索引

词　语	位　置
中国	W1
石油大学	W1
北京	W1，W2
…	…

（2）分析用户请求

使用分词系统对用户原始请求进行分析，产生搜索词汇集。如本例查询“北京石油大学”，产生词汇集为['北京', '石油大学']。

（3）查找索引库

根据用户请求的词汇集，在倒排索引的表中查找对应词汇集的结果列表，返回既包含“北京”又包含“石油大学”的页面交集，本例因为问题极端简化所以交集为W1。一般情况下交集结果很多，此时需要进行下一步页面排序处理。

（4）页面排序返回结果

页面排序是搜索引擎需要将搜索词和结果进行相似度计算，同时考虑网页重要性、网页权威性等因素生成最终排序结果呈现给用户。比较有代表性的页面排序算法是Google的PageRank，读者可自行查阅资料探究。

5. Python 实现

本程序模拟实现简化版搜索引擎，使用倒排索引实现。用五个txt文件模拟五个网页，程序运行时输入检索词，运行结果如图5-17所示。

```
searching the words,or "no" to exit: hello
found 0 results:
searching the words,or "no" to exit: dream
['./search_contents/1.txt', './search_contents/2.txt', './search_contents/3.txt']
found 3 results:
./search_contents/1.txt
./search_contents/2.txt
./search_contents/3.txt
searching the words,or "no" to exit: no

Bye.Hope to see you again......

Process finished with exit code 0
```

图5-17　简单搜索引擎运行示例

Python源代码和程序注释说明如下：

```
#简化版搜索引擎，倒排索引实现
#假定只有5个网页，以txt形式简化存储
#1.txt~5.txt位于当前工程的search_contents目录下
#假定搜索英文单词，简化掉中文需要分词要求
#

#正则表达式用于查询匹配
import re

#搜索引擎父类 SearchEngineBase
class SearchEngineBase(object):
    def __init__(self):
        pass

    #addCorpus()函数用于创建语料库，5个文档的所有单词
    #读取文件内容，将文件名作为ID，连同文件内容text
    #一起传递给 process_corpus中生成倒排索引字典
    def addCorpus(self,filePath):
        with open(filePath,'r') as fin:
            text=fin.read()
        self.processCorpus(filePath,text)

    #处理语料库倒排索引字典
```

```
    #对文件所有内容text进行处理，文件名为ID
    def processCorpus(self,id,text):
        raise Exception('processCorpus not implemented')

    #搜索
    #给定搜索关键词，处理搜索，通过索引检索后返回
    def search(self,query):
        raise Exception('search not implemented')

#基于词袋的倒排索引搜索引擎子类
#每一个 word -> id(文件名)的字典
class BOWInvertedIndexEngine(SearchEngineBase):
    def __init__(self):
        super(BOWInvertedIndexEngine,self).__init__()
        #初始化(字典类型)，用来存储文件中的单词到文件名的字典
        #单词为键唯一、值为对应的文件路径
        #值可以是一个文件名，也可以是文件名列表
        self.invertedIndex={}

    #对文本内容text生成倒排索引，字典形式word -> id(文件名)
    def processCorpus(self,id,text):
        words=self.textToWords(text)                    #words为text中单词集合
        for word in words:
            if word not in self.invertedIndex:
                self.invertedIndex[word]=[]
            self.invertedIndex[word].append(id)    #创建倒排索引
        #print(len(self.invertedIndex))        #单词唯一不重复，每个单词一条记录
        #print(self.invertedIndex)
        #{'day':['./search_contents/1.txt'],'four':['./search_contents/1.txt'],...

    #直接枚举字典，从中找到要搜索的字符串。如果能够找到，
    #则将文件路径放到结果列表中，最后返回
    #所有搜索关键词都要出现在同一文件中
    def search(self,query):
        #要搜索的单词列表queryWords，由集合转换为list
        queryWords=list(self.textToWords(query))

        #reTList返回值为列表类型
        reTList=[]

        #处理要搜索的每个单词，记录找到的文件路径
        for word in queryWords:
            #ttList每个单词对应的一个临时列表
            ttList=[]

            #如果单词在倒排索引字典中
            if word in self.invertedIndex:
                #此时将列表中的每个元素加入临时列表中
                print(self.invertedIndex[word])
                for txt in self.invertedIndex[word]:
                    ttList.append(txt)
```

```
            reTList.append(ttList)
        #print(reTList)

        #求每个单词出现文件的共同部分，借助集合交集方法intersection
        reList=reTList[0]
        for i in range(1,len(reTList)):
            reList=list(set(reList).intersection(reTList[i]))
        #print(reList)
        return reList

    #@staticmethod修饰符可以在不创建类实例的情况下调用方法
    #这样做的好处是执行效率比较高
    @staticmethod
    def textToWords(text):#返回text中的单词集合
        #^：取反
        #\w：匹配包括下划线的任何单词字符。等价于'[A-Za-z0-9_]'。
        text=re.sub(r'[^\w]',' ',text) #对 text进行用空格替换非单词(标点符号和换行符)
        wordList=text.split(' ')        #text用空格分隔为 list(包含空字符元素，标点符号位置)

        #过滤掉不符合条件的元素，用None过滤掉布尔值是False的对象
        #去除空白单词
        wordList=filter(None,wordList)       #wordList 为所有单词
        return set(wordList)                 #去重之后的所有单词集合


def search(engine):

    #假定所有文档一共五个txt文件夹，生成倒排索引字典
    for filePath in ['./search_contents/1.txt',
                     './search_contents/2.txt',
                     './search_contents/3.txt',
                     './search_contents/4.txt',
                     './search_contents/5.txt']:
        engine.addCorpus(filePath)

    #输入检索词，no退出
    query=input('searching the words,or "no" to exit:')

    while query!="no":
        #调用engine的search方法返回结果到results并打印
        results=engine.search(query)
        print('found {} results:'.format(len(results)))
        for item in results:
            print(item)
        query=input('searching the words,or "no" to exit:')

#主函数
def main():
    engine=BOWInvertedIndexEngine()
    search(engine)
    print("\nBye.Hope to see you again......")
```

```
main()
```

5.2.2 推荐系统

随着信息技术和互联网的迅猛发展，人们走进信息过载时代，从海量信息中找到自己感兴趣的内容是一件比较困难的事，同时如何让自己的信息或物品受到广大用户关注同样也是一件困难的事。解决这一问题主要有两种方式：信息拉取与信息推送。信息拉取的典型模式就是我们经常使用的搜索引擎，而信息推送的典型模式便是推荐系统。

搜索引擎是用户提供关键词来寻找信息，可满足用户有明确目的时主动查找的需求，推荐系统是通过分析用户的历史行为，不需要用户提供明确的需求，在用户没有明确目的的时候，帮助他们发现感兴趣的新内容。推荐系统和搜索引擎对于用户来说是两个互补的工具。

以看电影为例，一般采用如下方式来选择影片：

①问朋友，看看他们最近有什么好看的电影推荐。

②根据喜爱的导演、演员等自己搜索。

③查看电影排行榜，排行榜是一种一般化的推荐方式，所有人看到的结果都一样，它一般会根据影片的热度进行排序，也可以从中找出自己喜欢的影片。

推荐系统的功能就是将上面的①和③过程程序化、自动化，直接帮助用户推荐电影。如方式①中类似于社会化推荐，利用你的好友信息，将他们喜欢看的电影推荐给你看；方式③则类似于基于内容的推荐，根据你个人的观看历史，找出与你兴趣相似的电影。下面重点介绍一下推荐系统的内容。

1. 定义

推荐系统又称个性化推荐系统，是解决信息过载问题的有效工具。现在被广泛引用的是Resnick和Varian在1997年对推荐系统的定义，即“推荐系统主要为电子商务网站的用户提供物品信息和建议，帮助他们决定要购买的物品”。根据用户的历史行为等记录，构建用户的兴趣，进行个性化推荐，把用户感兴趣的信息、产品等推荐给用户。与搜索引擎相比，推荐系统通过研究用户的兴趣爱好，进行个性化计算，由系统发现用户的兴趣点，从而引导用户发现自己的信息需求。

推荐系统中涉及的两个重要实体就是用户（user）和物品（item），这里的物品可以是电影、音乐、图书等，一般使用U表示用户的集合，I表示物品的集合。

2. 基本原理

推荐系统一般包括用户数据输入、推荐算法模块和推荐结果输出三部分，如图5-18所示。

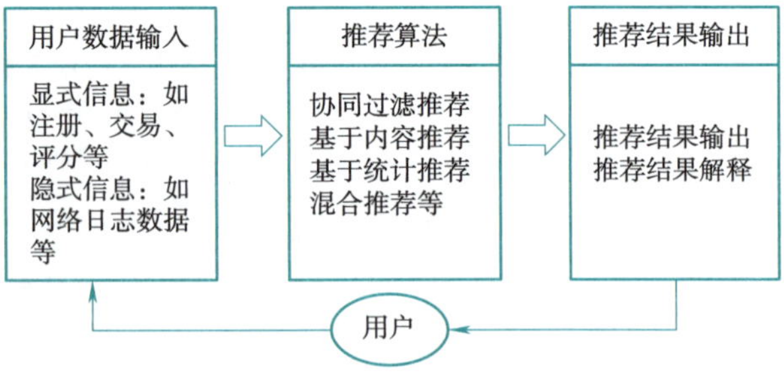

图5-18 推荐系统组成

最左侧为用户数据输入部分，该部分主要的工作是数据的收集，可收集到的用户或者其他有用信息包括社交网络中的好友信息、用户交易信息、用户对物品的评分信息、用户注册信息、用户停留信息、用户浏览信息、用户在某个物品处停留的时间信息以及其他数据信息等。

用户信息分显式信息和隐式信息两种类型。显式信息是对系统提供的信息列表，用户根据个人的兴趣爱好有意识地进行显式的打分，隐式信息是指用户在浏览网页的过程中，通过在网页的停留时间、购买记录、浏览记录等隐含用户个人兴趣的信息。两种类型信息都包含着用户的兴趣偏好，可以用来分析从而获取用户的兴趣。

中间为推荐算法部分，是整个过程中最重要的部分，它是以用户数据输入为基础，通过分析数据，获取用户的兴趣偏好，从而为用户提供一些参考数据，该部分的质量决定了用户对推荐的信任程度。推荐算法可以是基于内容的推荐算法、协同过滤推荐、基于统计的推荐、混合推荐等。

最右侧为输出部分，选择推荐算法计算出的结果，并以用户可见的方式显示出来，供用户进行选择。现阶段经典的选择方法有TOP-N方法和评分预测方法。TOP-N方法从推荐算法产生的推荐结果中选择出前*N*个符合当前用户的兴趣偏好的物品给用户，供用户选择。

评分预测方法使用推荐系统中的推荐算法，根据用户历史信息，通过一定的评分预测公式进行计算，估算出当前用户对某个未购买过物品的评分值，该值在一定程度上表示了用户对其可能的喜好程度，评分越高，则用户越可能喜欢。将评分值按照从大到小的顺序排序显示给用户，从而方便了用户从中挑选最可能喜欢的物品。此外，若在推荐物品时能将推荐的原因给用户合理解释，提高用户对该推荐结果的满意程度，确保用户对网站的信赖，提高用户黏性。

3. 分类

当前应用较多的推荐算法主要包括协同过滤推荐（collaborative filtering recommendation）、基于内容的推荐算法（content-based recommendation）和混合推荐（hybrid recommendation）等。

协同过滤可以理解为将许多用户和物品的相关信息汇集到一起，找出相似的用户或物品，再将其从该集合中过滤出来。协同过滤是目前推荐系统中应用最为成熟的一个推荐算法，协同过滤推荐分为三种类型，基于用户的协同过滤（user-based）是通过计算相似的用户进行推荐，基于物品的协同过滤（item-based）是通过计算相似的物品进行推荐，基于模型协同过滤（model-based）是从原始数据中抽取出模型，基于模型分析计算进行推荐。协同过滤中使用比较广泛是基于用户的协同过滤和基于物品的协同过滤。

基于用户的协同过滤简单描述为“与你喜好类似的人喜欢的东西可能你也喜欢”，基于用户的协同过滤首先找到与目标用户有相似兴趣的其他用户，然后将找到的这些用户感兴趣的内容推荐给目标用户，如图5-19所示。

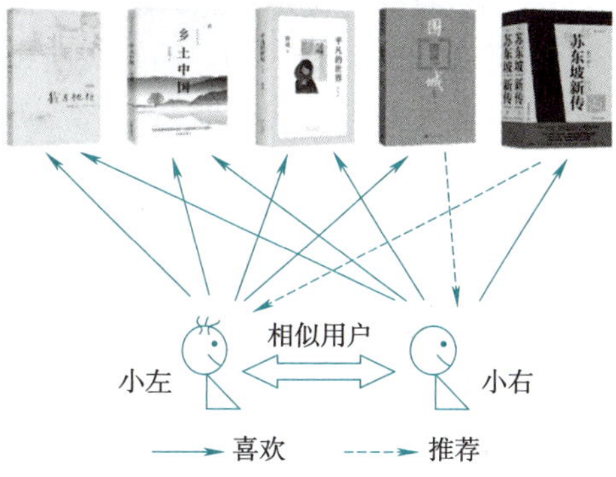

图5-19　基于用户的协同过滤“人以群分”

图5-19所示实线箭头表示“喜欢”，虚线箭头表示“推荐”。左边同学小左喜欢《我与地坛》《乡土中国》《平凡的世界》《围城》，右边同学小右喜欢《我与地坛》《乡土中国》《平凡的世界》《苏东坡新传》，因为两人同时喜欢《我与地坛》《乡土中国》《平凡的世界》，爱好相似，所以判定小左和小右为相似用户，故将小左喜欢的《围城》推荐给小右，将小右喜欢的《苏东坡新传》推荐给小左。

user-based协同过滤推荐算法可以划分为如下三个阶段：

①计算相似度：对用户已经购买过的物品进行建模，计算用户之间的相似度，得到相似度矩阵。

②最近邻搜索：搜索与当前用户的相似度最近邻居。

③产生推荐：根据当前用户的最近邻居对物品的评分信息预测当前用户对未评分物品的评分，产生物品推荐。

基于物品的协同过滤简单描述为“跟你喜欢的东西相似的东西可能你也喜欢”。

item-based协同过滤推荐算法通过计算物品之间的相似度，选择目标物品的最近邻居集合，根据当前用户对最近邻居的评分预测用户对目标物品的评分，然后选择预测评分最高的前若干件物品作为推荐结果展示给用户，如图5-20所示。

item-based协同过滤推荐算法可以分为如下三个阶段：

①计算相似度：根据所有用户对物品的评价数据计算物品之间的相似度，得到相似度矩阵。

②最近邻搜索：搜索目标物品的最近邻居。

③产生推荐：根据用户对目标物品最近邻居的评分信息预测用户对目标物品的评分，产生物品推荐。

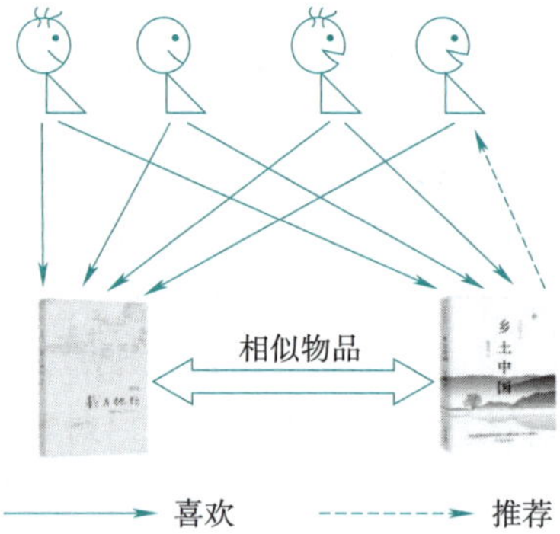

图5-20　基于物品的协同过滤“物以类聚”

基于模型的协同过滤算法主要通过机器学习和数据挖掘模型提取用户和物品的隐含模式并据此进行推荐。其中代表性的有贝叶斯算法、聚类模型、分类模型、回归模型和矩阵分解等。

基于内容的推荐根据用户喜欢的物品推荐和用户过去喜欢的物品类似的物品。基于内容过滤的推荐系统对每个用户都用一个用户兴趣模型（user profile）的文件构成数据结构来描述用户的兴趣，对每个物品的内容进行特征提取（feature extraction），形成特征向量（feature vector）。对某个用户进行推荐时，把该用户的用户兴趣模型同所有物品的特征矩阵进行比较得到二者的相似度，将最相似的物品推荐给用户。基于内容的推荐算法推荐时通常包含下面三步：

①物品标注：为不同的物品标注一些特征以描述这个物品。

②构造用户偏好文档：根据用户过去喜欢的物品的特征数据，描述该用户的喜好特征，使用*k*NN、决策树、线性分类等算法为该用户产生一个模型。根据用户过去喜欢的物品信息和用户的历史行为数据学习出用户感兴趣的物品的特征，构造用户偏好文档。

③产生推荐：比较用户偏好文档和候选物品的特征数据，得出一组具有最高相关性的物品进行推荐，将最相似的物品推荐给用户。

基于内容的推荐最大优势是用户之间的独立性较强，并且一件新物品加入集合之后可以立即得到合适的推荐，但基于内容的推荐不能发掘用户除了当前一类物品以外的潜在兴趣，所得出的推荐结果都会和用户历史感兴趣的物品比较接近。

协同过滤推荐和基于内容的推荐在使用时都有各自的缺陷，因此实际应用中推荐系统一般会把不同的推荐算法进行结合，提出混合推荐算法，将基于内容推荐方法和协同过滤方法融合以达到取长补短的推荐效果，从而提高推荐系统的推荐质量。

4. 评价

评价一个推荐系统需要考虑用户、物品提供方和推荐系统自身三方面的满意度，是否给用户推荐了满意的物品，是否将物品推荐给对其满意的用户，对推荐系统本身来说是否收集到高质量的用户反馈信息，不断完善推荐的质量。推荐系统的衡量指标能够从各个不同的角度衡量推荐系统的性能优劣，下面简单介绍性能指标。

①用户满意度，可通过用户调查和在线评测两种方法获取用户满意度。

②预测准确度，主要用来衡量推荐算法对用户行为的预测能力。通常需要使用离线实验方法获取，计算用户预测行为和用户真实行为之间的拟合度。

③覆盖率主要用来评价推荐系统发觉“长尾”的能力，一般使用推荐系统能够推荐出来的物品数占总物品数的比例表示。

④实时性，推荐系统的实时性包括两个方面，一方面是推荐对象具有很强的实时性，另一方面是新用户行为实时地反馈到用户兴趣模型中，以便给用户提供实时行为的推荐。

5. 存在问题

推荐系统能帮助用户推荐更感兴趣的、更喜欢的、更准确的物品，但在实践中还有以下一些问题需要更好的解决。

（1）数据稀疏性

数据的稀疏性问题主要是指用户-物品评分矩阵的稀疏性，即用户对物品的交互行为少，使算法准确率降低。

（2）冷启动问题

冷启动问题是数据稀疏问题的一种极端情况，即此时的用户与物品没有任何交互行为，系统中没有记录任何用户行为。冷启动分为三种情况：一是用户冷启动，当电子商务系统中新注册一个用户时，推荐系统对其兴趣爱好一无所知，这时如何做出精确推荐是一个很重要的问题；二是物品冷启动，当向推荐系统的物品数据库中新添加一个物品时，因为新添加的物品没有被打过分，因此单纯的协同过滤推荐系统无法对其进行预测评分和推荐；三是系统冷启动，即如何在新建立的网站上开发个性化推荐系统。

（3）精确性问题

精确性问题广泛地存在于各类推荐系统中，个人信息相似度高的客户兴趣可能差别很大，客户的偏好也不可能一成不变，基于原有信息做出的推荐结果和真正的客户需求可能出现偏差。多角度地分析客户需求，多种方法的互补是提高推荐精确性的对策之一。

（4）扩展性问题是指随着客户和产品的增加，在大数据量的情况下，算法的处理时间可能增加到无法忍受的程度，处理能力也变得十分低下，此时准确、高效的推荐都具有一定的挑战性。

（5）隐私保护问题

为了给用户提供更好的推荐，往往需要使用尽可能多的用户数据，如使用用户的社交信息来改善推荐结果。这样做的缺点是，用户可能会觉得推荐系统了解他们过多，从而影响用户对推荐系统的信任度。

6. Python 实现

本程序模拟实现简化版基于物品的推荐，使用电影数据集MovieLens，假设用户看过的电影以《罗马假日》和《小公主》为例，数据集中名字分别为“Roman Holiday（1953）”和“Little Princess，The（1939）”，计算相关度高的前十部影片推荐，Python源代码和程序注释说明如下：

```
import pandas as pd
import numpy as np
import matplotlib.pyplot as plt
import seaborn as sns

#使用MovieLens数据集构建一个基于item的简易推荐系统
```

```
#两个文件：评分文件ratings.csv和电影文件movies.csv

#评分文件
ratings=pd.read_csv('ratings.csv')
#ratings.csv(0..100835条记录)包含四个维度的数据：
#userId：打分用户的ID
#movieId：被打分电影的ID
#rating：用户给电影的打分，处于[1, 5]
#timestamp：电影被打分的时间

#电影文件
movies=pd.read_csv('movies.csv')
#movies.csv(0..9741条记录)
#movieId：电影的ID
#title：电影名称
#genres：电影标签Adventure|Animation|Children|Comedy|Fantasy

#根据movieId合并ratings.csv和movies.csv的数据df
df = pd.merge(ratings,movies,on='movieId')          #movie_data
#print(df.info())
##    Column     Non-Null Count   Dtype
#---  ------     --------------   -----
#0    userId     100836 non-null  int64
#1    movieId    100836 non-null  int64
#2    rating     100836 non-null  float64
#3    timestamp  100836 non-null  int64
#4    title      100836 non-null  object
#5    genres     100836 non-null  object

'''
创建一个dataframe，其中包含每部电影的平均评分和评分数量
这些评分用来计算电影之间的相关性
相关系数越高，电影越相似
使用Pearson相关系数，该数字介于-1和1之间
1表示正线性相关，-1表示负相关，0表示没有线性相关
具有零相关性的电影完全不相似
使用pandas groupby功能来创建dataframe
按照标题对数据集进行分组，并计算其平均值获得每部电影的平均评分
'''
ratings=pd.DataFrame(df.groupby('title')['rating'].mean())
#计算电影平均得分rating
#title                                    rating
#'71(2014)                                4.000000
#...
#À nous la liberté(Freedom for Us)(1931)  1.000000
'''
增加number_of_ratings列，这样就能看到每部电影的评分数量
可以得到电影的平均评分与电影获得的评分数量之间的关系
五星级电影很有可能只被一个人评价，而这种五星级电影在统计上是不正确的
因此，在构建推荐系统时需要设置阈值
可以使用pandas groupby功能创建新列，然后按标题栏分组
```

```
使用count函数计算每部电影的评分
'''
ratings['number_of_ratings']=df.groupby('title')['rating'].count()

#使用pandas绘制功能绘制直方图，显示评级的分布
#plt.figure(figsize=(8,6))
#plt.rcParams['patch.force_edgecolor']=True
#可使用直方图分别显示
#ratings['rating'].hist(bins=50)
#ratings['number_of_ratings'].hist(bins=50)
#也可以组合图显示
#sns.jointplot(x='rating',y='number_of_ratings',data=ratings)
#plt.show()

#基于item的简单电影推荐系统
'''
将数据集转换为矩阵，电影标题为列，user_id为索引，评级为值
这样得到一个dataframe，其中列是电影标题，行是用户ID
每列代表所有用户对电影的所有评级。评级为NAN表示用户未对这部电影评分
用该矩阵来计算单个电影的评级与矩阵中其余电影的相关性
该矩阵可以通过pandas pivot_table实现
pivot_table是pandas中的数据透视表，是对数据进行动态排布并且分类汇总的表格
'''
movie_matrix=df.pivot_table(index='userId',columns='title',values='rating')
#所有用户对所有电影评分的列联表
#userID          title              rating
#    1       Toy Story(1995)         4

#评分数目最多的前十部电影
#topMovies=ratings.sort_values('number_of_ratings',ascending=False)
#print(topMovies.head(10))
'''
假设一个用户曾看过Roman Holiday(1953)和Little Princess,The(1939)
根据这两条观看记录向该用户推荐其他类似的电影
可以通过计算这两部电影的评级与数据集中其他电影的评级之间的相关性来实现
第一步是创建一个dataframe，其中包含来自movie_matrix的这些电影的评级
'''
#Roman Holiday(1953)
#Little Princess,The(1939)
RH_user_rating=movie_matrix['Roman Holiday(1953)']
LP_user_rating=movie_matrix['Little Princess,The(1939)']
'''
使用pandas corwith功能计算两个dataframe之间的相关性
能够获得每部电影的评级与Roman Holiday或Little Princess电影的评级之间的相关性
'''
similar_to_RH=movie_matrix.corrwith(RH_user_rating)
similar_to_LP=movie_matrix.corrwith(LP_user_rating)
#print(similar_to_RH)
#print(similar_to_LP)
#矩阵中有很多缺失值。删除这些空值并将相关结果转换为dataframe
#与Roman Holiday或Little Princess最相似的电影
```

```
corr_RH=pd.DataFrame(similar_to_RH,columns=['Correlation'])
corr_RH.dropna(inplace=True)
corr_LP=pd.DataFrame(similar_to_LP,columns=['Correlation'])
corr_LP.dropna(inplace=True)

#为设置评级数量的阈值，将两个dataframe与rating datframe中的number_of_ratings列一起加入
#得到与Roman Holiday或Little Princess最相似的电影
#并把这些电影限制在至少有100条评论的电影中
#然后可以按相关列对它们进行排序并查看前10个
corr_RH=corr_RH.join(ratings['number_of_ratings'])
corr_LP=corr_LP.join(ratings['number_of_ratings'])
RH_sim_movies=corr_RH[corr_RH['number_of_ratings']>100].sort_values(by=
'Correlation',ascending=False)
LP_sim_movies=corr_LP[corr_LP['number_of_ratings']>100].sort_values(by=
'Correlation',ascending=False)
print("\nRoman Holiday similar movies: ")
print(RH_sim_movies.head(10))
print("\nLittle Princess similar movies: ")
print(LP_sim_movies.head(10))

'''
运行结果如下：
Roman Holiday similar movies:
                                                    Correlation number_of_ratings
title
Inception(2010)                                        0.959403          143
Willy Wonka & the Chocolate Factory(1971)              0.827766          119
Braveheart(1995)                                       0.801865          237
Donnie Darko(2001)                                     0.782868          109
Incredibles,The(2004)                                  0.750171          125
Dark Knight,The(2008)                                  0.734313          149
Batman Begins(2005)                                    0.729153          116
Shining,The(1980)                                      0.709186          109
Fugitive,The(1993)                                     0.705036          190
Pirates of the Caribbean:The Curse of the Blac... 0.680064          149

Little Princess similar movies:
                                                    Correlation number_of_ratings
title
Mission:Impossible(1996)                                    1.0           162
E.T. the Extra-Terrestrial(1982)                            1.0           122
Men in Black(a.k.a. MIB)(1997)                              1.0           165
Aliens(1986)                                                1.0           126
Star Wars:Episode VI - Return of the Jedi(1983)             1.0           196
Star Wars:Episode V - The Empire Strikes Back ...           1.0           211
Star Wars:Episode IV - A New Hope(1977)                     1.0           251
Shrek(2001)                                                 1.0           170
Raiders of the Lost Ark(Indiana Jones and the ...           1.0           200
Alien(1979)                                                 1.0           146
'''
```

5.2.3　领域案例

大数据正在逐步融入国民经济各个领域中，与实体经济深度融合，已经形成了一定规模的应用效果，下面简单介绍大数据在农业、电力、石油天然气、金融和教育领域的应用案例。

1. 农业

农业大数据已广泛应用于农业生产、经营、管理、服务等全产业链，涉及农业生态环境监测、农产品质量安全溯源、设施农业、精准农业以及农资投入、农机服务、农技服务、金融农投、农业保险等各涉农环节。

在农业生产中的应用。通过对气象、疫病及灾害数据进行分析，及时对疫病、灾害进行评估预警，提升对农业生产过程中病害、自然灾害的防控。通过监测气候、土壤和空气质量、农资使用情况、作物生长情况等，预测环境因素变化，推进精准农业，进行精准种植、养殖，最大限度优化农业生产效率。

在农业经营中的应用。通过加强农产品价格周期波动规律研究，一方面为农业生产主体提供较为精准的预测与预警信息，并指导制订生产计划，在市场价格波动中减损增效，降低生产风险；另一方面，对农产品整体供需关系、价格影响因素剖析、流通渠道和流向分析，形成产销过剩或紧缺预警，保障农产品供需平衡，优化产品结构及销售渠道，制定正确的经营战略。

在农业监管中的应用。通过农业全产业链数据资源统筹共享，提高监管部门工作效率和业务监管能力，实现对土地资源的实时监测，及时发现基本农田侵占、耕地红线低值预警、农村耕地水资源污染等情况，提高土地流转透明度，实现土地经营权管理和跟踪。

在农业服务中的应用。基于农业经营主体信用档案、行政许可与行政处罚、认证或登记、监督检查和奖励等信息，构建信用评分模型，实现对涉农生产主体信用评估，满足农业生产经营主体的信贷资金需求，拓展融资渠道。

2. 电力

电力随着智能电网的加速建设，电力行业通过传感器、智能设备、视频监控设备、音频通信设备、移动终端等各种数据采集渠道，广泛收集发电、输电、变电、配电、用电和调度等生产利用环节以及天气、气象、交通、经济等外部支持系统的海量业务数据。通过集中式和分布式混合架构的企业级电力大数据平台，重点推进大数据在输变电智能化、智能配用电、源网荷储协调优化、智能调度控制、企业经营管理和信息通信等六大领域的支撑作用。

在电力生产方面，通过关联内外部数据对设备状态、电能负载等数据进行分析挖掘与预测，开展电力生产设备精准调度、故障判断和预测性维护，提高发电设备利用效率和安全稳定运行水平。

在电力设备运行维护方面，增强大数据技术与变电、输电和配电等运检全业务流程深度融合，消除数据壁垒，实现数据资源的集中和精益化管理，推动运检业务管理模式变革，实现运电流程高效协同。

在电力信息通信方面，通过基于机器学习的数据质量提升、自动巡检和远程诊断的设备智能检修以及网络运行状态智能诊断和辅助优化等应用过程中逐渐积累的海量数据，提升对通信传输设备运行状态的深度分析、预警和预控能力，实现电力通信网的智能运维和辅助决策。

在电力营销方面，帮助电力公司调配电力供给，通过错峰限电，引导用户在电力成本低的时间段用电，为客户提供最佳用电方案；通过可开放容量等数据的挖掘分析，实现合理规划配电网，优化报装流程，满足用户新增负荷需求，避免因信息掌握不准确造成接入新负荷后出现设备过载现象。

3. 石油天然气

石油天然气领域的大数据主要应用于优化业务链、设备运营状态诊断、市场营销分析、能源管理分析等领域。

通过对原油和天然气等两条业务链除开采环节外，实现上游产能建设布局优化分析、下游炼化物流优化与排产决策等，提高生产运行效率、降低生产成本并实现节能降耗。

基于广泛实时采集自动控制和物联网数据分析各类重要设备的运行参数，根据预置及通过学习获取的各类分析模型对设备故障进行预警，通过预防性维护有效降低设备运维成本，避免不必要的停工损失。

针对行业内的成品油、天然气、化工等产品进行市场及客户分析，帮助制定有针对性的营销方案，更好满足不同类型的客户需求。

通过自动采集并汇总分析各类型用能、用水数据分析，查找存在的“跑冒滴漏”等异常问题，结合用能设备类型开展能耗分析评价，实现节能降耗。

4. 金融领域

金融大数据在供应链金融、智能营销、信用评估、风险定价、反欺诈、风控、股市行情预测等具体业务中都有着广泛的应用。

大数据在银行业的典型应用，主要体现在智能营销、风险防控、供应链金融管理等领域。在精准的用户画像基础上，银行通过金融大数据能够开展有效的智能精准营销，对用户流失进行预警，深层次理解用户特征和风险偏好，智能预测用户需求，进行交叉和个性化推荐等。

大数据在证券业的典型应用，主要体现在股价预测、用户关系管理等领域。随着大数据技术在证券行业的应用，对非结构化的数据以及结构化的数据都能进行收集和分析，使得对于市场情绪分析变为可能，实现股价预测的辅助决策。通过对用户的账户状态、交易习惯、风险偏好等进行对用户聚类和细分，为用户提供个性化服务；通过历史数据进行建模对用户流失进行预警。

5. 教育

在数字教育中引入大数据技术，动态地对学习行为、过程和结果进行深度分析，全面诊断学生的知识需求、知识水平、认知能力和学科素养，有针对性地提供学习报告、学习建议、学习方案和学习内容，开展个性化学习和自主学习。

同时，为教师推送教学建议、教学方案及学情报告，辅助实现因材施教。大数据技术使得数字教育能够有针对性地提供个性化、差异化的学习和教学服务，帮助教师和学生获取优质教学资源和学习资源，消除“信息鸿沟”，促进教育公平、均衡发展。

扩展阅读

1. 概率统计理论及贝叶斯算法

假设桶里面有30个小球，其中红色12个、蓝色18个。请问随机从桶中摸出一个红色小球（或蓝色小球）的概率是多少？这类问题属于概率论范畴。

如果桶里面的30个小球不知道红色和蓝色小球的个数，但是通过每次取出一个小球放回后再取，重复10次后发现取出的小球中8个红色2个蓝色，请推断桶里面红色小球（或蓝色小球）的百分比，这类问题属于统计学的范畴。

假设有A、B两个桶，A桶里面红色小球10个、蓝色20个，B桶里面红色和蓝色的小球各15个，现在随机选择一个桶，取出一个红色小球，请问这个红色小球取自A桶的概率是多少？解决这个问题就需要贝叶斯定理相关内容，因为有一个前提“取出的是一个红色小球”，如果没有这个条件，取出的一个小球是A桶的概率为50%，现在有了这个条件，概率变为40%。

这里不详细展开贝叶斯定理涉及的概率和统计相关知识，读者可自行查询资料。

2. 如何避免爬虫重复抓取？

思路：如何定义重复？重复有几种类型？（转载和镜像）。如何区分转载还是原创？如何区分源页面和镜像页面？

网站中的重复信息主要包括转载内容及镜像内容两大类。搜索引擎在对页面进行分析时，必须具备识别重复信息的能力。因为大量的重复信息不但占用巨大的服务器硬盘空间，而且还会增加用户寻找信息的时间，降低用户体验。但并不是说所有重复信息都是没价值的，搜索引擎认为转载内容不如原创内容重要，赋予原创内容页面更高的权重，而镜像内容则几乎忽略。

（1）转载页面

转载页面是指那些与原创页面正文内容相同或相近的页面。搜索引擎如何识别转载页面呢？首先，它把网页正文内容分成N个区域并进行比较，如果其中有M个区域（M是搜索引擎指定的一个阈值）是相同或者相似的，则认为这些页面互为转载页面。在确定页面互为转载关系后，搜索引擎再结合页面的最后修改时间、页面权重等因素判断原创页面与转载页面。

（2）镜像页面

内容完全相同的页面互为镜像页面。要判断页面是否互为镜像页面，首先把这些页面分成N个区域进行比较，如果这N个区域的内容完全一样，则认为这些页面互为镜像页面。其次，综合多项因素（如页面权重值、页面最后修改时间等）来识别哪个是源页面，哪个是镜像页面。

（3）镜像网站

狭义上的镜像网站是指内容完全相同的网站，形成镜像网站主要有两种情况：第一种是多个域名或IP指向同一服务器的同一个物理目录；另外一种是整个网站内容被复制到使用不同域名或者不同IP的服务器上。

为了识别站点间是否互为镜像网站，首先判断这些网站的首页以及与首页直接链接的页面是否互为镜像页面。如果是，则互为镜像网站。其次综合多项因素（如网站权重值、建立时间等）来识别哪个是源网站，哪个是镜像网站，以后抓取页面时就集中在源网站中进行。

3. 中图分类号

在搜索引擎部分，通过图书馆的例子解释了如何使用图书的分类号查找图书。中图分类号，简称“中图号”，是指采用《中国图书馆分类法》（简称“中图法”）对文献进行主题分析，并依照文献内容的学科属性和特征，分门别类地组织文献，所获取的分类代号。《中图法》共分5个基本部类、22个大类。采用汉语拼音字母与阿拉伯数字相结合的混合号码，用一个字母代表一个大类，以字母顺序反映大类的次序，在字母后用数字作标记。为适应工业技术发展及该类文献的分类，对工业技术二级类目，采用双字母。22个大类如下：A马克思主义、列宁主义、毛泽东思想、邓小平理论；B哲学、宗教；C社会科学总论；D政治、法律；E军事；F经济；G文化、科学、教育、体育；H语言、文字；I文学；J艺术；K历史、地理；N自然科学总论；O数理科学和化学；P天文学、地球科学；Q生物科学；R医药、卫生；S农业科学；T工业技术（含：TB一般工业技术；TD矿业工程；TE石油、天然气工业；TF冶金工业；TG金属学、金属工艺；TH机械、仪表工业；TJ武器工业；TK动力工程；TL原子能技术；TM电工技术；TN无线电电子学、电信技术；TP自动化技术、计算技术；TQ化学工业；TS轻工业、手工业；TU建筑科学；TV水利工程）；U交通运输；V航空、航天；X环境科学、安全科学；Z综合性图书。

小结

本章向读者展示了大数据中的数据分析及其应用，介绍了算法相关的基础知识，重点讲述了数据挖掘中采用的一些算法，如回归分析、决策树和关联规则等，通过搜索引擎和推荐系统演示的大数据的应用，并使用Python编程展示了部分算法和搜索引擎推荐系统的具体实现。

思考与练习

1. 大家都乘坐过厢式电梯，思考电梯算法如何实现，请提交一种简单的算法，探究合理的电梯算法要考虑哪些因素。

*2. 思考公交换乘查询如何实现，请提交一种算法。

3. 自主探究判定系数R^2。

4. 自主探究并用自己的语言解释SVM中支持向量的含义。

5. 自主选择感兴趣的探究搜索引擎涉及的相关技术，如分词、页面排序、PageRank算法等。

6. 有三行文本信息，如下所示，按照提示自主探究倒排索引实现搜索。

```
T[0]="it is what it is"                  #第0句话
T[1]="what is it"                        #第1句话
T[2]="it is a banana "                   #第2句话
```

索引建立在位置position和单词word之间。即第x句话的第y个单词，转换成坐标的形式，如（x，y）。

```
T[0]的第一个单词是it，可以记为(0,0)："it"，再如(2,1)："is"
"it"这个单词出现的位置有(0,0)(0,3)(1,2)(2,0)，这样可以记为
"it" ：{(0,0)(0,3)(1,2)(2,0)}
```

依此类推，上述三句话建立倒排索引可以得到：

```
"a":          {(2,2)}
"banana":     {(2,3)}
"is":         {(0,1)(0,4)(1,1)(2,1)}
"it":         {(0,0)(0,3)(1,2)(2,0)}
"what":       {(0,2)(1,0)}
```

需要检索包含“what”“is”“it”三个单词的语句，忽略倒排表中的第二位（单词在每句中的位置），可以得到{0 1}∩{ 0 1 2 }∩{ 0 1 2 }={ 0 1 }，(集合交运算)，因此T[0]和T[1]满足条件。

在检索“what is it”这个词组的时候还需要考虑到单词的具体位置，因此只有T[1]满足条件{（1，0）（1，1）（1，2）}。

7. 浏览购物网站时，你一定见过“猜你喜欢”“购买这件商品的人也买了”“跟这件商品经常一起购买的”这类文字，思考这些属于哪种推荐算法。

8. 基于用户的协同过滤和基于物品的协同过滤为什么会产生稀疏矩阵问题？参考表5-7。

表5-7　用户评分矩阵

用　户	物　品					
	Item1	Item2	Item3	Item4	Item5	…
Userid 100	4	0	0	0	0	…
Useid 200	0	0	5	3	0	…
Useid 300	0	0	0	0	4	…
Useid 400	0	0	0	5	0	…
Useid 500	5	0	0	0	0	…
…	…	…	…	…	…	…

读完本章，哪部分内容触发了你的思考，引发你查阅了哪些资料。

第6章

数据可视化

数据可视化是利用计算机相关技术将数据的基本特征和隐含关系以图形图像方式呈现出来，可以直观形象地揭示数据内部的规律以及数据间的内在联系，帮助人们更清晰地认识和理解数据，辅助分析和决策。

学习目标

◎了解数据可视化的基本概念和理论。

◎掌握使用Excel实现经典图表的数据可视化，提高计算机操作能力。

◎掌握使用Python编程实现经典图表的数据可视化，提高计算机编程能力。

学习指导

本章主要通过Excel上机操作和Python编程实现数据可视化，建议读者按下列步骤进行：

①模仿教材操作或输入代码，对比实验结果。

②不看教材，独立完成某些图表的绘制，直至熟练无误。

③感兴趣的读者尝试编写爬虫获取网页数据并可视化，查阅相关资料，整理好总结报告。

先看一个例子，大数据课程100名学生的成绩分布可以使用不同形式展示，如用文字、表格或柱形图描述等。

①文字描述：90~100分12人，80~89分24人，70~79分30人，60~69分26人，0~59分8人。

②表格描述见表6-1。

表6-1　成绩分布表

分数范围	90~100	80~89	70~79	60~69	0~59
学生人数	12	24	30	26	8

③柱形图描述如图6-1所示。

再看一个例子，地图导航，起点中国石油大学（北京）润杰学生公寓，终点中国石油大学（北京）西南门。同样可以用如下文字描述：

①向正南方向出发，走30 m，左转进入东环路。

②走130 m，左转进入南环东路辅路。

③走260 m，左转进入燕平路。

④走270 m，到达终点。

也可以使用图6-2所示百度地图导航方式。

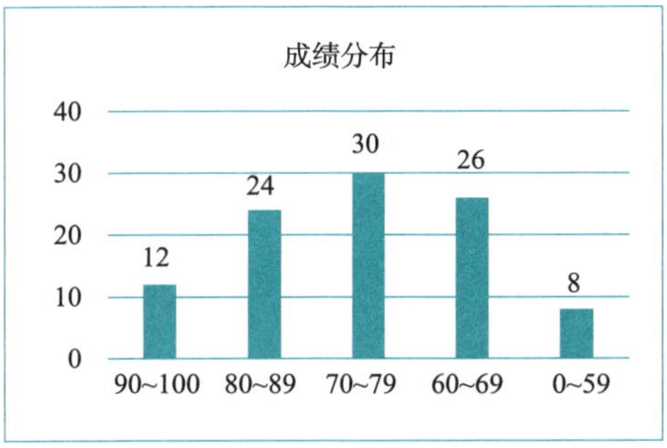

图6-1　成绩分布柱形图

图6-2　百度地图导航

对于这两个例子相信大多数人都更倾向于使用可视化的图或表的方式，因其比文字更简明、形象、直观、易懂，人类大脑对于视觉化的信息能够更好地响应和处理。根据美国哈佛商学院有关研究人员的分析资料表明，人的大脑每天通过五种感官接收外部信息的比例分别为：视觉83%、听觉11%、嗅觉3.5%、触觉1.5%、味觉1%。数据可视化（data visualization）可以简单地理解为“以图形化方式表示数据，清楚有效地将信息传达给用户，方便用户进行数据分析和决策”。下面首先介绍数据可视化涉及的基础概念和基本原理。

6.1　概　　述

6.1.1　历史发展

数据可视化是从史前时代开始的，那时候人们开发出以视觉方式表达信息的方法，绘制星空、地图和河图。可视化发展史与测量、绘画、人类现代文明的启蒙和科技的发展一脉相承。在地图、科学与工程制图、统计图表中，可视化理念与技术已经应用和发展了数百年。

我国1907年在敦煌发现的《敦煌星图》（甲本）如图6-3所示，是迄今为止存留的较古老、星数较多的星图，大约绘制于唐中宗时期，展示了从中国可见的整个北天星空，标注了约1 339颗恒星的位置，并勾勒出257个中国星群的轮廓。

欧洲从中世纪开始，人们就使用了包含等值线的地图和表示海上风向的箭头图等。如图6-4所示的《行星运动图》是人类文献中最古老的线形图，是由公元950年一位天文学家绘制的，用来描绘行星轨道随时间变化的趋势，图表中已经包含了很多现代统计图形元素：坐标轴、网格和时间序列等。

1831年起，欧洲大陆暴发了霍乱，霍乱在伦敦几度流行，当时的医学界普遍认为瘟疫是靠笼罩在伦敦上空的“瘴气”传播的。1854年，英国医生John Snow调查病例发生的地点和取水的关系，绘制了图6-5所示霍乱地图。

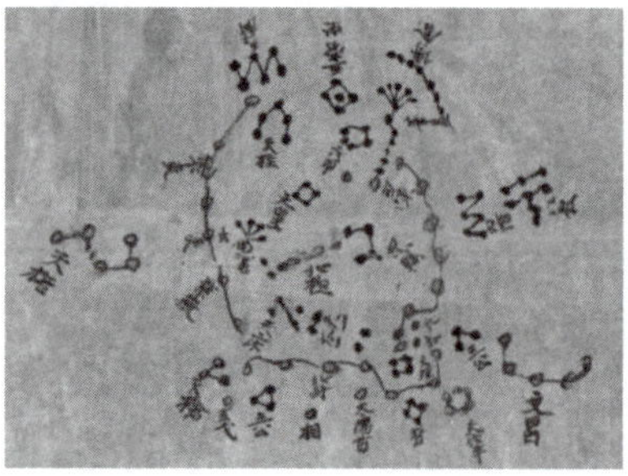

图6-3　敦煌星图（部分）

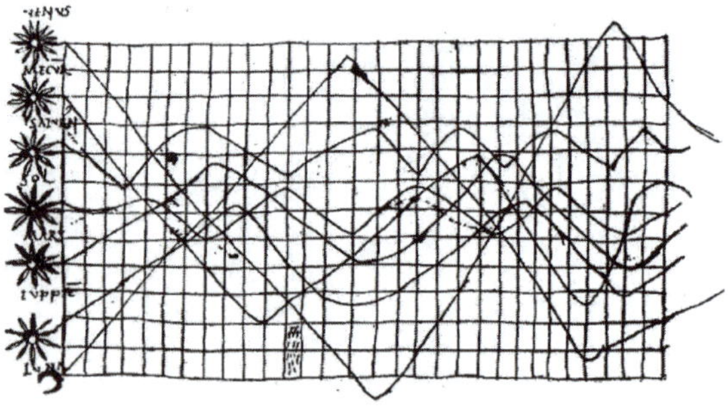

图6-4　行星运动图

图6-5　John Snow霍乱地图

进入21世纪后，传统的可视化技术难以应对海量、高维、多源和动态的数据分析挑战，出现了许多数据可视化分析工具，这些工具功能强大，能支持多种数据源，可以满足数据多维分析展示，如D3、Tableau等。图6-6所示为D3的可视化库中的Analysis数据分析模板。

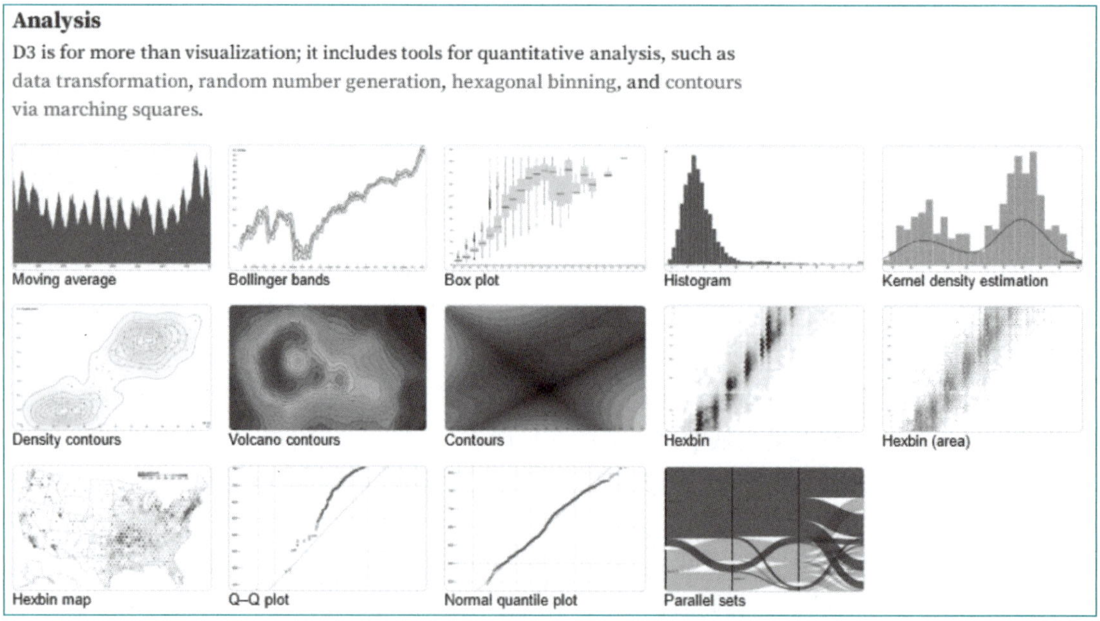

图6-6　D3 的可视化库中的Analysis数据分析模板

6.1.2　色彩空间

可视化通过颜色、尺寸、形状等要素呈现出数据的视觉效果，其中颜色是重要的元素。色彩空间又称色彩模型或色彩系统，是使用一组数值（一般是3个或4个）表示颜色的抽象数学模型。常用的色彩空间主要包括RGB色彩空间、CMYK色彩空间和HSV/HSL色彩空间等。

RGB分别代表的是三原色R（red，红）、G（green，绿）、B（blue，蓝）。RGB三原色源于1809年Thomas Young提出的视觉三原色学说。RGB色彩空间以红（R）、绿（G）和蓝（B）组成三维坐标。在三个坐标轴上分别指定一个0~255的值。三原色进行不同程度的叠加，产生丰富而广泛的颜色。如当RGB三个颜色数值都是0时，即（0, 0, 0），就出现黑色，而三个颜色数值都是255时，即（255, 255, 255），就会出现白色。颜色越加越亮，所以又称加色法。图6-7所示是RGB色彩空间的颜色表示形式。

RGB模型是一种自发光的色彩模型，如太阳和显示器，在一间黑暗的无光的房间内仍然可以看见屏幕上的内容。RGB模型一般依赖于设备，不同的显示器显示同一图像，可能有不同的色彩显示结果，不同的扫描仪扫描相同的图像，也会得到不同的图像数据。RGB色彩空间适合于显示系统，不适合于图像处理。

CMY和CMYK色彩空间通常用于彩色打印。CMY色彩空间使用青色（cyan）、洋红或者品红色（magenta）和黄色（yellow）作为其主要颜色，红色、绿色和蓝色是辅助颜色。图6-8所示为CMY色彩空间的颜色表示形式。

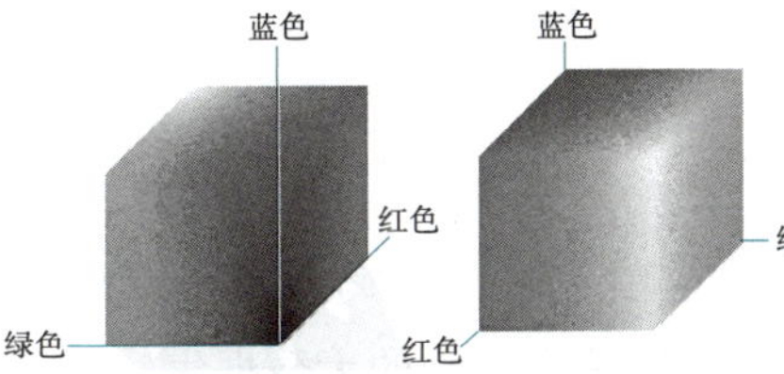

图6-7　RGB色彩空间的颜色表示形式

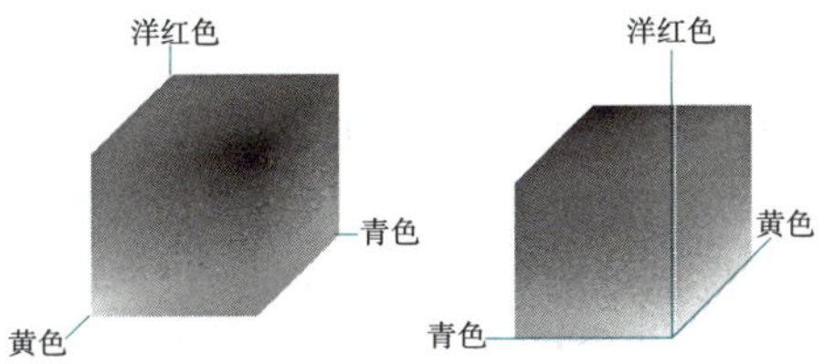

图6-8　CMY色彩空间的颜色表示形式

彩色图

扫码看彩色图片

CMY色彩空间白色为（0.0, 0.0, 0.0），黑色为（1.0, 1.0, 1.0）。从白色开始，平均减去所有颜色，最终可以得到黑色，所以又称减色法。

CMYK色彩空间是CMY的变体，增加的K代表黑色（black）。因为在实际应用中，青色、洋红色和黄色很难叠加形成真正的黑色，因此才引入了K黑色。黑色的作用是强化暗调，加深暗部色彩。

CMY和CMYK可以独立于设备，是自身不发光的，依靠反光的颜色模型。当阳光照射到一个物体上时，这个物体将吸收一部分光线，并将剩下的光线进行反射，反射的光线就是看见的物体颜色，这是与RGB的加色模型本质不同之处。

HSV/HSL/HSB色彩空间通常是艺术家使用的，即色调（hue）、饱和度（saturation）、亮度（value/lightness/brightness）。HSV以人类更熟悉的颜色、深浅和明暗要素表达颜色的信息。色调又称色相，就是人们通常认为的颜色，如“红色”或“蓝色”。饱和度又称色彩纯净度，是衡量颜色与相同亮度灰色的不同程度，即颜色的深浅或纯度，饱和度越高则色彩越纯，低则逐渐变灰。亮度也称明度，表示色彩的明暗程度。

与RGB模型相比，色调H对应RGB值，饱和度S是RGB中最大值和最小值的差值与最大值的比值。设RGB_{Max}=max(R, G, B)，RGB_{Min}=min(R, G, B)，那么$S=(RGB_{Max}-RGB_{Min})/RGB_{Max}$。亮度V

就是RGB值中最大的那个值进行归一化，即V=max(R, G, B)/255。

在图像处理中使用较多的是HSV颜色空间，它比RGB更接近人们对彩色的感知经验，能够非常直观地表达颜色的色调、鲜艳程度和明暗程度，方便进行颜色的对比。

6.1.3 图表类型

数据如何才能高效、容易理解地展示出来，这就需要选择与数据之间内在关系适合的可视化方式展示。数据与数据之间通常包含四种相关关系：构成、比较、分布和联系。构成关系主要关注各个部分所占整体的百分比，如表达“份额”“百分比”等。比较关系可以展示事物的排列顺序，如“大于”“小于”“大致相当”“随着时间变化”都是比较关系中的关键词。分布关系关注各数值范围内各包含数据的个数，如“频率”“分布”等。联系关系主要查看两个变量之间是否表达出我们预期的模式，如“与……有关”“随……而增长”“随……而不同”等。不同相关关系类型图表选择参考如图6-9所示。

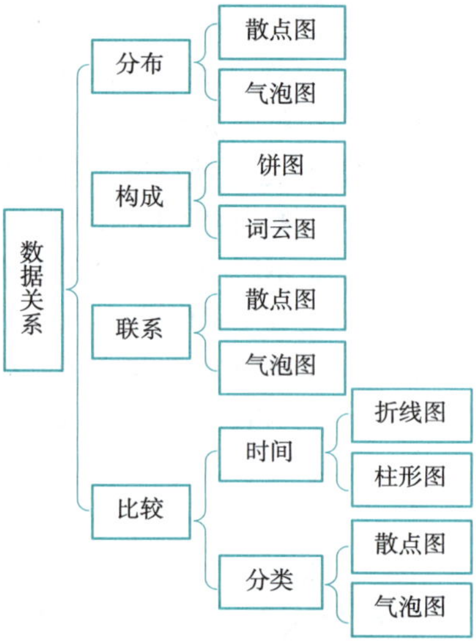

图6-9 不同相关关系类型图表选择参考

下面介绍数据可视化中几种基本图表类型的概念，包括折线图、柱形图、饼图、散点图、气泡图、雷达图、箱形图和词云图等。

1. 折线图

折线图（line chart）一般用于显示随着时间变化的连续数据，将同一数据系列的数据点在图上用直线连接起来，通常类别数据沿横坐标轴均匀分布，数值沿垂直轴均匀分布，因此比较适用于显示在相等时间间隔下的数据变化趋势。折线图适合二维的大数据集，尤其是那些趋势比单个数据点更重要的场合。图6-10所示为Excel绘制的北京市一周气温变化图。

2. 柱形图

柱形图（bar chart）的适用场合是二维数据集，即每个数据点包含x、y两个方向值。柱形图通常沿水平轴组织类别，沿垂直轴组织数值，利用柱子的高度，反映数据的差异。由于肉眼对高度差异很敏感，柱形图辨识效果非常好，也容易解读，但柱形图的局限在于只适用于中小规模数据集。图6-11所示为Excel绘制的某公司的分公司季度销售额柱形图。

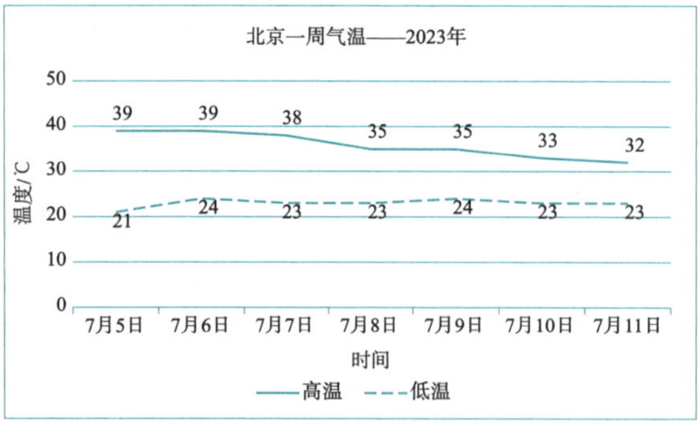

图6-10 北京市一周气温变化折线图

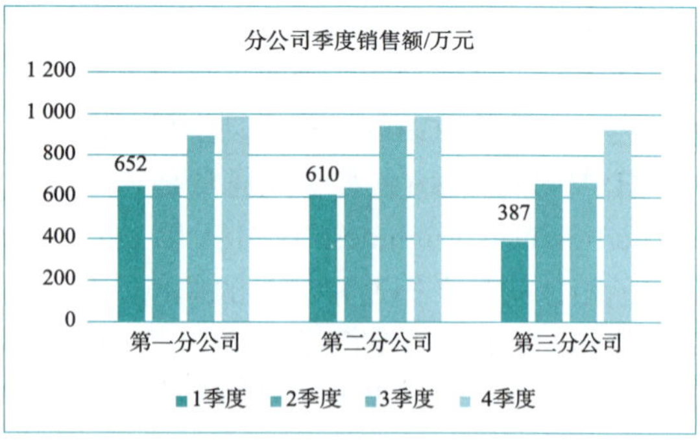

图6-11 分公司季度销售额

3. 饼图

饼图（pie chart）是一个划分为几个扇形的统计图表，又称扇形图。饼图中每个扇形的弧长（以及圆心角和面积）大小，表示不同的分类占总体的百分比情况，且这些扇形合在一起恰好是一个完整的圆形。饼图的优点是可以直观地显示各分类占总体的分布情况，最显著的功能在于表现“占比”。饼图在实际应用中应尽量避免使用饼图，因为肉眼对面积的大小不敏感，而且分类过多时也有效果不明显的局限。

圆环图（doughnut chart）属于饼图的一种可视化变形，是数据可视化中最常见的图形之一，用于观测各类数据大小以及占总数据的比例，显示了各个部分与整体之间的关系。图6-12所示为Excel绘制的成绩分布饼图和圆环图。

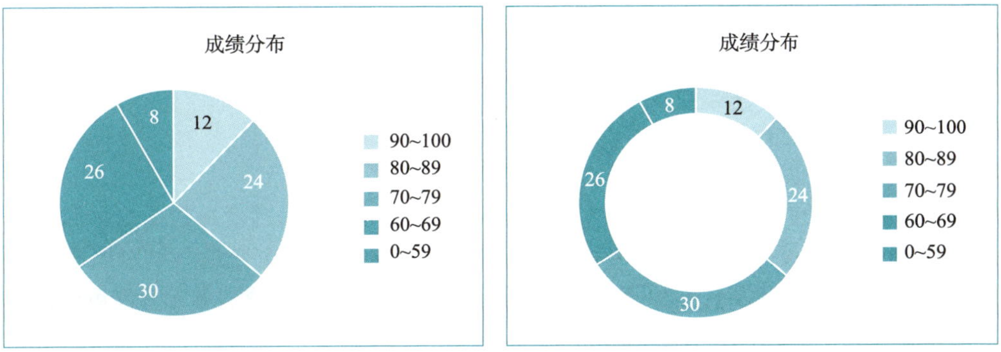

图6-12　成绩分布饼图和圆环图

4. 散点图

散点图（scatter plot）有两个数值轴，即两组数字中的一组数字表示为x轴上对应的值，另一组数字表示为y轴上对应的值，一个散点有x值和y值两个坐标值。一般情况下，散点图用这些数值构成多个坐标点，通过观察坐标点的分布，即可判断变量间是否存在关联关系，以及相关关系的强度。图6-13所示为Excel绘制的身高体重散点图。

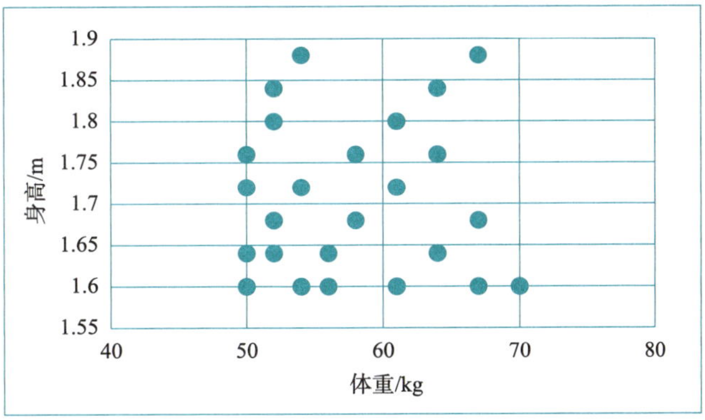

图6-13　身高体重散点图

5. 气泡图

气泡图（bubble chart）是散点图的一种变体，它可以反映三个变量的关系，对应到气泡图中就是气泡的坐标和面积大小，这样就解决了在二维图中比较难以表达三维关系的问题。图6-14所示为Excel绘制的上海软科大学排行榜主榜2024前十名院校的气泡图。本文选择“人才培养”“科学研究”“总分”三个指标数据，其中x轴为学校人才培养指标项数据值，y轴为科学研究指标项数据值，气泡的面积为总分指标项数据值。

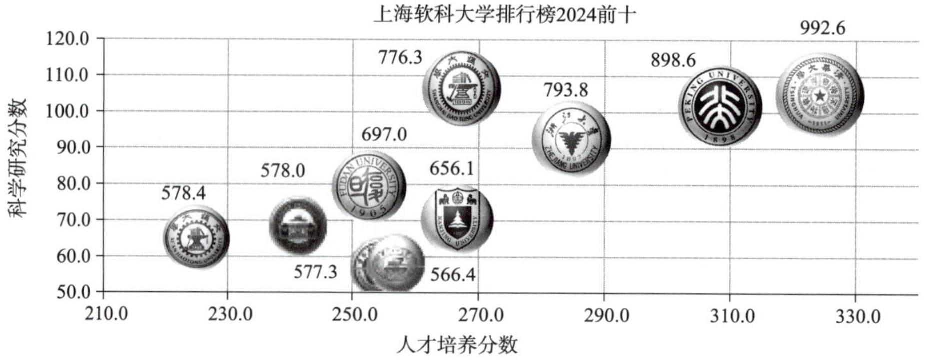

图6-14　上海软科大学排行榜主榜2024前十名

6. 雷达图

雷达图（radar chart）又称蜘蛛网图（spider chart），是一种显示多变量数据的图形方法。通常从同一中心点开始等角度间隔地射出三个以上的轴，每个轴代表一个变量。可以用来在变量间进行对比，或者查看变量中有没有异常值。图6-15所示为Excel绘制的加德纳多元智能测试雷达图。

7. 箱形图

箱形图（boxplot chart）又称盒须图，本书第3章数据采集与预处理中已经论述过，此处不再重复。

8. 词云图

“词云”的概念最早是美国西北大学里奇戈登（rich Gordon）提出。词云又称文字云、标签云（tag cloud）、关键词云（keyword cloud），是文本数据的一种可视化展现方式。词云图（word cloud）一般是由文本数据中提取的词汇组成某些彩色图形，直观地表示了每个词汇在相应文本数据中的词频分布，通过使用不同的颜色和大小来表示不同级别的相对重要性，字体越大越显眼，对应的词汇被提及频率越高。浏览者只要一眼扫过词云图就可以大致领略到文本所表达的主旨。图6-16所示为通过Python编程实现的中国石油大学（北京）学校简介词云图。

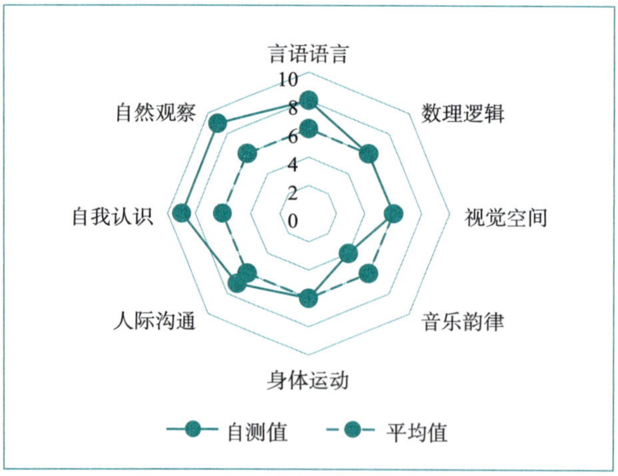

图6-15　加德纳多元智能测试雷达图

图6-16　中国石油大学（北京）学校简介词云

6.1.4 可视化工具

很多工具都可以做数据可视化，后续内容节将详细介绍使用Excel和Python进行可视化实践。除此之外，比较常用的可视化工具还有如下几种：

1. Echarts

Echarts（enterprise charts），商业级数据图表，是百度开源的一个数据可视化工具，于2018年捐赠给Apache基金会。Echarts是一款基于JavaScript的图表库，能够在PC端和移动设备上流畅运行，兼容当前绝大部分浏览器，提供直观、生动、交互，满足个性化定制的数据可视化图表，提供各行业多种图表模板满足各种需求。Echarts提供常规的折线图、柱形图、散点图、饼图、K线图，用于统计的盒形图，用于地理数据可视化的地图、热力图、线图，用于关系数据可视化的关系图、treemap、旭日图，多维数据可视化的平行坐标，还有用于BI的漏斗图、仪表盘，并且支持图与图之间的混搭。图6-17所示为Echarts官网的示例。

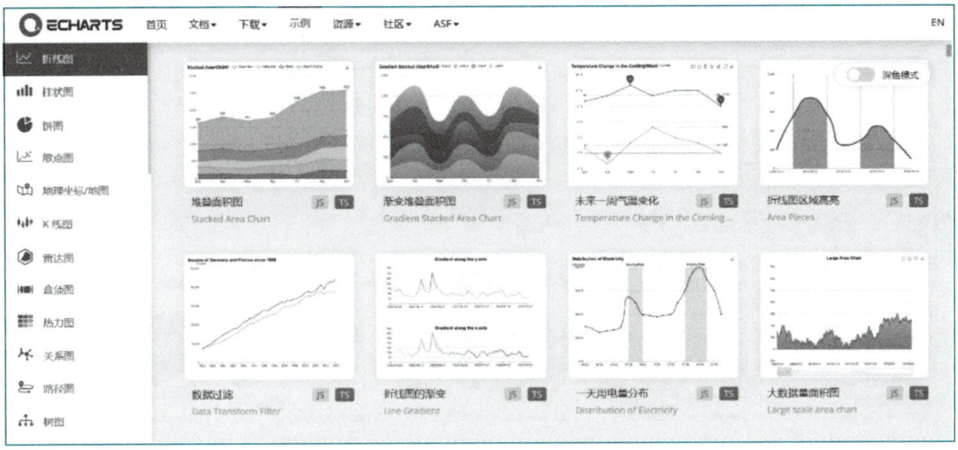

图6-17 Echarts官网示例

2. Tableau

Tableau是一款数据分析商用软件，使用简单，通过数据的导入，结合数据操作，即可实现数据分析，并生成可视化的图表直接展现给人们。Tableau成立于2003年，是斯坦福大学一个计算机科学项目的成果，共同创始人是Chris Stolte、Pat Hanrahan和Christian Chabot。

作为可视化分析平台，Tableau的最大特点是简单、易用，使用者不需要精通复杂的编程和统计原理，只需要把数据直接拖放到工作簿中，通过一些简单的设置就可以得到自己想要的数据可视化图形。与Python相比，Tableau非常容易学习，对编码不了解的用户也可以快速学习Tableau。图6-18所示为部分Tableau仪表板展示。

3. D3

D3（data driven documents）是2011年由斯坦福大学Mike Bostock与导师Jeffery Heer、Vadim Ogievetsky开发的专门用于数据可视化的JavaScript函数库。作为一款网页端数据可视化工具，D3能够提供类型丰富的图表，几乎可以满足所有开发需求，帮助开发者快速构建各种类型的数据可视化图表。初学D3会感觉难度较大，因为除了对D3的学习还需要了解较多Web相关知识，如HTML、CSS、JavaScript、SVG、Canvas等，但因其功能强大而灵活，D3值得深入学习研究。图6-19所示为D3可视化库中的Animation动画模板。

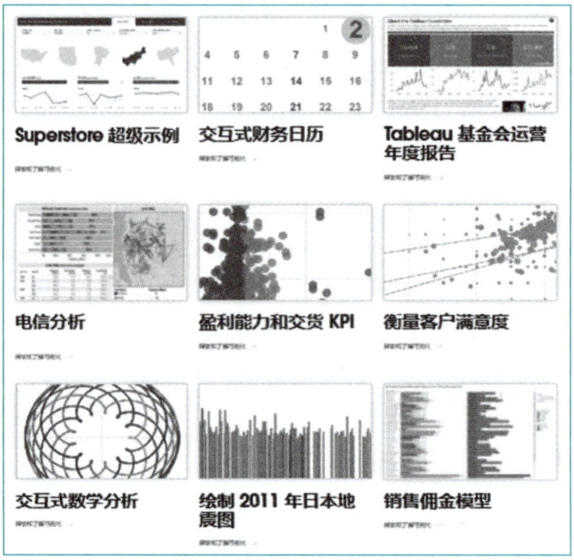

图6-18　部分Tableau仪表板展示

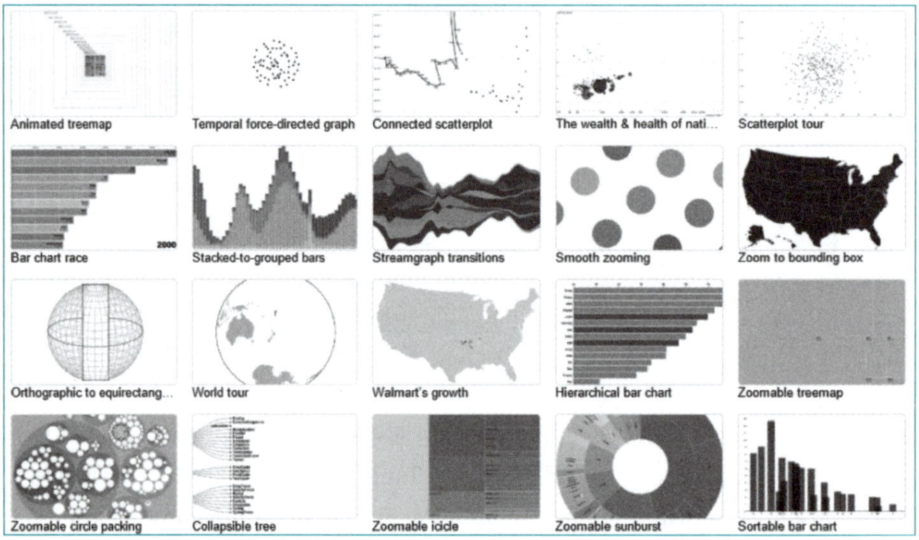

图6-19　D3 可视化库中的Animation动画模板

4. Google Charts

Google Charts也是一款网页端数据可视化工具，以HTML5和SVG为基础，从简单的折线图到复杂的分级树状图，图表库里提供了海量的模板，可为网站提供完美的数据可视化处理。主要特点是兼容所有主流浏览器和移动平台（如Android和iOS），可免费用于非商业用途，创建动画图形简单、易于使用，是面向非程序员的数据可视化工具。

5. Power BI

Power BI（business intelligent）是Microsoft提供的基于云的业务分析和智能服务，是商业智能和数据可视化工具的集合。Power BI对个人用户是免费的，学习成本低，易于上手。

Power BI可以对来自不同系统的数据进行提取、清理、整合、汇总、分析、可视化展示，能实现数据分析的所有流程，帮助个人或企业对数据进行分析，做出正确的决策。Power BI的数据源可以是Excel、CSV、MySQL等，也可以是基于云和本地混合数据仓库的集合。Microsoft提供三种类型的Power BI平台：Power BI Desktop（桌面应用程序）、Power BI Service（SaaS，软件即服务）和Power BI Mobile（适用于iOS、Android和Windows 10移动设备）。

6.2　Excel 可视化

本节主要介绍在Excel中如何绘制基本图形，如折线图、柱形图、饼图、散点图、气泡图、雷达图和箱形图，最后介绍比较综合性的图表供读者参考。本节简单说明操作过程，具体操作步骤可参考本书配套资源的电子Excel表格文件和视频讲解。

6.2.1　折线图

表6-2中数据为两个班级所有同学每周完成3 km跑总次数，对应折线图如图6-20所示。

表6-2　每周完成3 km跑总次数

班级	1周	2周	3周	4周	5周	6周	7周	8周
一班	23	20	34	12	56	33	23	35
二班	35	38	41	53	36	39	66	60

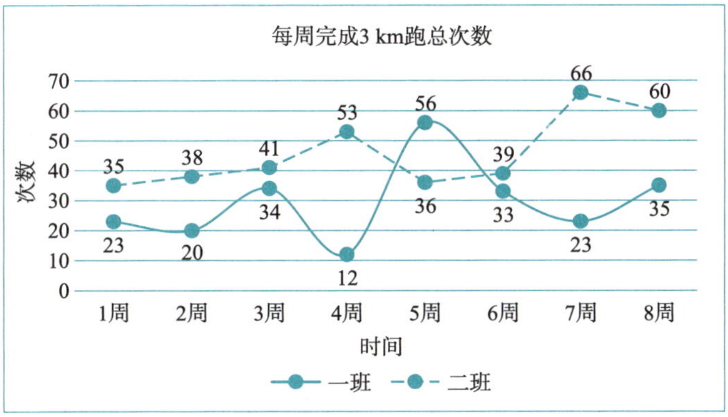

图6-20　Excel折线图

操作步骤如下：

①准备表6-2所示数据（输入或者直接打开本书配套电子资源的Excel例子.xlsx中的折线图sheet复制数据，后续Excel图表例子可类似操作）。

②选择数据区域，插入折线图。

③修改图表标题、设置字体字号。

④一班数据为平滑曲线，可通过图6-21所示，选中一班数据线并右击，在弹出的快捷菜单中选择“设置数据系列格式”命令，打开“设置数据系列格式”任务窗格，在“填充与线条”选项卡下端选择“平滑线”复选框即可。

⑤选中图表，如图6-22所示，单击右上方的 + 按钮，在弹出的菜单中选择“数据标签”命令，可以在折线上显示数据值，还可以设置显示位置，如居中、左右、上下等。

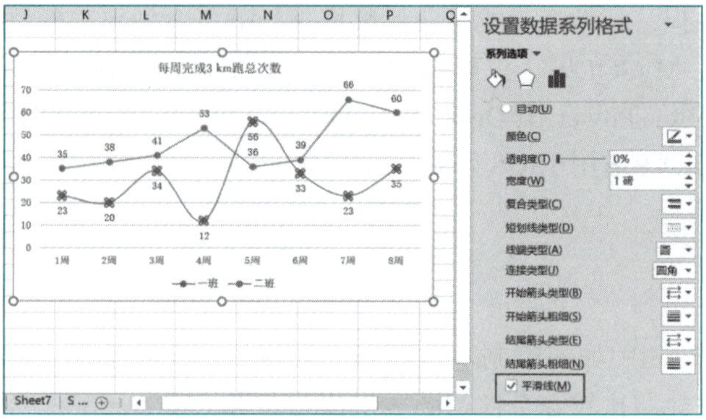

图6-21 Excel折线图-设置平滑线

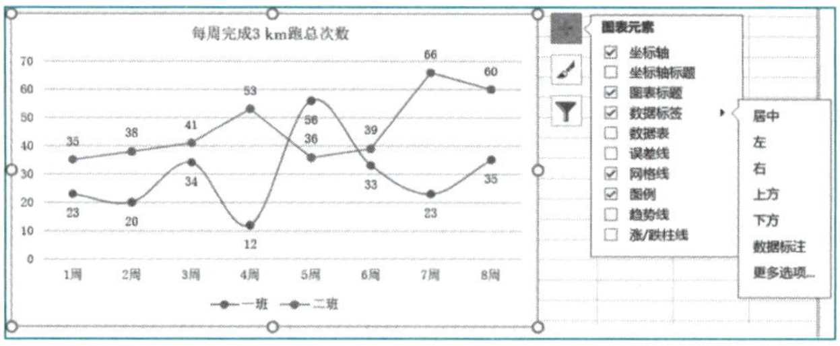

图6-22 Excel折线图-设置数据标签

6.2.2 柱形图

表6-3所示数据为某公司旗下三个分公司某年四个季度的销售额（单位：万元），对应柱形图如图6-23所示。

操作步骤如下：

①准备表6-3所示数据。

②选择数据区域，插入柱形图。

③修改图表标题、设置字体字号。

④图中只设置了1季度的数据标签，选中图中1季度数据，单击右上方的 + 按钮，在弹出的菜单中选择“数据标签”命令，可以在指定图形上显示数据值。

表6-3 某公司四个季度销售额

部门	第一季度	第二季度	第三季度	第四季度
第一分公司	652	653	896	987
第二分公司	610	645	943	989
第三分公司	387	664	670	927

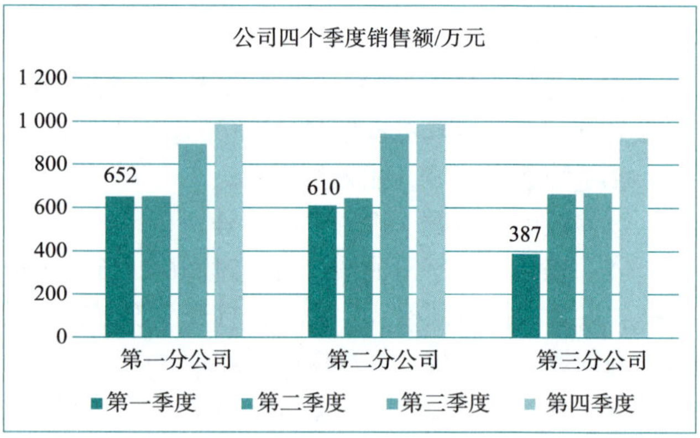

图6-23 Excel柱形图

6.2.3　饼图

表6-4中的数据为一个家庭开销占比的模拟数据，对应饼图如图6-24所示。

表6-4　家庭的开销

衣	食	住	行	父	母	孩子
18%	21%	30%	10%	4%	5%	12%

操作步骤如下：

①准备表6-4所示数据。

②选择数据区域，插入二维饼图中的复合饼图。

③修改图表标题、设置字体字号。

④单击右上方的+按钮，在弹出的菜单中选择“数据标签”→“更多选项”命令，打开“设置数据标签格式”任务窗格。在“标签选项”选项卡中选中“类别名称”复选框，指定“分隔符”为“分行符”，如图6-25所示。

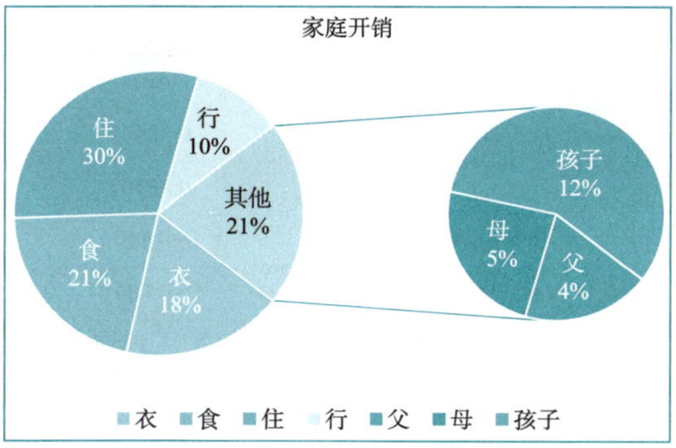

图6-24　家族开销饼图

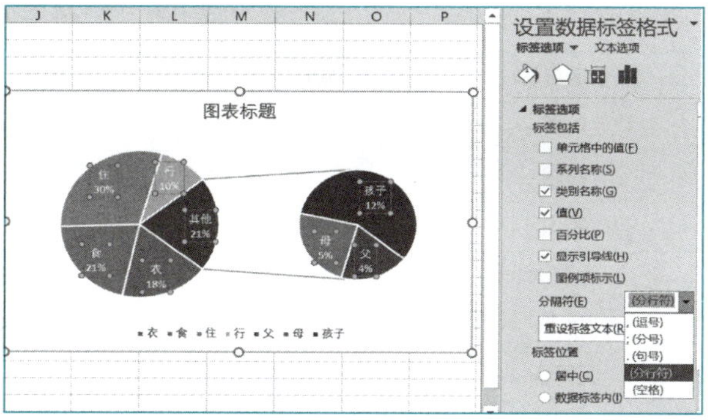

图6-25　Excel饼图-设置类别名称

6.2.4　散点图

表6-5中数据为一个线性方程$y=0.889\,9x+0.886\,6$的模拟数据，对应散点图如图6-26所示。

表6-5　模拟数据

x	0.1	0.2	0.3	0.4	0.5	0.6	0.7	0.8	0.9	1	1.1	1.2	1.3	1.4	1.5	1.6	1.7	1.8	1.9	2
y	0.97	1.1	1.4	1.1	1.2	1.3	1.5	1.8	1.5	1.6	1.7	2.1	2.3	1.9	1.6	2.1	2.1	2	2.2	2.2

操作步骤如下：

①准备表6-5所示数据。

②选择数据区域，插入散点图。

③设置字体字号。

④单击右上方的+按钮，在弹出的菜单中选择“趋势线”命令，可以对数据进行多种方式预测，本例中为线性预测。设置过程参考图6-27。

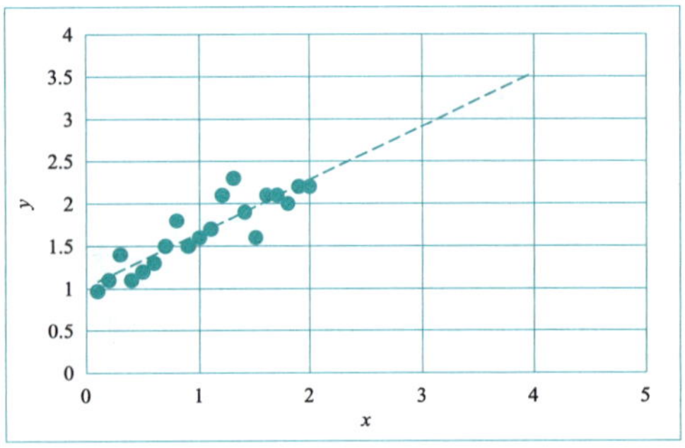

图6-26　Excel散点图

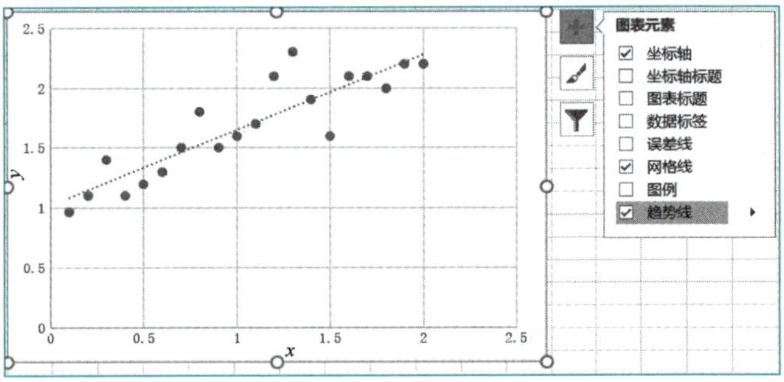

图6-27　Excel散点图-设置趋势线

*6.2.5　气泡图

气泡图是散点图的一种特殊形式，表6-6中数据为2024年热门景区前10名，第一列为景区名称，第二列为对应搜索占比，第三列角度、第四列x和第五列y为绘制气泡图辅助数据。

表6-6　2024年热门景区前10名

景区名称	搜索占比	角度/（°）	x	y
长城	8.9	0	0.58779	0.80902
西湖	8.72	36	0.95106	0.30902
黄山	8.66	72	0.95106	−0.309
九寨沟	7.65	108	0.58779	−0.809
故宫	7.31	144	1.2E−16	−1
兵马俑	6.16	180	−0.5878	−0.809
桂林	5.12	216	−0.9511	−0.309
丽江	4.89	252	−0.9511	0.30902
张家界	3.73	288	−0.5878	0.80902
三峡	3.26	324	0	1

要将10个景区绘制到一个圆形曲线上，需要计算绘制位置。角度列为每个气泡平均所占角度，一共10个景区，角度值从0° 开始，依次增加360° /10=36° ，所以第一行长城对应数值为0，后每行列依次比上一行增加36° 。列x和列y为计算相应位置坐标，x=SIN(RADIANS(对应角度列下一单元格值))，y=COS(RADIANS(对应角度列下一单元格值))，如图6-28所示，公式均可填充柄快速填充。

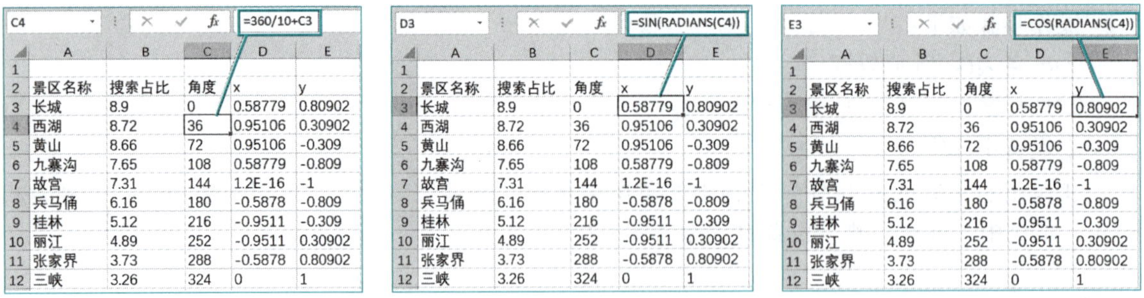

	A	B	C	D	E
1					
2	景区名称	搜索占比	角度	x	y
3	长城	8.9	0	0.58779	0.80902
4	西湖	8.72	36	0.95106	0.30902
5	黄山	8.66	72	0.95106	-0.309
6	九寨沟	7.65	108	0.58779	-0.809
7	故宫	7.31	144	1.2E-16	-1
8	兵马俑	6.16	180	-0.5878	-0.809
9	桂林	5.12	216	-0.9511	-0.309
10	丽江	4.89	252	-0.9511	0.30902
11	张家界	3.73	288	-0.5878	0.80902
12	三峡	3.26	324	0	1

图6-28　Excel角度、x、y坐标计算示例

操作步骤如下：

①准备表6-6所示数据，为方便插入气泡图，按图6-29所示调整复制列顺序。

②选择数据区域右侧x、y、搜索占比三列数据，插入散点图→气泡图。

③修改图表标题、设置字体字号、删除坐标轴，拉伸图表近似成正方形。

④选中气泡图并右击，在弹出的快捷菜单中选择“设置数据系列格式”命令，如图6-30所示。将“缩放气泡大小”设置为合适数值，本例中为60。

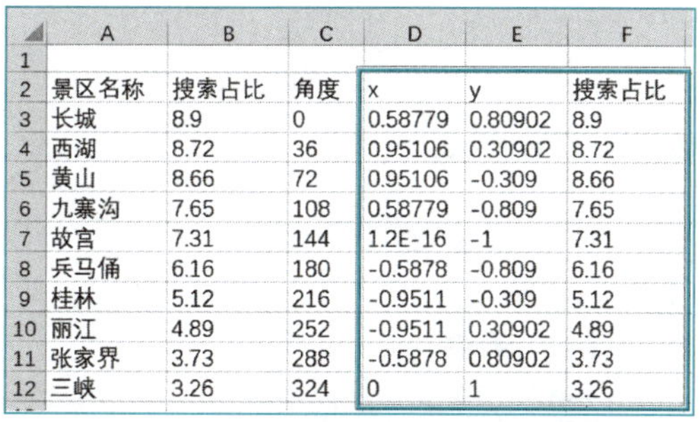

	A	B	C	D	E	F
1						
2	景区名称	搜索占比	角度	x	y	搜索占比
3	长城	8.9	0	0.58779	0.80902	8.9
4	西湖	8.72	36	0.95106	0.30902	8.72
5	黄山	8.66	72	0.95106	-0.309	8.66
6	九寨沟	7.65	108	0.58779	-0.809	7.65
7	故宫	7.31	144	1.2E-16	-1	7.31
8	兵马俑	6.16	180	-0.5878	-0.809	6.16
9	桂林	5.12	216	-0.9511	-0.309	5.12
10	丽江	4.89	252	-0.9511	0.30902	4.89
11	张家界	3.73	288	-0.5878	0.80902	3.73
12	三峡	3.26	324	0	1	3.26

图6-29　Excel气泡图数据列示例

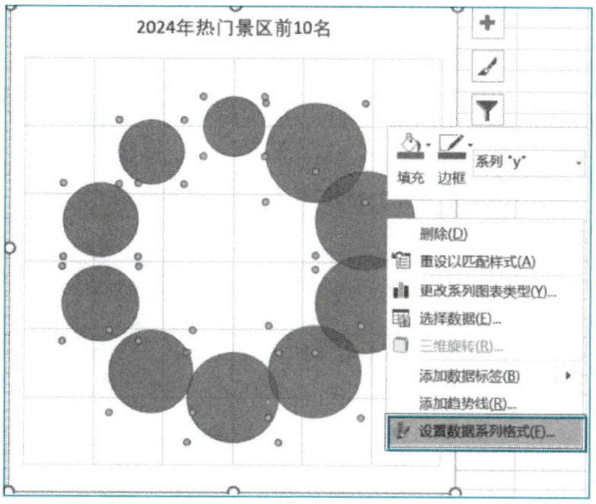

图6-30　Excel气泡图-设置数据系列格式

⑤再选中气泡图并右击，在弹出的快捷菜单中选择“添加数据标签”→“添加数据标签”命令，如图6-31所示，得到图表如图6-32所示。

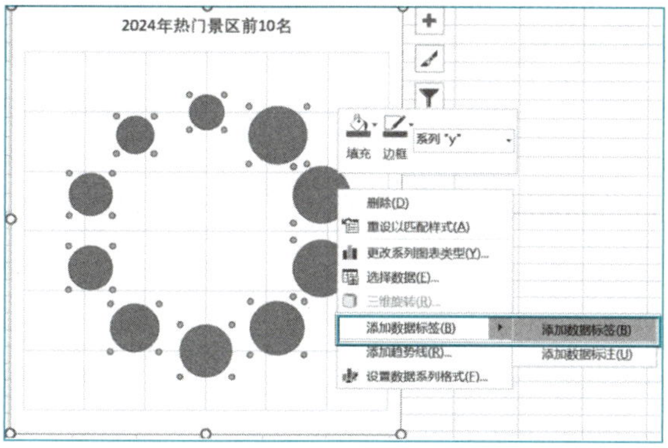

图6-31　Excel气泡图-添加数据标签

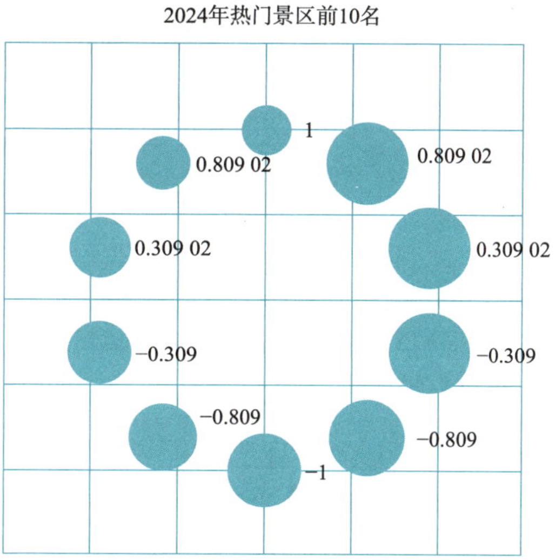

图6-32　Excel气泡图-添加数据标签后的图表

⑥选中图表中的数字标签，按照图6-33所示设置数据标签格式，在“标签选项”区域取消勾选“Y值”复选框，选中“气泡大小”复选框；再选择“单元格中的值”复选框，选择数据范围是景区名称列（即“长城”到“三峡”范围），标签位置“居中”即可得到图6-34所示气泡图。

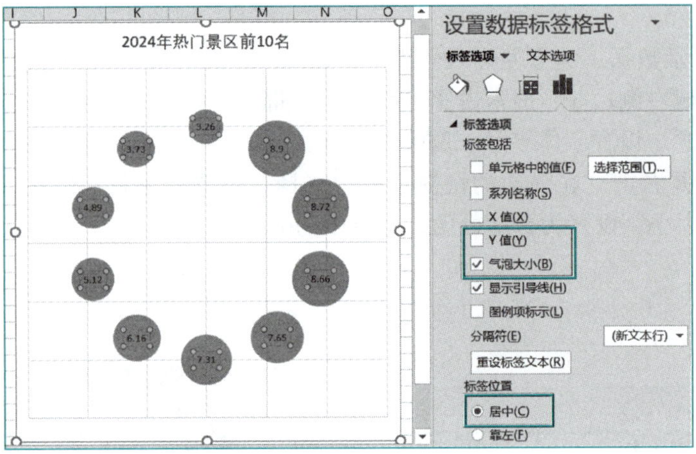

图6-33　Excel气泡图添加数据标签后的图表

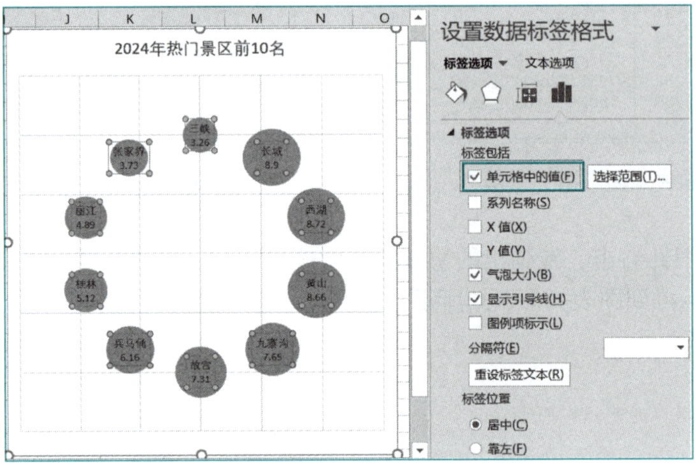

图6-34　Excel气泡图

6.2.6　雷达图

乒乓球运动员马龙被称为“六边形战士”，表6-7中数据为马龙的乒乓球六项技能技术统计和小朵进行数据对比。

表6-7　乒乓球技能

	力量	速度	技巧	发球	防守	经验
马龙	5	5	5	5	5	5
小朵	3	2	1	2	1	3

表6-7对应雷达图如图6-35所示。

操作步骤如下：

①准备表6-7所示数据。

②选择数据区域，插入雷达图。

③修改图表标题、设置字体字号。

④选中图例并右击，在弹出的快捷菜单中选择“设置图例格式”命令，图例位置选择“靠右”。

⑤如图6-36所示，选中外层蓝色线并右击，在弹出的快捷菜单中选择“设置数据序列格式”，单击“线条”右侧“标记”，展开“数据标记选项”，按图示设置标记类型和大小，再设置“边框”区域的“短划线类型”，选择虚线即可得到图示雷达图。

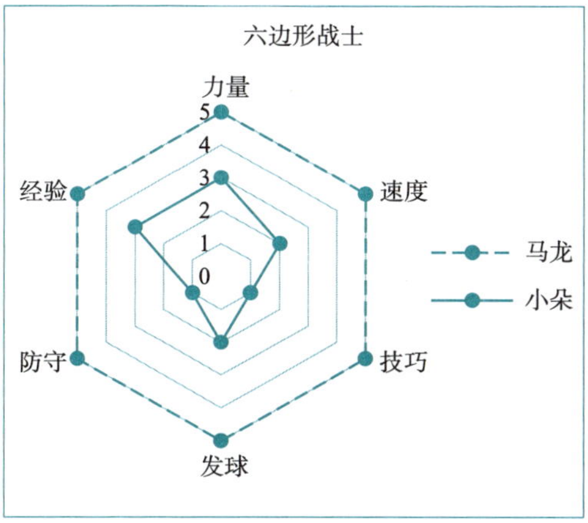

图6-35　Excel雷达图

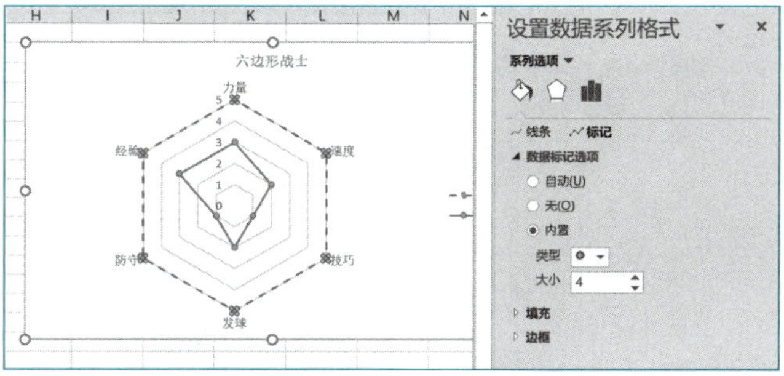

图6-36　雷达图

6.2.7　箱形图

表6-8中数据为初中男生的身高体重数据，计算BMI指数，对应箱形图如图6-37所示。

表6-8　初中男生身高体重

序号	身高/m	体重/kg	BMI	序号	身高/m	体重/kg	BMI
1	1.61	60.7	23.41731	8	1.71	59.6	20.38234
2	1.62	53.5	20.38561	9	1.72	68.1	23.0192
3	1.5	50.2	22.31111	…	…	…	…
4	1.64	56.2	20.8953	18	1.83	72.6	21.67876
5	1.66	53.8	19.52388	19	1.84	80.6	23.80671
6	1.68	65	23.03005	20	1.85	80.3	23.46238
7	1.7	58.8	20.34602				

表中身高体重为模拟数据，BMI指数根据公式bmi=体重/身高^{2}计算得出。操作步骤如下：

①准备表6-8所示数据。

②选择数据区域BMI列，插入箱形图。

③修改图表标题、设置字体字号、删除无关标签。

④为合理展示图形，可以设置坐标范围。选中图表中的箱形图并右击，在弹出的快捷菜单中选择“设置数据系列格式”命令，在“系列选项”中选择“垂直数值轴”，设置最小值为15，再调整图表宽度至合适数值即可。设置过程参考图6-38和图6-39。

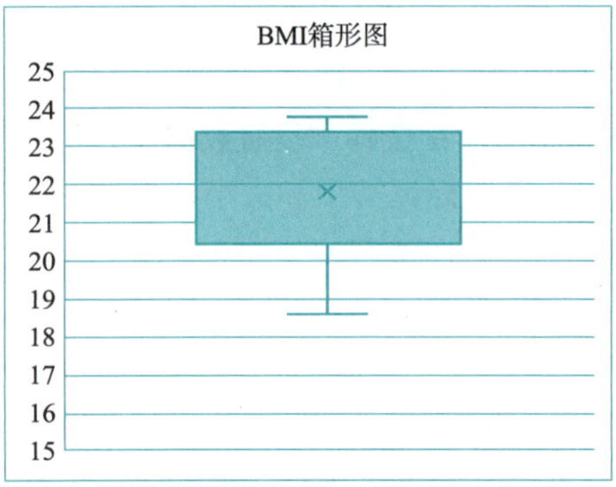

图6-37　初中男生BMI指数箱形图

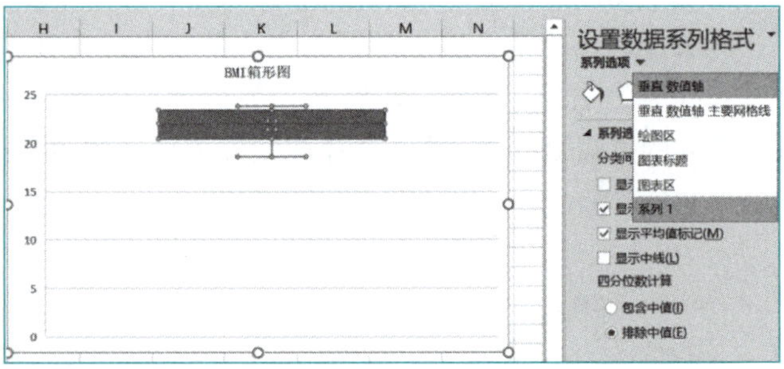

图6-38　Excel箱形图-设置垂直数据轴

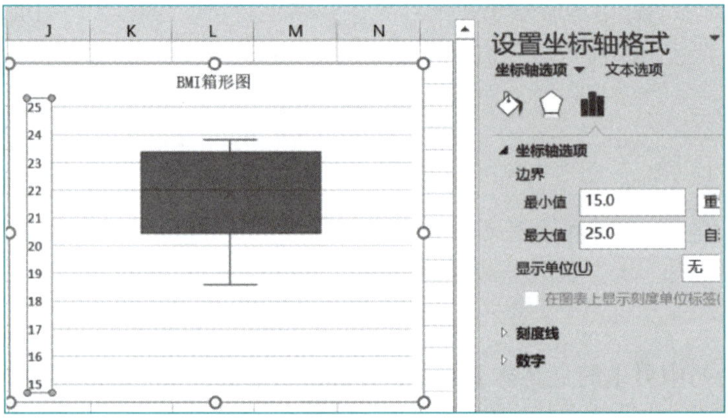

图6-39　Excel箱形图-设置垂直数据轴最值

6.2.8　人口金字塔图

国家统计局第七次人口普查于2020年开展，普查标准时点是2020年11月1日零时。2021年5月11日，第七次全国人口普查结果公布，下面模拟实现类似第7次人口普查数据中2020年的普查人口金字塔图，图6-40所示为发布的2020年性别比例金字塔图。

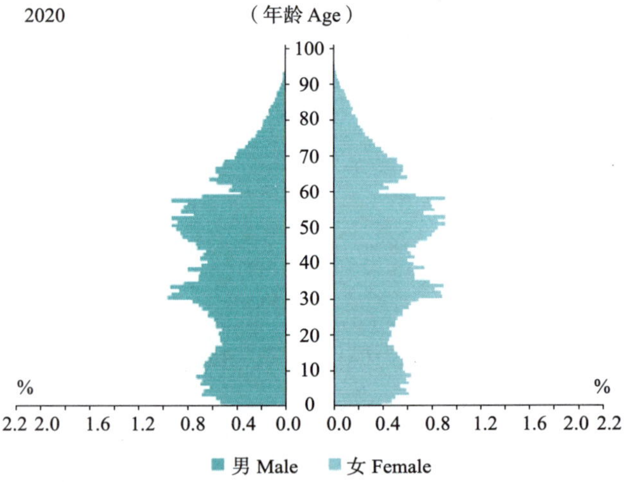

图6-40　2020年人口性别比例金字塔

模拟实验数据来自国家统计局官网第六次人口普查，选择数据为“3-1全国分年龄、性别的人口”。复制数据粘贴到Excel中。选取有效数据列为年龄，男、女人口数，见表6-9。

这里使用堆积条形图绘制人口金字塔图。为合理展现数据，需要对数据进行预处理，使得男女人数分别显示在两侧，可设置性别为男的人数采用负数的形式，即对表6-9处理后格式见表6-10。

表6-9　第六次人口普查全国分年龄、性别表

年龄	男	女
0	7 461 199	6 325 235
1	8 574 973	7 082 982
2	8 507 697	7 109 678
⋮	⋮	⋮
99	12 384	25 847
100岁及以上	8 852	27 082

表6-10　第六次人口普查全国分年龄、性别表（预处理后）

年龄	男	女
0	−7 461 199	6 325 235
1	−8 574 973	7 082 982
2	−8 507 697	7 109 678
⋮	⋮	⋮
99	−12 384	25 847
100岁及以上	−8 852	27 082

操作步骤如下：

①准备表6-10所示数据。

②选择数据区域，插入簇状条形图。

③修改图表标题、设置字体字号、删除无关标签即可得到图6-41所示人口金字塔图。

除簇状条形图外，还可以插入折线图，效果如图6-42所示。

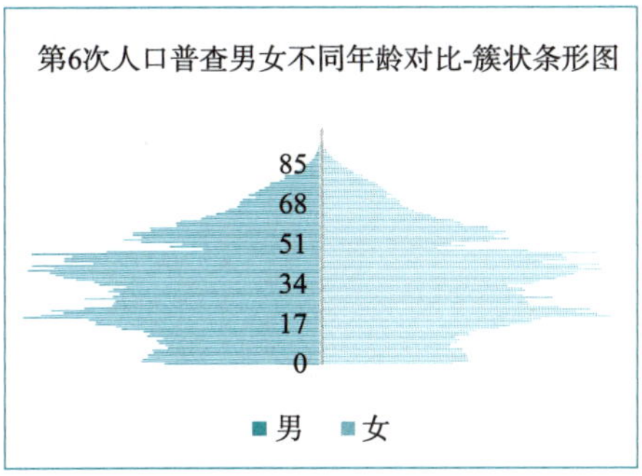

图6-41　人口金字塔簇状条形图

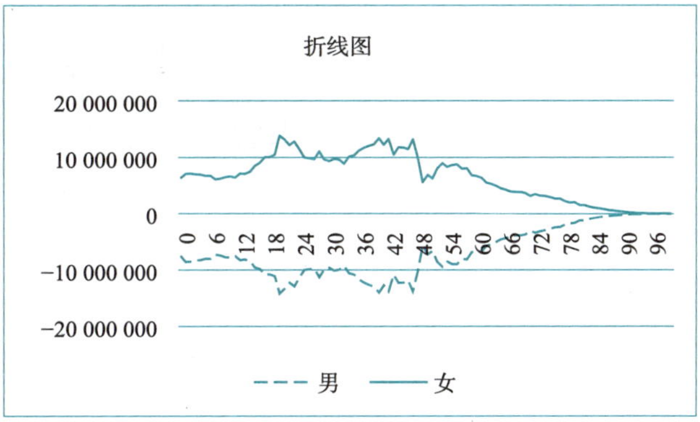

图6-42　人口折线图

还可以插入散点图，效果如图6-43所示。

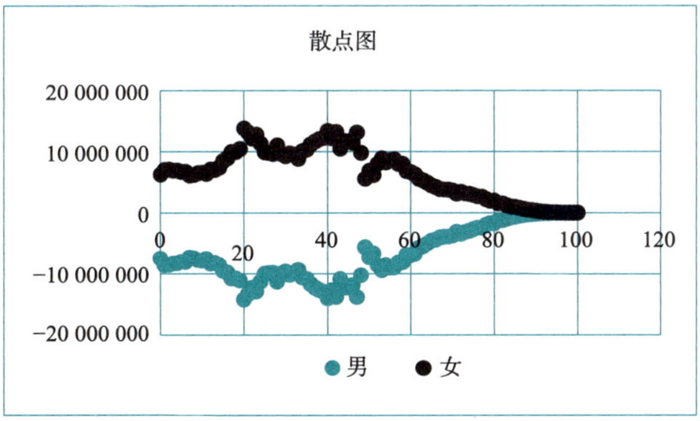

图6-43　人口散点图

还可以插入簇状柱形图→折线图组合图，效果如图6-44所示。

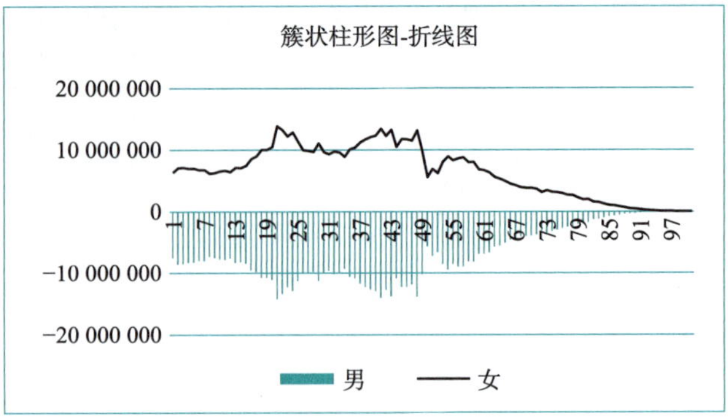

图6-44　人口簇状柱形图-折线图组合图

还可以插入堆积面积图→簇状柱形图组合图，效果如图6-45所示。更多更有趣的图表读者自己可去开发。

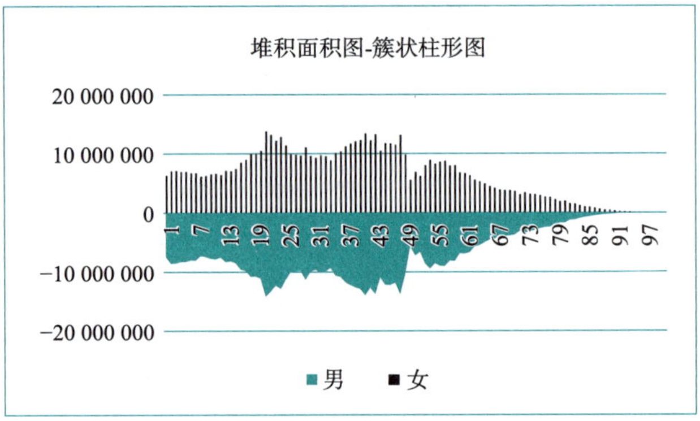

图6-45　人口堆积面积图-簇状柱形图组合图

6.2.9　条件格式

Excel的条件格式可以通过数据条、色阶和图标集三个功能丰富的数据图形化展示形式。下面以温度为例，数据见表6-11，分别使用数据条、色阶和图标集三种形式对表格进行可视化的处理。

表6-11　8城市2023年7月12日最低气温

城市	最低气温/℃	城市	最低气温/℃
北京	22	西安	25
广州	27	三亚	24
哈尔滨	18	济南	24
乌鲁木齐	16	银川	19

（1）数据条

图6-46所示为条件格式中使用数据条进行可视化，下面按图中从左到右顺序依次说明。首先选择数据区域，然后单击“条件格式”，选择“数据条”即可选择渐变填充或者实心填充，图6-46中标示“左一”为显示效果。

图6-46中标示“左二”为设置数据条从右侧显示，操作过程类似，选择“数据条”→“其他规则”命令，弹出“新建格式规则”对话框，如图6-47所示，在“条形图外观”区域有“条形图

方向”下拉列表，选择从右到左即可。

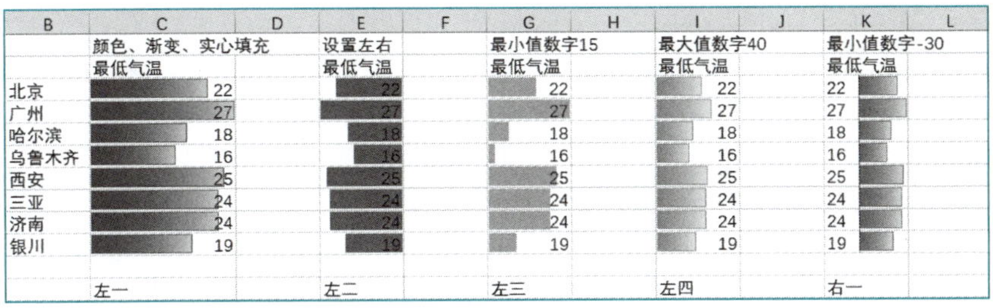

彩色图

扫码看彩色图片

图6-46 条件格式-数据条

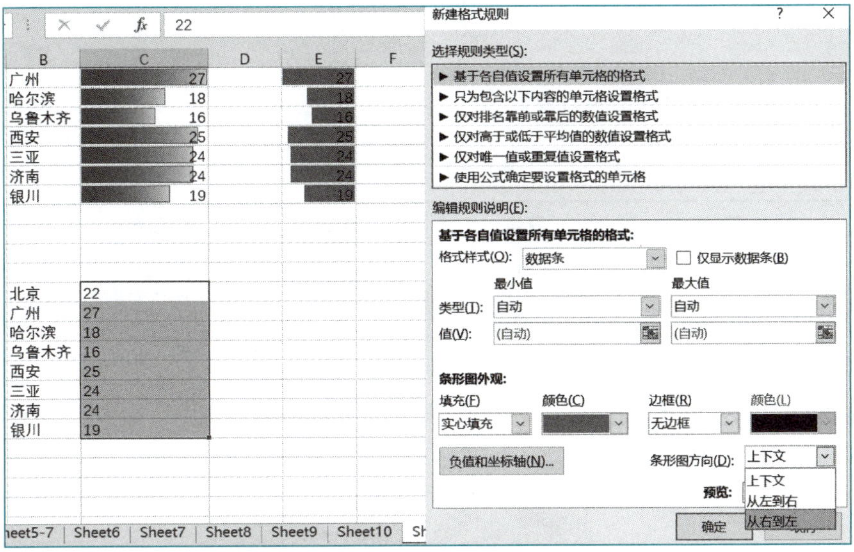

图6-47 条件格式-数据条设置

图6-46中标示“左三”和“左四”为设置数据条最小值和最大值，在“新建格式规则”对话框中设置最小值和最大值即可。如设置最小值类型为“数字”，值填写“15”后显示如图“左三”所示；如设置最大值类型为“数字”，值填写“40”后显示如图“左四”所示；如设置最小值类型为“数字”，值填写“-30”后显示如图“右一”所示。

（2）色阶

色阶设定与数据条类似，选择数据区域在“条件格式”的“色阶”中可以选择三色或两色，或者选择“其他规则”后在“新建格式规则”对话框中自定义设置。按照图6-48所示设定色阶参数后显示的效果如图6-49所示。

默认情况下，对于三色刻度，Excel将计算第50个百分位数（又称中位数、中间值或中点）。保持最小值的单元格显示为底部的颜色，保持中位数的单元格显示为中间的颜色，保持最大值的单元格显示为最上面的颜色，所有其他单元格按比例着色。

数据条与色阶的显示标记，只针对“纯数字型”数据，对于“文字、字母及混合类”数据无法实现标记效果。

（3）图标集

假设两地气温数据见表6-12，使用图标集可视化数据。

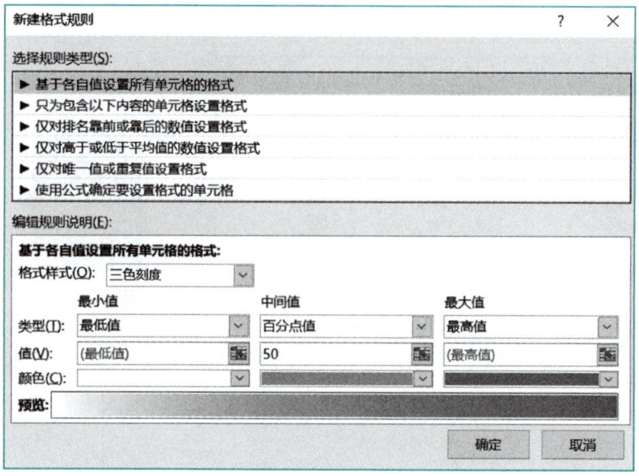

图6-48 条件格式-色阶设置

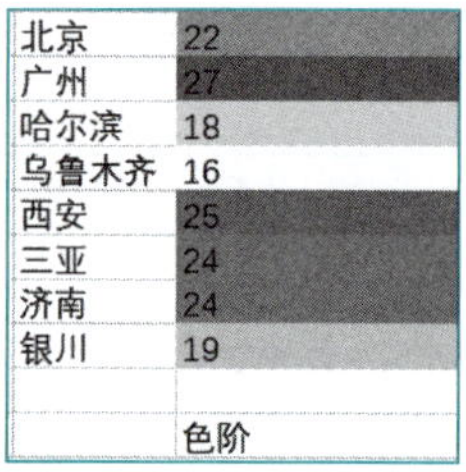

北京	22
广州	27
哈尔滨	18
乌鲁木齐	16
西安	25
三亚	24
济南	24
银川	19
	色阶

图6-49 条件格式-色阶

表6-12 两地气温

单位：℃

温度1	温度2	温差	温度1	温度2	温差
28	24	-4	31	21	-10
31	20	-11	29	37	8
13	22	9	26	26	0

选择数据区域，单击“条件格式”的“图标集”→“其他格式规则”命令，显示效果如图6-50所示，参数设置如图6-51所示。

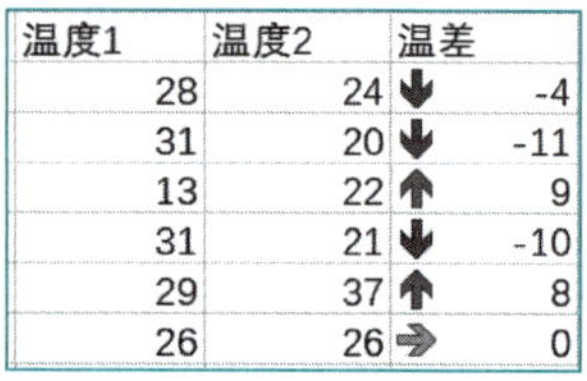

温度1	温度2	温差
28	24	↓ -4
31	20	↓ -11
13	22	↑ 9
31	21	↓ -10
29	37	↑ 8
26	26	→ 0

图6-50 条件格式-图标集

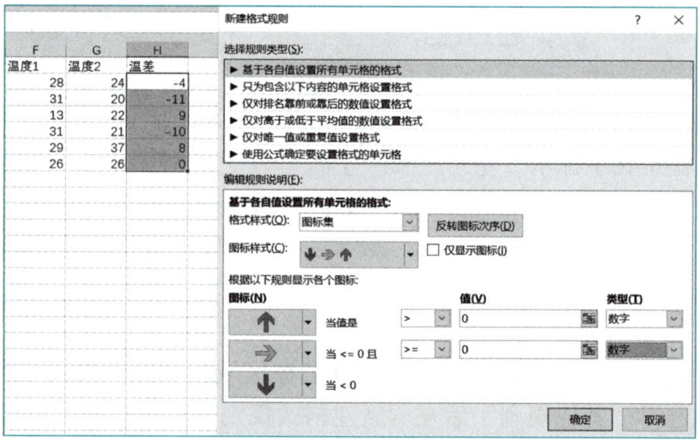

图6-51 条件格式-图标集设置

6.3 Python 可视化

本节主要介绍在Python中如何编程绘制基本图形，包括折线图、柱形图、饼图、散点图、气泡图、雷达图和箱形图等，如何使用Matplotlib、pyecharts和seaborn等进行图形绘制。本节所有的Python源文件及代码注释说明可参考本书配套电子资源。

6.3.1　Matplotlib

1. 基础

Matplotlib是Python的绘图库，可以用来绘制各种静态、动态和交互式的图表，使用者能轻松地将数据图形化。Matplotlib提供多样化的输出格式，可以绘制线图、散点图、等高线图、条形图、柱形图、3D图形和图形动画等。

pyplot是Matplotlib的子库，包含一系列绘图函数的相关函数，能很方便地绘制2D图表。使用import导入pyplot库，并设置一个别名plt，如import matplotlib.pyplot as plt。

首先通过一个例子说明绘图涉及的基本参数和方法，如绘图标记marker参数、线的类型linestyle参数、x轴和y轴的标签xlabel()方法和ylabel()方法、标题title()方法、网格线grid()方法、绘制多个子图的subplot()方法等，程序运行结果如图6-52所示。

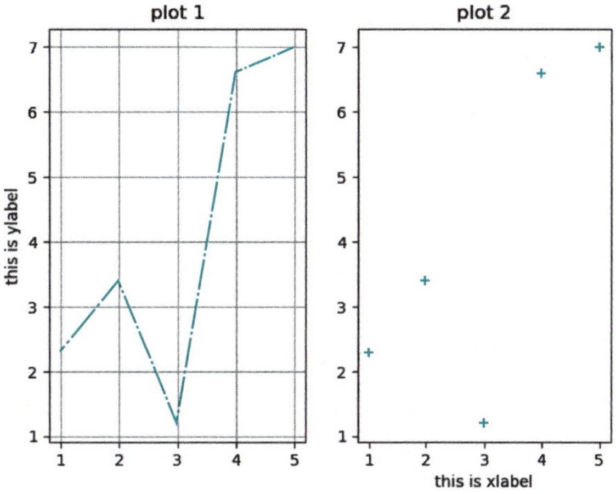

图6-52　Matplotlib绘图示例

程序源代码及注释说明如下：

```
#1安装包
#pip install matplotlib

#2  matplotlib绘图示例
#导入matplotlib
import matplotlib.pyplot as plt

#3准备数据点x y坐标
x=[1,2,3,4,5]
y=[2.3,3.4,1.2,6.6,7.0]

#4指定子图开始绘制图形
plt.subplot(1,2,1)                          #1行两列，第1个子图绘制折线图

#4-1绘制折线图
#x，y：指定坐标点
#linestyle='dashdot'指定线型为点划线
plt.plot(x,y,linestyle='dashdot')

#设定标题
plt.title("plot 1")

#设定y坐标轴
plt.ylabel("this is ylabel")

#绘制网格线
plt.grid()

plt.subplot(1,2,2)                          #第2个子图绘制散点图
```

```
#4-2 scatter()方法绘制散点图
#color='r'指定点颜色为红色
#marker='+'指定点标记为+
plt.scatter(x,y,color='r',marker='+')

#设定x坐标轴
plt.xlabel("this is xlabel")

#设定标题
plt.title("plot 2")

#5输出结果
plt.show()
```

2. 类型图

下面介绍使用matplotlib绘制几种基本图形，包括水平柱形图、饼图、散点图、雷达图、箱形图、直方图、极坐标图和3D曲面图等。

（1）水平柱形图

水平柱形图示例运行结果如图6-53所示。

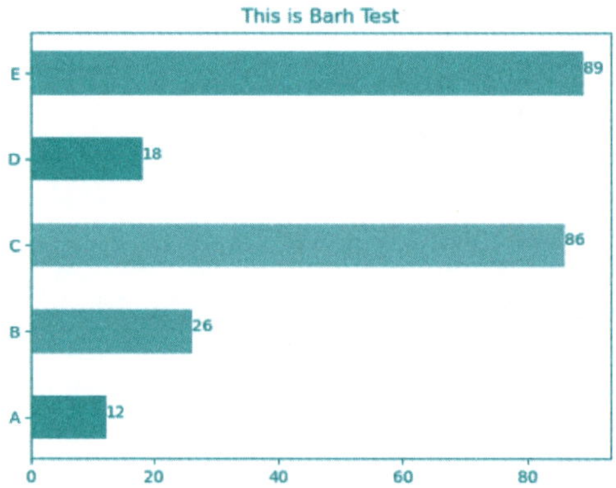

图6-53　水平柱形图

程序源代码及注释说明如下：

```
#1导入需要的库numpy和matplotlib
import matplotlib.pyplot as plt
import numpy as np

#2准备数据
x=np.array(["A","B","C","D","E"])
y=np.array([12,26,86,18,89])

#3使用barh()方法绘制水平柱形图
#x：纵坐标(0~4)，从下到上依次为A，B，C，D，E
#y：横坐标，柱形图柱子的长度width，即y值
#color：颜色
#height=0.5：柱形图高度固定为0.5
plt.barh( x,y,color=["blue","red","hotpink","purple","green"],height=0.5)
```

```
#4显示柱形图数值
#enumerate(y): (index,value)
#(0,12),(1,26),(2,86),(3,18),(4,89)
for index, value in enumerate(y):
    #在(value,index)位置添加标签信息
    plt.text(value,index, str(value))

plt.title("This is Barh Test")
plt.show()
```

（2）饼图

饼图示例运行结果如图6-54所示。

程序源代码及注释说明如下：

```
#1导入库
import matplotlib.pyplot as plt
import numpy as np

#2准备数据
y=np.array([15,25,25,15,20])

plt.pie(y,                                              #数据值
     labels=['A','B','C','D','E'],                      #设置标签
     colors=["red","orange","yellow","green","blue"],   #设置颜色
     explode=(0,0,0.1,0,0),                 #第3部分突出显示，值越大距离中心越远
     autopct='%.2f%%',                      #格式化转换为百分比输出
  )
plt.title("This is Pie Test")
plt.show()
```

（3）散点图

为帮助读者更好地理解示例程序，先介绍本例涉及的随机数及种子的概念。软件中产生的随机数是软件开发者依据一定的算法规则、并基于随机数生成器种子产生的随机数。所以严格意义上来说，这些随机数并不是真正意义上的随机数，只是模拟随机数。但算法产生的随机数有类似于真实随机数的统计学特征，如均匀性、独立性等，能满足我们的使用需求，称为伪随机数。

实验中第一次产生随机数列后，如果第二次想产生与第一次相同的随机数列可以通过设定随机数种子实现。随机数是基于种子产生的。可以这样理解种子：将随机数比作农作物，种子就是麦粒、豆粒和瓜种，“种瓜得瓜，种豆得豆”。播种麦粒，长出麦苗，播种红豆，长出豆苗。因此，在随机数中如果种子相同，那么生成的随机数也就相同。散点图示例运行结果如图6-55所示。

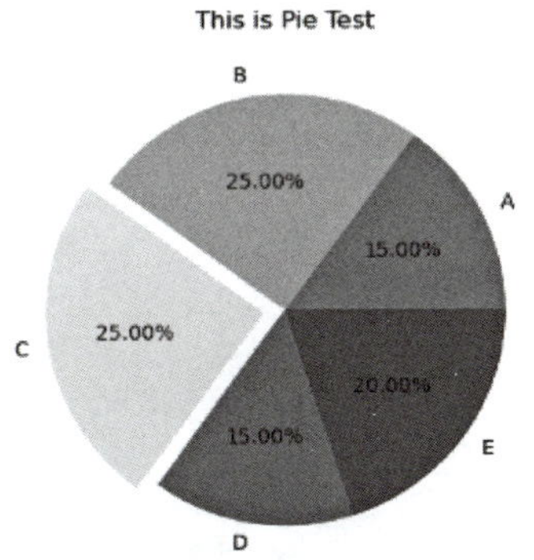

图6-54　饼图

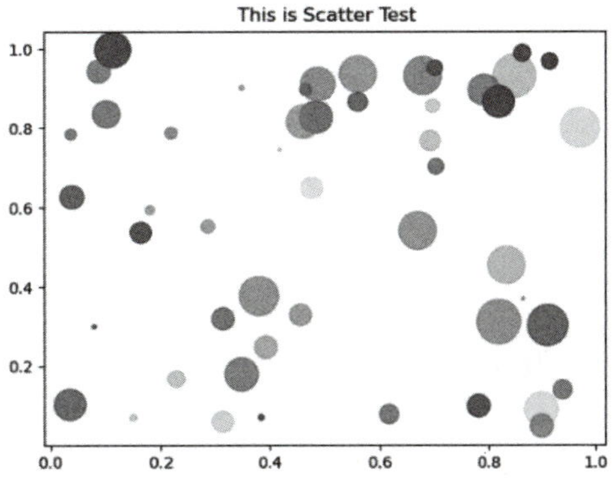

图6-55　散点图

程序源代码及注释说明如下：

```
#1导入需要的库numpy和matplotlib
import numpy as np
import matplotlib.pyplot as plt

#设定生成随机数的种子，每次运行程序生成的随机数相同
#Matplotlib的作者John D.Hunter的生日
#np.random.seed(19680801)

#2准备N=50个数据，随机生成坐标x、y和颜色colors
N=50
x=np.random.rand(N)
y=np.random.rand(N)
colors=np.random.rand(N)

#N=50个点的直径数组
area=(30 * np.random.rand(N))**2

#x, y: 坐标
#s: 点的直径数组
#设置颜色c=colors及透明度alpha=0.5
#alpha取值范围为[0~1]，0: 全透明;1: 不透明
plt.scatter(x,y,s=area,c=colors,alpha=0.6)
plt.title("This is Scatter Test")
plt.show()
```

（4）雷达图

雷达图示例运行结果如图6-56所示。本例显示字符包含中文，雷达图使用极坐标图方法实现。

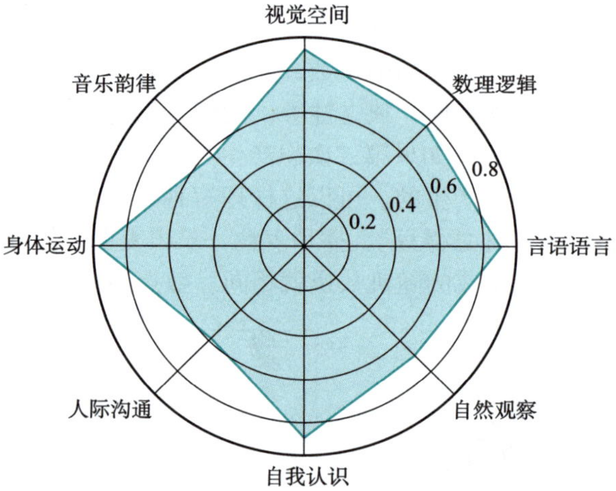

图6-56 雷达图

程序源代码及注释说明如下：

```
import numpy as np
import matplotlib.pyplot as plt
```

```
#显示中文字符
plt.rcParams['font.family']='SimHei'
plt.rcParams['axes.unicode_minus']=False
dim_num=8                                    #加德纳多元智能
data=np.array([0.86,0.76,0.89,0.58,0.92,0.59,0.86,0.69])
radar_labels=['言语语言','数理逻辑','视觉空间','音乐韵律','身体运动','人际沟通',
'自我认识','自然观察']

#8个数值的列表
angles=np.linspace(0,2 * np.pi,dim_num, endpoint=False)

#下面两行的目的是使线段闭合，9个数值的列表，增加了angles[0]和data[0]
angles=np.concatenate((angles,[angles[0]]))
data=np.concatenate((data,[data[0]]))

#使用极坐标图绘制雷达图
plt.polar(angles,data)
#设置极坐标的标签
plt.thetagrids(angles * 180/np.pi,labels=radar_labels)
#填充多边形
plt.fill(angles,data,alpha=0.5,color="pink")
plt.show()
```

（5）箱形图

箱形图示例运行结果如图6-57所示。

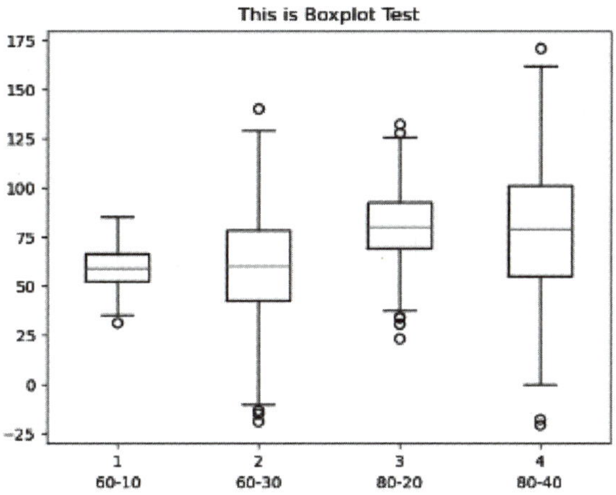

图6-57　箱形图

程序源代码及注释说明如下：

```
import matplotlib.pyplot as plt
import numpy as np

#利用随机数种子使每次生成的随机数相同
np.random.seed(869)
#np.random.normal()函数用于创建一组基于正态分布的随机数据
#该函数有三个参数，分别是正态分布的平均值、标准差以及期望值的数量
d1=np.random.normal(60,10,200)
```

```
d2=np.random.normal(60,30,200)
d3=np.random.normal(80,20,200)
d4=np.random.normal(80,40,200)
data_to_plot=[d1,d2,d3,d4]

#绘制箱形图
plt.boxplot(data_to_plot)
plt.title("This is Boxplot Test")
plt.xlabel("60-10              60-30              80-20              80-40")

#设置y轴坐标范围
plt.ylim(-30,180)
plt.show()
```

（6）直方图

直方图用于可视化数据的分布情况，用横轴表示数据类型，纵轴表示分布情况。直方图有助于了解数据的分布情况，如观察数据的中心趋势、偏态和异常值等。

直方图与柱形图在外观上相似，但有很大的区别。首先，直方图展示数据的分布，柱形图比较数据的大小，这是直方图与柱形图最根本的区别。其次，直方图x轴为定量数据，柱形图x轴为分类数据。在直方图中，x轴上的变量是一个个连续的区间，这些区间通常表现为数字，如成绩区间、年龄范围等。在柱形图中，x轴上的变量是一个个分类数据，如不同的年份、不同的城市名称等。第三，直方图柱子无间隔，柱形图柱子有间隔。最后，直方图柱子宽度可不一致，柱形图柱子宽度须一致。因为柱形图里柱子的宽度没有数值含义，所以宽度必须一致。但是在直方图中，柱子的宽度代表了区间的长度，区间不同，柱子的宽度不同。

下面看一个直方图示例，运行结果如图6-58所示。

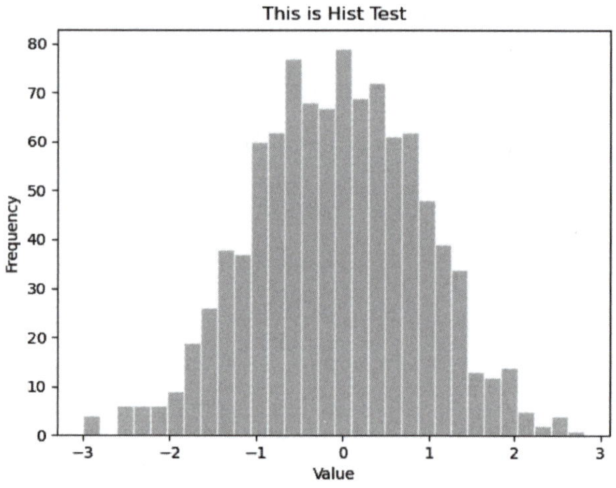

图6-58　直方图

程序源代码及注释说明如下：

```
import matplotlib.pyplot as plt
import numpy as np

#生成一组1000个随机数据[-10,10]范围内
data=np.random.randn(1000)

#绘制直方图
#bins直方图条形个数
#edgecolor="white"边缘颜色为白色
plt.hist(data,bins=30,color='skyblue',alpha=0.8,edgecolor="white")

#设置图表属性
plt.title('This is Hist Test')
plt.xlabel('Value')
```

```
plt.ylabel('Frequency')

#显示图表
plt.show()
```

（7）极坐标图

极坐标图示例运行结果如图6-59所示。

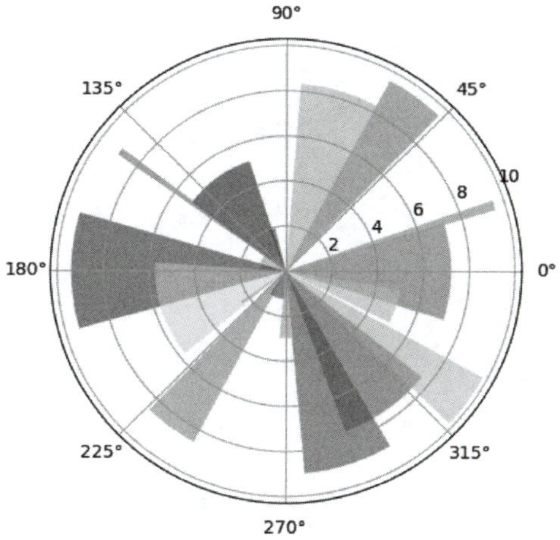

图6-59　极坐标图

程序源代码及注释说明如下：

```
#1导入需要的库numpy和matplotlib
import matplotlib.pyplot as plt
import numpy as np

#设置随机数生成种子
#np.random.seed(19680801)

#饼图分20块
N=20
#将圆周360° (0~2π)平均分20份
theta=np.linspace(0.0,2 * np.pi,N,endpoint=False)
#设置半径为随机值(10以内)
radii=10 * np.random.rand(N)
#设置width为随机值(π/4以内)
width=np.pi / 4 * np.random.rand(N)

#projection='polar'极坐标轴绘制图形
#subplot(111)等价于subplot(1,1,1)
ax=plt.subplot(111,projection='polar')
#设置颜色为随机值
colors=np.random.rand(N,3)

#使用ax.bar()方法绘制
#x: 柱形图的横坐标
#height: 柱形图的高度
#width: 柱形图的宽度
```

```
#alpha：透明度
ax.bar(x=theta,height=radii,width=width,color=colors,alpha=0.5)

plt.show()
```

（8）3D曲面图

3D曲面图示例运行结果如图6-60所示。

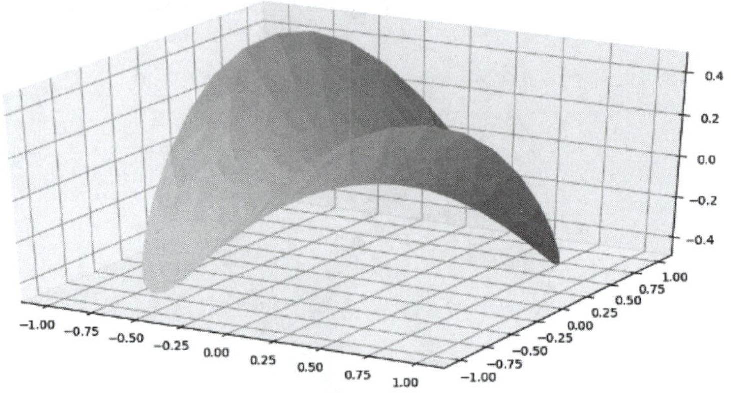

图6-60 3D曲面图

程序源代码及注释说明如下：

```
import matplotlib.pyplot as plt
import numpy as np

n_radii=8
n_angles=36

#[0.125,1.0]分成8-1=7等份
radii=np.linspace(0.125,1.0,n_radii)
#[0,2π]分成36-1=35等份
#np.newaxis升维
angles=np.linspace(0,2*np.pi, n_angles)[: ,np.newaxis]

#极坐标(radii,angles)转换为直角坐标(x,y)
x=np.append(0,(radii*np.cos(angles)).flatten())
y=np.append(0,(radii*np.sin(angles)).flatten())

#计算z值，生成类似薯片的曲面pringle surface
z=np.sin(-x*y)

fig=plt.figure()

#创建三维图形函数
ax=fig.gca(projection='3d')

#使用三角形创建曲面
ax.plot_trisurf(x,y,z,color="yellow")

plt.show()
```

6.3.2 pyecharts

本节介绍使用pyecharts绘制图形。pyecharts是Python与Echarts结合之后的产物，它封装了Echarts各类图表的基本操作，通过渲染机制，输出一个包含JavaScript代码的HTML文件。

1. 基础

使用pyecharts绘制图形，首先需要准备好数据。数据可以是我们自己提供的，也可以使用pyecharts的内置数据集pyecharts.faker帮我们生成一些测试数据。为方便以后绘制图形，下面先了解一下pyecharts.faker数据集。

使用pyecharts.faker数据集首先需要按照下列代码导入数据集：

```
from pyecharts.faker import Faker
```

pyecharts.faker数据集可以生成很多类型的数据，先看下面程序代码简单了解，如需更多数据集相关知识可查阅相关资料。

```
#导入库
from pyecharts.faker import Faker

print(Faker.choose())            #随机产生相同类型的7个名词
print(Faker.values())            #随机产生7个数据的列表
print(Faker.country)             #生成7个国家和英文名列表
print(Faker.cars)                #生成7个汽车品牌的列表
#运行结果如下
#['哈士奇','萨摩耶','泰迪','金毛','牧羊犬','吉娃娃','柯基']
#[106,122,73,124,61,56,61]
#['China','Canada','Brazil','Russia','United States','Africa','Germany']
#['宝马','法拉利','奔驰','奥迪','大众','丰田','特斯拉']
```

下面通过例子介绍pyecharts的图表基础，包括主题风格、图表标题、图例、视觉映射、工具箱、区域缩放等参数设置，如图6-61所示。添加主题风格使用的是InitOpts()方法，给图表添加标题需要通过set_global_options()方法的title_opts参数，视觉映射通过set_global_opts()方法的visualmap_opts参数进行设置，设置图例需要通过set_global_opts()方法的legend_opts参数，工具箱通过set_global_opts()方法的toolbox_opts参数进行设置，区域缩放通过set_global_opts()方法的datazoom_opts参数进行设置，可参考下述图表基础示例代码，详细参数可查阅相关资料。

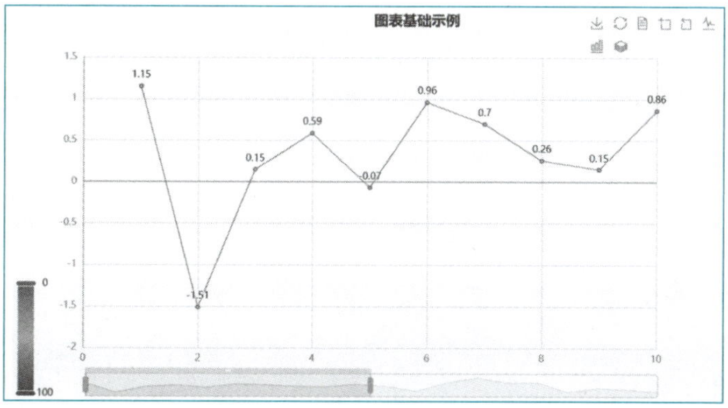

图6-61 pyecharts图表基础示例

程序源代码及注释说明如下：

```
#导入库
import numpy as np
from pyecharts.options import LegendOpts                  #图例
from pyecharts.options import VisualMapOpts               #视觉映射
from pyecharts.globals import ThemeType                   #主题
from pyecharts import options as opts                     #配置
from pyecharts.charts import Line                         #折线

#生成[1,2,…,20](1,20)之间均匀分布的20个值
x=np.linspace(1,20,20)
#随机生成满足正态分布的20个值,around小数点后面2位
y=np.around(np.random.randn(20),2)
#Line对象
c=(Line(init_opts=opts.InitOpts(theme=ThemeType.ESSOS))  #设置主题
        .add_xaxis(x)                                     #x轴数据
        .add_yaxis('成绩分布',y)                          #y轴数据
        .set_colors("blue")                               #设置颜色
  )
c.set_global_opts(title_opts=opts.TitleOpts(
    title="图表基础示例",pos_left="50%"),                 #设置标题、位置
    #不显示图例
    legend_opts=LegendOpts(is_show=False),
    #设置默认工具箱
    toolbox_opts=opts.ToolboxOpts(),
    #设置缩放
    datazoom_opts=opts.DataZoomOpts(range_start=0,range_end=50),
    #设置视觉映射,垂直方向
    visualmap_opts=VisualMapOpts(orient="vertical")
    )
#生成t.html文件供浏览器打开查看
c.render("t.html")
```

2. 类型图

(1) 折线图

pyecharts绘制折线图的对象为Line，示例程序绘制三国演义人物出场次数，运行结果如图6-62所示，本例采用自己提供的数据。

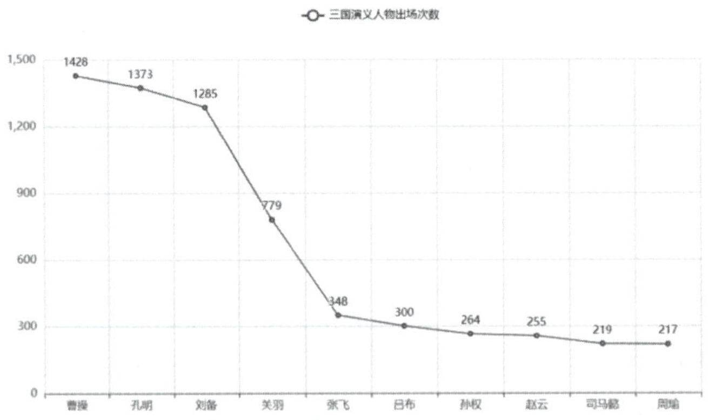

图6-62 pyecharts折线图

程序源代码及注释说明如下：

```
#pyecharts Line折线图
#导入库
from pyecharts.charts import Line

#三国演义人物出场次数
#准备数据
x=['曹操','孔明','刘备','关羽','张飞','吕布','孙权','赵云','司马懿','周瑜']
y=[1428,1373,1285,779,348,300,264,255,219,217]

#创建折线图对象
line=Line()
#添加x轴数据
line.add_xaxis(x)
#添加y轴数据
line.add_yaxis('三国演义人物出场次数',y)
#设置线的颜色
line.set_colors(['#FF0000'])  #或者set_colors("red")
#生成网页文件t.html,可以在浏览器中打开
line.render("t.html")

#或者使用下面代码,功能相同
'''
line=(Line()
    .add_xaxis(x)
    .add_yaxis('三国演义人物出场次数',y)
    .set_colors(['#FF0000'])
    .render("t.html")
)
'''
```

（2）柱形图

pyecharts绘制柱形图的对象为Bar，示例程序运行结果如图6-63所示，本例采用Faker数据集生成测试数据。

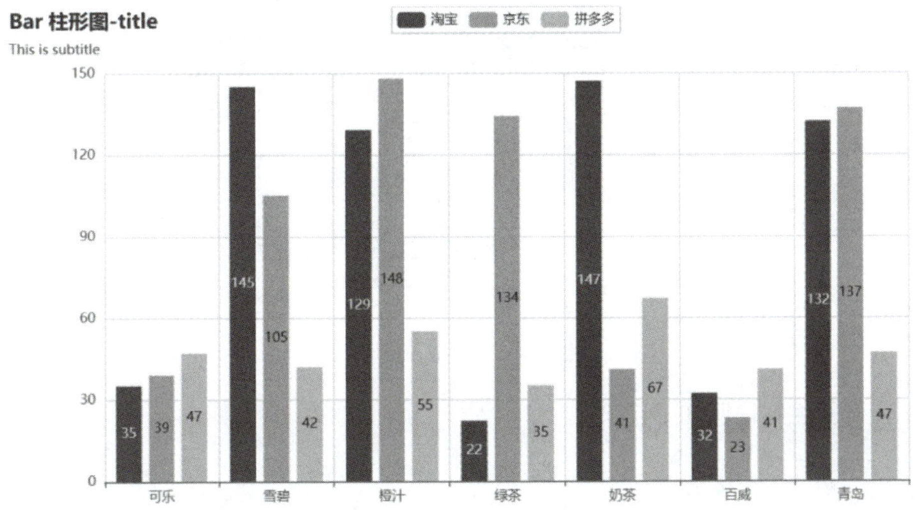

图6-63　pyecharts柱形图

程序源代码及注释说明如下：

```
#pyecharts Bar柱形图
#导入库
#设置标题title和子标题subtitle等
from pyecharts import options as opts
#使用pyecharts.faker数据集生成数据
from pyecharts.faker import Faker
#绘制柱形图Bar
from pyecharts.charts import Bar

c=(
    Bar()                                #创建Bar对象
    .add_xaxis(Faker.choose())           #使用Faker随机产生相同类型的7个名词作为x轴数据
    .add_yaxis("淘宝",Faker.values())#随机产生7个数据的列表作为y轴数据
    .add_yaxis("京东",Faker.values())
    .add_yaxis("拼多多",Faker.values())
    #设置标题 title和 子标题 subtitle
    .set_global_opts(title_opts=opts.TitleOpts(title="Bar 柱形图-title",
subtitle="This is subtitle"))
    #生成网页文件 t.html，可以在浏览器中打开
    .render("t.html")
)
```

（3）饼图

pyecharts绘制饼图的对象为Pie，示例程序运行结果如图6-64所示，本例采用Faker数据集生成测试数据。

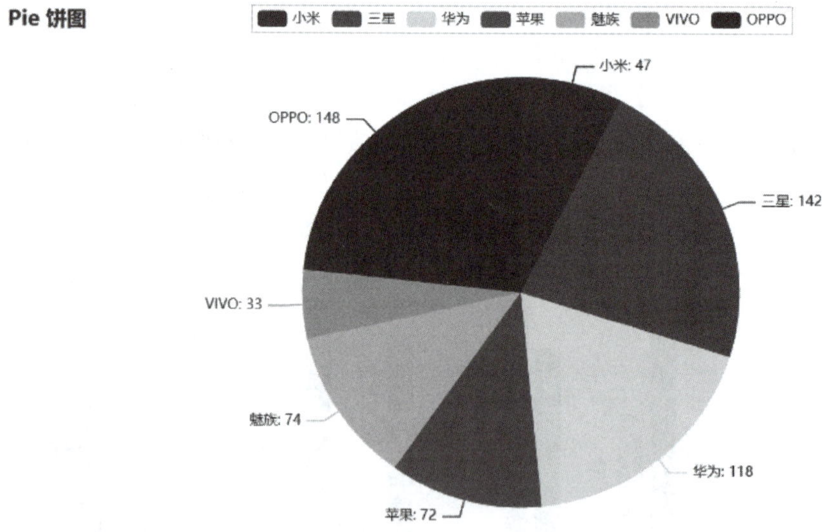

图6-64 pyecharts饼图

程序源代码及注释说明如下：

```
#pyecharts Pie饼图
#导入库
from pyecharts import options as opts
```

```
from pyecharts.faker import Faker
#绘制饼图Pie
from pyecharts.charts import Pie

c=(
    Pie()
    #生成测试数据
    .add("",[list(z) for z in zip(Faker.choose(),Faker.values())])
    #设置不同扇形的颜色
    .set_colors(["blue","green","yellow","red","pink","orange","purple"])
    .set_global_opts(title_opts=opts.TitleOpts(title="Pie 饼图"))
    #系列配置，控制图表中的文本、线样式、标记等
    .set_series_opts(label_opts=opts.LabelOpts(formatter="{b}:{c}"))
    .render("t.html")
)
```

（4）散点图

pyecharts绘制散点图的对象为Scatter，本示例程序采用具有涟漪效果的散点图，对象为EffectScatter，运行结果如图6-65所示，本例采用自己模拟的数据。

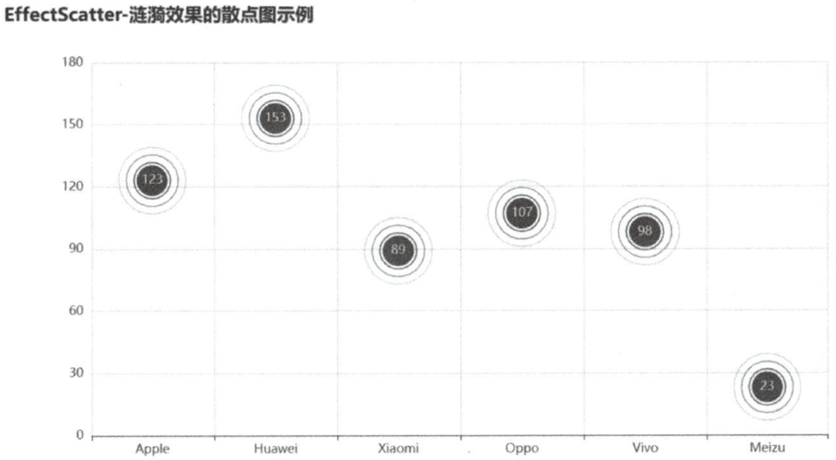

图6-65　pyecharts涟漪效果的散点图

程序源代码及注释说明如下：

```
#pyecharts EffectScatter涟漪效果的散点图
from pyecharts import options as opts
from pyecharts.charts import EffectScatter
from pyecharts.options import LegendOpts
#准备数据
x_data=['Apple','Huawei','Xiaomi','Oppo','Vivo','Meizu']
y_data=[123,153,89,107,98,23]

c=(EffectScatter()
    .add_xaxis(x_data)
    #设置散点大小为30,颜色为green
    .add_yaxis('',y_data,symbol_size=30,color="green")
    .set_global_opts(title_opts=opts.TitleOpts(title="EffectScatter-涟漪效果
```

```
    的散点图示例"),legend_opts=LegendOpts(is_show=False))
    .render("t.html")
)
```

（5）雷达图

pyecharts绘制雷达图的对象为Radar，运行结果如图6-66所示，本例采用自己模拟的数据。程序源代码及注释说明如下：

```
#pyecharts Radar雷达图
from pyecharts import options as opts
from pyecharts.charts import Radar
from pyecharts.options import LegendOpts

#准备数据
data=[[79,82,97,68,86,96],[112,108,88,86,96,86]]

radar=(Radar()
        .add_schema(schema=[
            opts.RadarIndicatorItem(name="语文",max_=150),
            opts.RadarIndicatorItem(name="数学",max_=150),
            opts.RadarIndicatorItem(name="英语",max_=100),
            opts.RadarIndicatorItem(name="物理",max_=100),
            opts.RadarIndicatorItem(name="化学",max_=100),
            opts.RadarIndicatorItem(name="体育",max_=100),
        ]
       )
    .add('',data)
    .set_global_opts(title_opts=opts.TitleOpts(title="Radar-雷达图示例"),
     legend_opts=LegendOpts(is_show=False))
    .render("t.html")
)
```

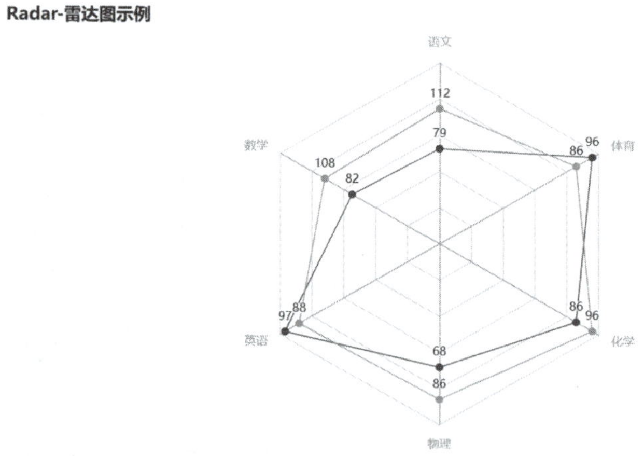

图6-66　pyecharts雷达图

（6）极坐标图

pyecharts绘制极坐标图的对象为Polar，示例程序运行结果如图6-67所示，本例采用Faker数据集生成测试数据和自己模拟的数据。

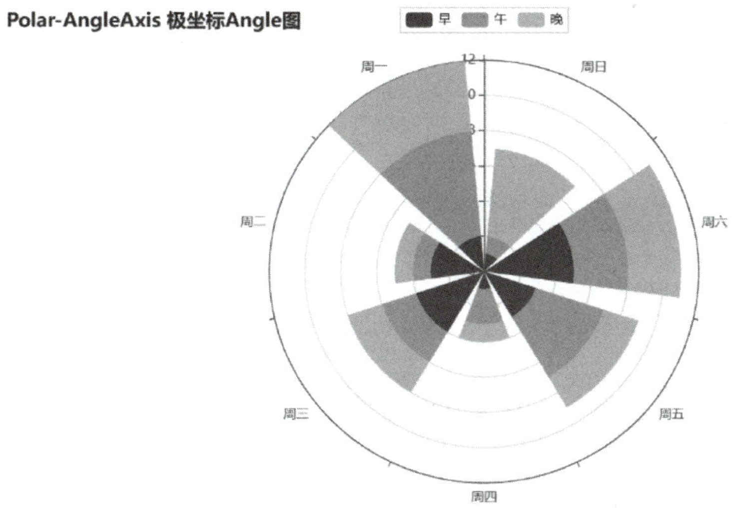

图6-67　pyecharts极坐标图

程序源代码及注释说明如下：

```
#pyecharts Polar极坐标图
from pyecharts import options as opts
from pyecharts.faker import Faker
from pyecharts.charts import Polar

c=(
    Polar()
    .add_schema(angleaxis_opts=opts.AngleAxisOpts(data=Faker.week,
     type_="category"))
    .add("早",[2,3,4,1,3,5,1],type_="bar",stack="stack0")
    .add("午",[6,1,2,2,4,3,1],type_="bar",stack="stack0")
    .add("晚",[4,1,2,1,2,3,5],type_="bar",stack="stack0")
    .set_global_opts(title_opts=opts.TitleOpts(title="Polar-AngleAxis
     极坐标Angle图"))
    .render("t.html")
)
```

（7）地理坐标图

pyecharts绘制地理坐标图的对象为Geo，示例程序运行结果如图6-68所示，本例采用模拟数据，绘制昌平区居民周末北京周边出游情况。

图6-68　pyecharts地理坐标图

程序源代码及注释说明如下：

```
#pyecharts Geo地理坐标图
from pyecharts import options as opts
from pyecharts.charts import Geo
#设置图形元素参数
from pyecharts.globals import ChartType,SymbolType
c=(
    Geo()
    .add_schema(maptype="北京")
    .add(
        "",
        # 测试数据,数值为模拟出游数据百分比
        [("昌平",32),("顺义",3),
         ("密云",3),("怀柔",30),
         ("平谷",6),("延庆",26)],
        # 设置散点涟漪效果、蓝色、大小为10
        type_=ChartType.EFFECT_SCATTER,
        color="blue",
        symbol_size=10,
    )

    .add(
        "geo",
        #设置两点间线数据
        [("昌平","平谷"),("昌平","怀柔"),
         ("昌平","延庆"),
         ("昌平","密云"),("昌平","顺义"),
         ],
        type_=ChartType.LINES,
        # 设置effect属性：箭头、大小、颜色
        effect_opts=opts.EffectOpts(
            symbol=SymbolType.ARROW,symbol_size=6,color="pink"
        ),
        # 设置linestyle属性：曲线弧度、颜色
        linestyle_opts=opts.LineStyleOpts(curve=0.2,color="skyblue"),
    )
    .set_series_opts(label_opts=opts.LabelOpts(is_show=False))
    .set_global_opts(title_opts=opts.TitleOpts(title="Geo-Lines 地理坐标例子",
     subtitle="昌平居民周末周边出游数据模拟"))
    .render("t.html")
)
```

（8）关系图

pyecharts绘制关系图的对象为Graph，示例程序运行结果如图6-69所示，本例采用pyecharts官网下载的weibo.json文件中的数据。

程序源代码及注释说明如下：

```
#微博转发关系图
#在当前工程目录下准备好weibo.json文件
from pyecharts import options as opts
from pyecharts.charts import Graph
```

图6-69　pyecharts关系图

```
import json

#打开weibo.json文件
with open("weibo.json","r",encoding="utf-8") as f:
    #获取文件中数据到参数
    j=json.load(f)
    nodes,links,categories,cont,mid,userl=j
c=(
    Graph()
    #根据参数值生成关系图
    .add(
        "",
        nodes,
        links,
        categories,
        repulsion=50,
        linestyle_opts=opts.LineStyleOpts(curve=0.2),
        label_opts=opts.LabelOpts(is_show=False),
    )
    .set_global_opts(
        legend_opts=opts.LegendOpts(is_show=False),
        title_opts=opts.TitleOpts(title="Graph-微博转发关系图"),
    )
    .render("t.html")
)
```

（9）Bar层叠图

本例使用pyecharts的Bar对象和Line对象绘制层叠图，示例程序运行结果如图6-70所示，采用Faker数据集生成测试数据和自己模拟的数据。

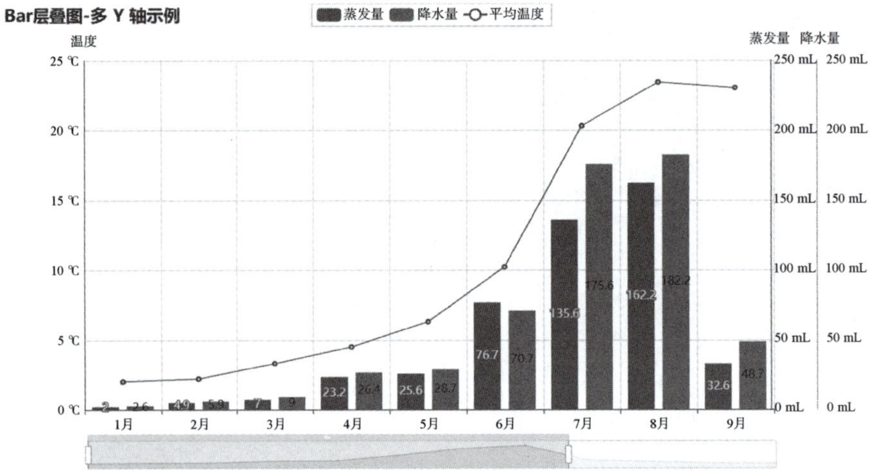

图6-70 pyecharts层叠图

程序源代码及注释说明如下：

```
#层叠图-坐标轴均匀
#均匀的原因为设置三个y轴，坐标范围同比例，本例为250,250,25
#Overlap-bar+line
from pyecharts import options as opts
from pyecharts.charts import Bar,Line
from pyecharts.faker import Faker

#v1蒸发量
v1=[2.0,4.9,7.0,23.2,25.6,76.7,135.6,162.2,32.6,20.0,6.4,3.3]
#v2降水量
v2=[2.6,5.9,9.0,26.4,28.7,70.7,175.6,182.2,48.7,18.8,6.0,2.3]
#v3平均温度
v3=[2.0,2.2,3.3,4.5,6.3,10.2,20.3,23.4,23.0,16.5,12.0,6.2]

bar=(
    Bar()
    .add_xaxis(Faker.months)                        #x轴为月份
    .add_yaxis(                                     #y1轴为蒸发量 yaxis_index=0
        "蒸发量",
        v1,
        yaxis_index=0,
        color="#d14a61",
    )
    .add_yaxis(                                     #y2轴为降水量yaxis_index=1
        "降水量",
        v2,
        yaxis_index=1,
        color="#5793f3",
    )
    .extend_axis(                                   #设置蒸发量y轴参数
        yaxis=opts.AxisOpts(
            name="蒸发量",
```

```
            type_="value",
            min_=0,
            max_=250,
            #offset负值左移正值右移
            offset=-3,
            position="right",
            axisline_opts=opts.AxisLineOpts(
                linestyle_opts=opts.LineStyleOpts(color="#d14a61")
            ),
            #坐标轴显示数值ml(毫升)
            axislabel_opts=opts.LabelOpts(formatter="{value}ml"),
        )
    )
    .extend_axis(                                  #设置温度y轴参数
        yaxis=opts.AxisOpts(
            type_="value",
            name="温度",
            min_=0,
            max_=25,
            position="left",
            axisline_opts=opts.AxisLineOpts(
                linestyle_opts=opts.LineStyleOpts(color="#675bba")
            ),
            #坐标轴显示数值℃(摄氏度)
            axislabel_opts=opts.LabelOpts(formatter="{value}℃"),
            splitline_opts=opts.SplitLineOpts(
                is_show=True,
            linestyle_opts=opts.LineStyleOpts(opacity=1)
          ),
        )
    )
    .set_global_opts(                              #设置降水量y轴参数等
        yaxis_opts=opts.AxisOpts(
            name="降水量",
            min_=0,
            max_=250,
            position="right",
            #offset 负值左移正值右移
            offset=45,
            axisline_opts=opts.AxisLineOpts(
                linestyle_opts=opts.LineStyleOpts(color="#5793f3")
            ),
            #坐标轴显示数值 (ml毫升显示不下了所以去掉)
            axislabel_opts=opts.LabelOpts(formatter="{value}ml"),
        ),
        title_opts=opts.TitleOpts(title="Bar层叠图-多Y轴示例"),
        tooltip_opts=opts.TooltipOpts(trigger="axis",axis_pointer_type="cross"),
        #实现x轴拉伸缩放功能
        datazoom_opts=opts.DataZoomOpts(range_start=0,range_end=70)
    )
)
```

```
#设置折线图
line=(
    Line()
    .add_xaxis(Faker.months)
    .add_yaxis(
        "平均温度",
        v3,
        yaxis_index=2,
        color="#675bba",
        label_opts=opts.LabelOpts(is_show=False),
    )
)

#设置层叠图opts.GridOpts(pos_left="5%",pos_right="20%"),
bar.overlap(line)
bar.render("t.html")
```

（10）词云图

pyecharts绘制词云图的对象为WordCloud，示例程序运行结果如图6-71所示，本例采用自己模拟的数据。

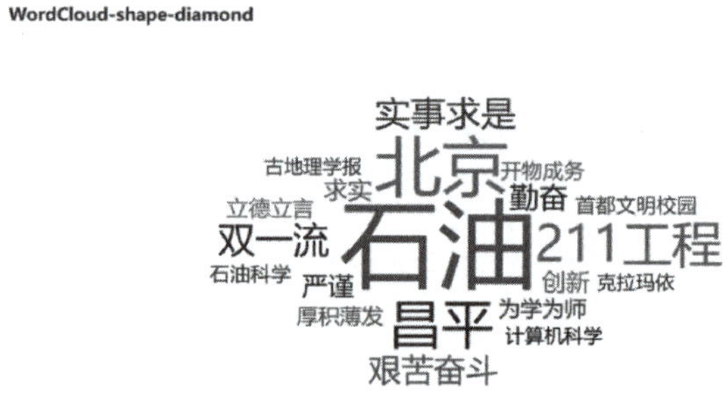

图6-71　pyecharts词云图

程序源代码及注释说明如下：

```
#词云图WordCloud
from pyecharts import options as opts
from pyecharts.charts import WordCloud
from pyecharts.globals import SymbolType
from pyecharts.options import LegendOpts

#准备模拟数据
words=[
    ("石油",10000),                                    #元组类型：词语,出现次数
    ("北京",6181),
    ("昌平",4386),
    ("211工程",4055),
    ("双一流",2467),
    ("实事求是",2244),
    ("艰苦奋斗",1868),
    ("勤奋",1484),
    ("严谨",1112),
```

```
    ("求实",865),
    ("创新",847),
    ("为学为师",582),
    ("立德立言",555),
    ("厚积薄发",550),
    ("开物成务",462),
    ("首都文明校园",366),
    ("石油科学",360),
    ("古地理学报",282),
    ("计算机科学",273),
    ("克拉玛依",265),
]
#绘制词云图
c=(
    WordCloud()
    .add("",words,word_size_range=[20,100],shape=SymbolType.DIAMOND)
    .set_global_opts(title_opts=opts.TitleOpts(title="WordCloud-shape-diamond"),
     legend_opts=LegendOpts(is_show=False))
    .render("t.html")
)
#SymbolType可以设置参数值：SymbolType.RECT SymbolType.DIAMOND
#SymbolType.ROUND_RECT SymbolType.TRIANGLE SymbolType.ARROW
```

（11）水球图

pyecharts绘制水球图的对象为Liquid，示例程序运行结果如图6-72所示，本例采用自己模拟的数据。

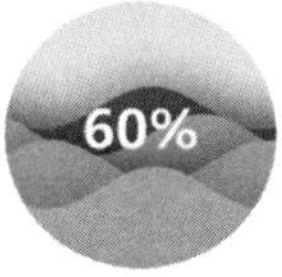

图6-72　pyecharts水球图

程序源代码及注释说明如下：

```
#水球图Liquid
from pyecharts import options as opts
from pyecharts.charts import Liquid
from pyecharts.options import LegendOpts

c=(
    Liquid()
    .add("lq", [0.6, 0.5, 0.4, 0.3], is_outline_show=False,color=['green',
     '#DDCCAA','#88FF99','#CCCCBB'])
    .set_global_opts(title_opts=opts.TitleOpts(title="Liquid-无边框"),
     legend_opts=LegendOpts(is_show=False))
    .render("t.html")
)
#[0.6,0.5,0.4,0.3]多层波浪，下面指定每层波浪不同颜色
#color=['green','#DDCCAA','#88FF99','#CCCCBB']
```

6.3.3 seaborn

本节介绍使用seaborn绘制图形。Seaborn是基于Python且非常受欢迎的图形可视化库，它在Matplotlib的基础上进行了更高级的封装，对Python的其他库（如Numpy、Pandas、Scipy）有很好的支持，常用于科研和数据分析中。使用seaborn作图更加方便快捷，没有基础也能通过简单的代码，做出具有分析价值而又十分美观的图形。

1. 基础

使用seaborn绘制图形，首先需要准备数据。Seaborn自身提供许多开源数据集。下面首先简单介绍比较常用的数据集。

tips：餐厅小费数据。由总账单、小费、消费者性别、是否抽烟、星期、午晚餐类型以及用餐人数组成，见表6-13。

表6-13 tips数据集

total_bill	tip	sex	smoker	day	time	size
16.99	1.01	Female	No	Sun	Dinner	2
10.34	1.66	Male	No	Sun	Dinner	3
21.01	3.5	Male	No	Sun	Dinner	3
⋮	⋮	⋮	⋮	⋮	⋮	⋮

iris：鸢尾花卉数据集。由花萼长度、花萼宽度、花瓣长度、花瓣宽度鸢尾花卉种类组成，见表6-14。

geyser：黄石公园的间歇泉“老忠实”，数据集记录了它在1985年8月1日到8月15日300次喷发的299个间隔时间。有三列数据，分别是：时间间隔、持续时间、类型见表6-15。

表6-14 iris数据集

sepal_length	sepal_width	petal_length	petal_width	species
5.1	3.5	1.4	0.2	setosa
4.9	3	1.4	0.2	setosa
4.7	3.2	1.3	0.2	setosa
⋮	⋮	⋮	⋮	⋮

表6-15 geyser数据集

duration	waiting	kind
3.6	79	long
1.8	54	short
3.333	74	long
⋮	⋮	⋮

titanic：泰坦尼克号船员数据集，描述的是船员最后是否存活、所在船舱等级、性别、年龄等特征。此数据集字段较多，以图片的方式展示，如图6-73所示。

	A	B	C	D	E	F	G	H	I	J	K	L	M	N	O
1	survived	pclass	sex	age	sibsp	parch	fare	embarked	class	who	adult_male	deck	embark_to	alive	alone
2	0	3	male	22	1	0	7.25	S	Third	man	TRUE		Southamp	no	FALSE
3	1	1	female	38	1	0	71.2833	C	First	woman	FALSE	C	Cherbourg	yes	FALSE
4	1	3	female	26	0	0	7.925	S	Third	woman	FALSE		Southamp	yes	TRUE
5	1	1	female	35	1	0	53.1	S	First	woman	FALSE	C	Southamp	yes	FALSE
6	0	3	male	35	0	0	8.05	S	Third	man	TRUE		Southamp	no	TRUE
7	0	3	male		0	0	8.4583	Q	Third	man	TRUE		Queenstov	no	TRUE
8	0	1	male	54	0	0	51.8625	S	First	man	TRUE	E	Southamp	no	TRUE
9	0	3	male	2	3	1	21.075	S	Third	child	FALSE		Southamp	no	FALSE
10	1	3	female	27	0	2	11.1333	S	Third	woman	FALSE		Southamp	yes	FALSE

图6-73 titanic数据集

mpg：miles per gallon即油耗数据集，包括油耗、气缸数量、排气量/排量、马力、质量、加速度、出厂时间、产地、车品牌属性数据列。此数据集字段较多，以图片的方式展示，如图6-74所示。

	A	B	C	D	E	F	G	H	I
1	mpg	cylinders	displacement	horsepower	weight	acceleration	model_year	origin	name
2	18	8	307	130	3504	12	70	usa	chevrolet chevelle malibu
3	15	8	350	165	3693	11.5	70	usa	buick skylark 320
4	18	8	318	150	3436	11	70	usa	plymouth satellite
5	16	8	304	150	3433	12	70	usa	amc rebel sst
6	17	8	302	140	3449	10.5	70	usa	ford torino
7	15	8	429	198	4341	10	70	usa	ford galaxie 500
8	14	8	454	220	4354	9	70	usa	chevrolet impala
9	14	8	440	215	4312	8.5	70	usa	plymouth fury iii
10	14	8	455	225	4425	10	70	usa	pontiac catalina

图6-74　mpg数据集

flights：航空公司从1949年到1960年每个月乘坐人数。有三列数据，分别是：年、月、乘客数量，见表6-16。

表6-16　flights数据集

年（year）	月（month）	乘客数量（passengers）
1949	January	112
1949	February	118
1949	March	132
…	…	…

使用seaborn需先导入，然后加载内置数据集后再进行图形绘制，如下面两行代码：

```
import seaborn as sns
iris=sns.load_dataset("iris")
```

先通过一个例子了解一下seaborn绘图的基本概念，程序运行生成图形如图6-75所示。

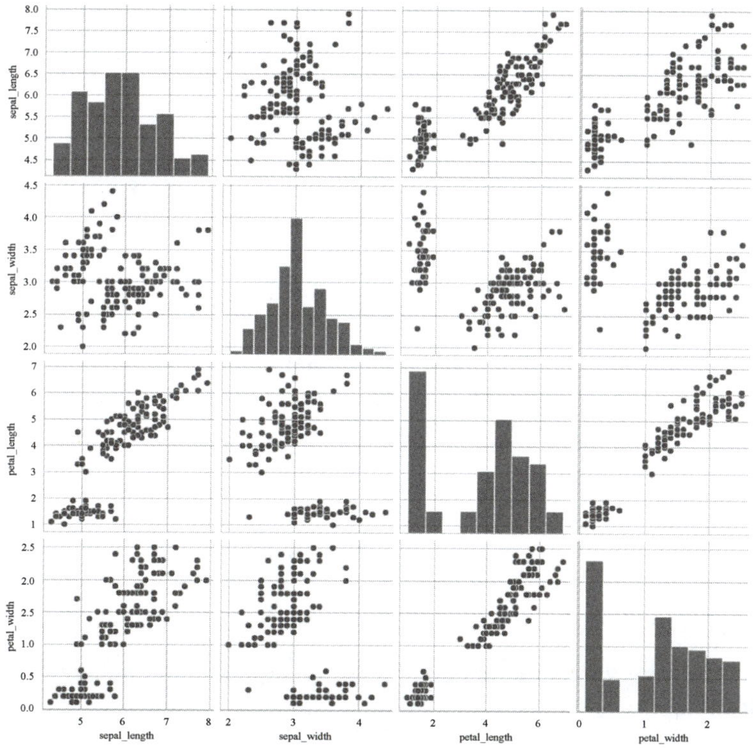

图6-75　seaborn绘图基础

程序源代码及注释说明如下：

```
#导入库
import matplotlib.pyplot as plt
import seaborn as sns

#设置主题
sns.set_style("whitegrid")
#设置调色板
sns.set_palette(sns.color_palette("muted"))

#加载iris数据集
#如果iris文件不在当前项目文件夹下,需要使用data_home参数指定位置
iris=sns.load_dataset("iris",data_home=r'.\seaborn-data')

#pairplot是seaborn库中的一个函数，用来绘制数据集中各个变量之间的关系
#绘制结果是各个特征之间相互关系的散点图矩阵
fig=sns.pairplot(iris)
#保存图形到文件中
fig_path=r'.\seaborn-plot\fig_.png'
fig.savefig(fig_path)
#窗口显示生成图形
plt.show()
```

2. 类型图

(1) 折线图

seaborn绘制折线图的方法为lineplot()，程序以tips数据集为例，运行结果如图6-76所示。图中大致可以看出晚餐Dinner（实线）比午餐（虚线）Lunch给的小费高，周六给的小费高。

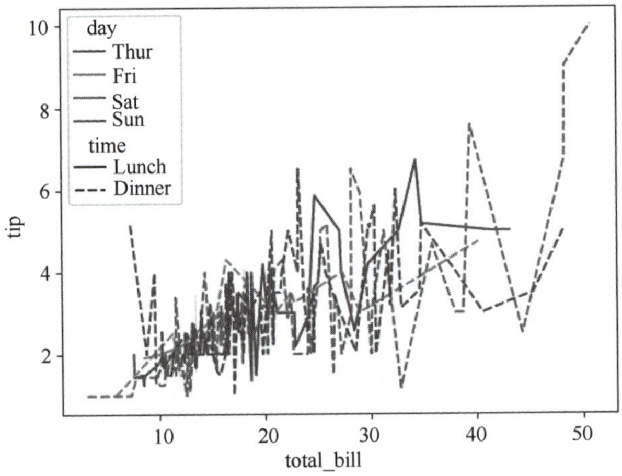

图6-76 seaborn折线图

程序源代码及注释说明如下：

```
import matplotlib.pyplot as plt
import seaborn as sns

#加载tips数据集
```

```
tips=sns.load_dataset('tips',data_home=r'.\seaborn-data')
#绘制折线图
sns.lineplot(x="total_bill",y="tip",hue="day",style="time",data=tips)
plt.show()

#x,y: 绘制图的数据点,相当于x、y轴坐标
#hue: 使用颜色区分的属性, 本例为day(周几)
#style: 使用标记区分的属性, 本例为time(Lunch/Dinner)
#data: DataFrame, 数据集
```

（2）柱形图

seaborn绘制柱形图的方法为barplot()，程序以数据集tips为例，运行结果如图6-77所示。图中大致可以看出男士整体花费比女士高，周五女士花费最少。

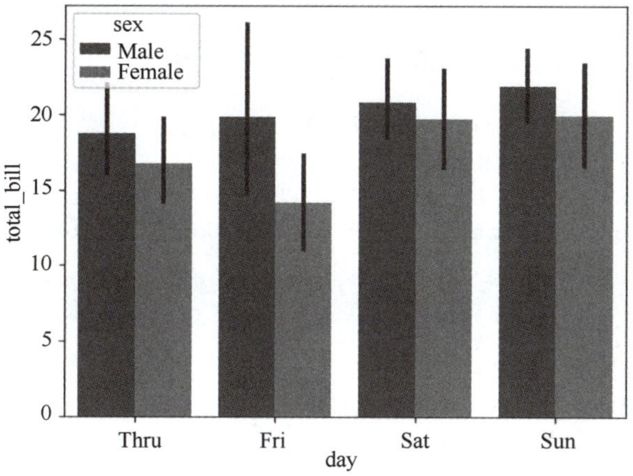

图6-77　seaborn柱形图

程序源代码及注释说明如下：

```
import matplotlib.pyplot as plt
import seaborn as sns

#加载tips数据集
tips=sns.load_dataset('tips',data_home=r'.\seaborn-data')
#以day为x轴, total_bill为y轴, 按照sex区分类别, 绘制条形图
sns.barplot(x="day",y="total_bill",hue="sex",data=tips)
plt.show()
```

（3）散点图

seaborn绘制散点图的方法为scatterplot()，程序以tips数据集为例，运行结果如图6-78所示。图中大致可以看出花费越高给的小费越高。

程序源代码及注释说明如下：

```
import matplotlib.pyplot as plt
import seaborn as sns

#加载tips数据集
tips=sns.load_dataset('tips',data_home=r'.\seaborn-data')
```

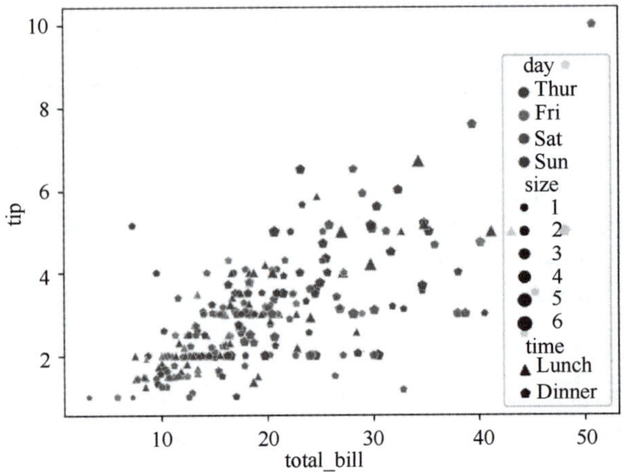

图6-78 seaborn散点图

```
#设置标记'Lunch': 三角形;'Dinner': 五边形
markers={'Lunch': '^','Dinner': 'p'}
sns.scatterplot(x="total_bill",y="tip",hue="day",style="time",
                size="size",alpha=0.89,markers=markers,data=tips)
plt.show()
'''
x,y: 绘制图的数据点,相当于x、y轴坐标
hue: 使用颜色区分的属性, 本例为day(周几)
style: 使用标记区分的属性, 本例为time(Lunch/Dinner)
size: 使用size区分的属性, 本例为size
alpha: 透明度
markers: 设置指定标记
data: DataFrame, 数据集
'''
```

（4）直方图

seaborn绘制直方图的方法为distplot()，程序以titanic数据集为例，运行结果如图6-79所示。图中大致可以看出数据基本满足正态分布。

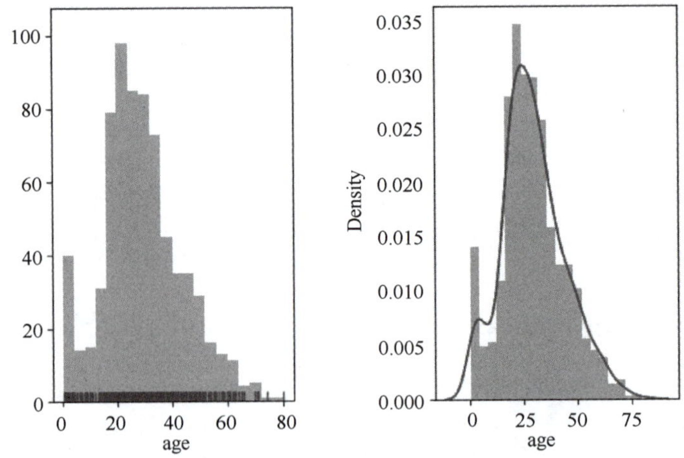

图6-79 seaborn直方图

程序源代码及注释说明如下：

```
import matplotlib.pyplot as plt
import seaborn as sns

#加载titanic数据集，处理age列数据
titanic=sns.load_dataset('titanic',data_home=r'.\seaborn-data')
age=titanic['age']

#可以分别设置直方图、密度图的关键参数
fig,axes=plt.subplots(1,2)
#左图kde参数设为False，没有拟合的密度估计曲线
#左图rug=True底部有生成观测数值的小细条(边际毛毯)
#bins=20设置数据区间为20
sns.distplot(age,bins=20,rug=True,ax=axes[0],kde=False)
sns.distplot(age,rug=False,
             hist_kws={'color': 'green','label': 'hist'},
             kde_kws={'color': 'red','label': 'KDE'},
             ax=axes[1])
plt.show()
```

（5）箱形图

seaborn绘制箱形图的方法为boxplot()，程序以tips数据集为例，运行结果如图6-80所示。图中大致可以看出周四和周六花费差异较大，数据离群点较多。

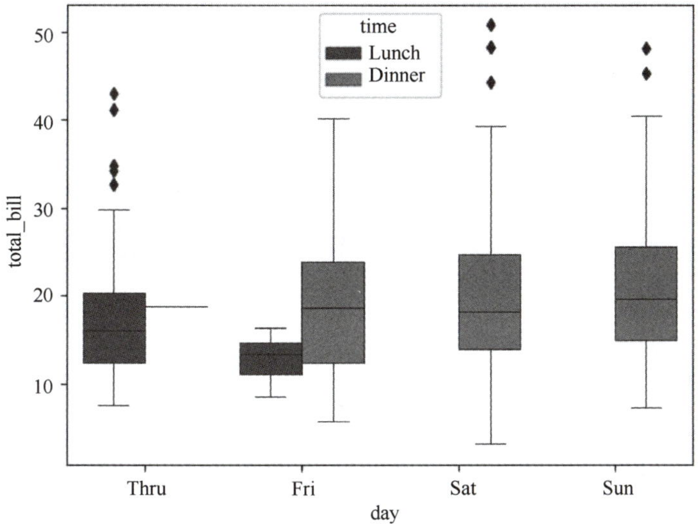

图6-80　seaborn箱形图

程序源代码及注释说明如下：

```
import matplotlib.pyplot as plt
import seaborn as sns

#加载tips数据集
tips=sns.load_dataset('tips',data_home=r'.\seaborn-data')
```

```
sns.boxplot(x="day",y="total_bill",hue="time",data=tips,linewidth=0.6)
plt.show()
'''
x,y: 绘制图的数据点，相当于x、y轴坐标
hue: 使用颜色区分的属性，本例为time(Lunch/Dinner)
data: DataFrame，数据集
linewidth: 线宽
'''
```

（6）核密度图

核密度图本质是直方图的拟合曲线，但其更直观，曲线下面积为1，因此y轴上的单位通常是小于1的核密度分布值，通常用于连续数据的直观展示，比如年龄的分布情况、身高的分布情况等。

seaborn绘制核密度图的方法为kdeplot()，程序以geyser数据集为例，可根据需要绘制一维核密度图或二维核密度图，其中一维核密度图示例运行结果如图6-81所示。

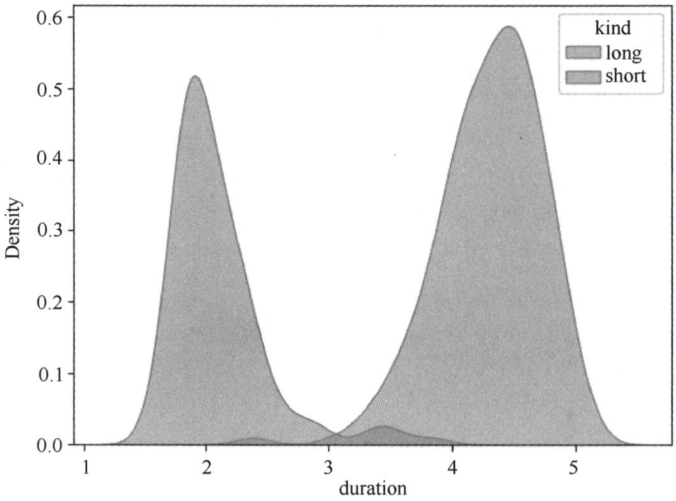

图6-81 seaborn一维核密度图

程序源代码及注释说明如下：

```
import matplotlib.pyplot as plt
import seaborn as sns

#加载geyser数据集
geyser=sns.load_dataset('geyser',data_home=r'.\seaborn-data')
#绘制核密度图fill=True填充图形
#sns.kdeplot(data=geyser,x="waiting",hue="kind",palette="Set2",fill=True,alpha=0.5)
sns.kdeplot(data=geyser,x="duration",hue="kind",palette="Set2",fill=True,alpha=0.5)
plt.show()
```

其中二维核密度图运行结果如图6-82所示。

程序源代码及注释说明如下：

```
import matplotlib.pyplot as plt
import seaborn as sns
```

```
#加载geyser数据集
```

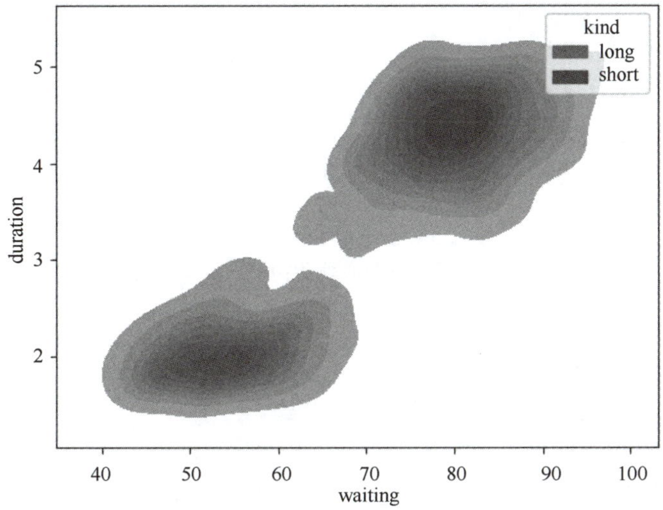

图6-82　seaborn二维核密度图

```
geyser=sns.load_dataset('geyser',data_home=r'.\seaborn-data')
#绘制2D x,y核密度图fill=True填充图形
sns.kdeplot(data=geyser,x="waiting",y="duration",hue="kind",palette="crest",fill=True,)
plt.show()
```

（7）小提琴图

小提琴图（violin plot）是用于展示多组数据的分布状态以及概率密度。这种图表结合了箱形图和密度图的特征，主要用来显示数据的分布形状。与箱形图类似，但是在密度层面展示更好，适用于数据量非常大不方便一个一个展示的场景。小提琴图的内部是箱线图，外部包裹的就是核密度图，某区域图形面积越大，某个值附近分布的概率越大。

seaborn绘制小提琴图的方法为violinplot()，程序以tips数据集为例，运行结果如图6-83所示。

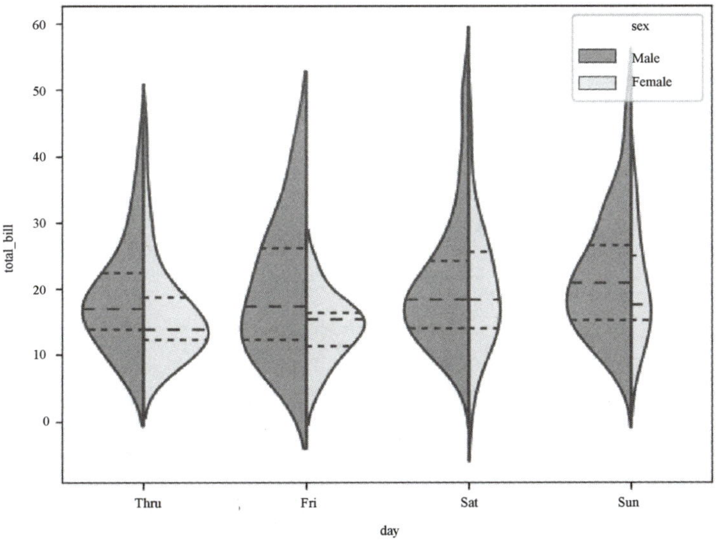

图6-83　seaborn小提琴图

程序源代码及注释说明如下：

```
import matplotlib.pyplot as plt
import seaborn as sns

#加载tips数据集
tips=sns.load_dataset('tips',data_home=r'.\seaborn-data')

sns.violinplot(x="day", y="total_bill", hue="sex",
               data=tips, palette="Set3", split=True,
               scale="count", inner="quartile")
plt.show()
'''
x,y:绘制图的数据点,相当于x、y轴坐标
hue:使用颜色区分的属性，本例为sex(Female/Male)
data:DataFrame，数据集
palette:调色板
split:当使用带有两种颜色的变量时，将split设置为True则会为每种颜色绘制对应半边小提琴。
      从而可以更容易直接比较分布
scale:{"area", "count", "width"}: 用于缩放每张小提琴图的宽度
    area:每张小提琴图具有相同的面积
    count:小提琴的宽度会根据分箱中观察点的数量进行缩放
    width:每张小提琴图具有相同的宽度
inner:{"box", "quartile", "point", "stick", None}: 控制小提琴图内部数据点的表示
    box:绘制一个微型箱型图
    quartiles:显示四分位数线
    point或stick:显示具体数据点或数据线
    None:绘制不加修饰的小提琴图
'''
```

（8）双变量图

双变量图，既可以显示双变量独自的分布图，还可以显示双变量的相关性图。seaborn绘制双变量联合分布图的方法为jointplot()，程序以tips数据集为例，运行结果如图6-84所示。

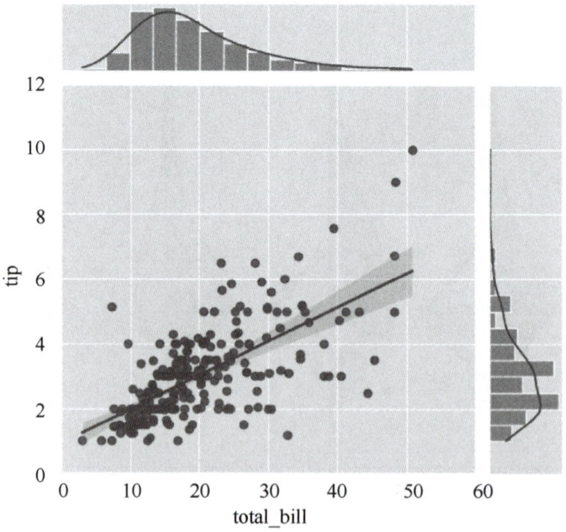

图6-84 seaborn双变量图

程序源代码及注释说明如下：

```
import seaborn as sns
import matplotlib.pyplot as plt
sns.set_theme(style="darkgrid")

tips=sns.load_dataset("tips",data_home=r'.\seaborn-data')

grid=sns.jointplot(x="total_bill",y="tip",data=tips,
    #kind="reg"以添加线性回归拟合(使用regplot)和单变量KDE曲线
    #kind参数指定要绘制的类型可取值: {"scatter"| "reg"| "resid"| "kde"| "hex"}
    kind="reg",
    #坐标范围
    xlim=(0, 60), ylim=(0, 12),
    color="b",                                   #颜色为blue
    height=7)

#设置图片宽和高
grid.fig.set_figwidth(6)
grid.fig.set_figheight(6)
plt.show()
```

（9）关系图

seaborn绘制关系图的方法为relplot()，程序以tips数据集为例，运行结果如图6-85所示。图中大致可以看出产地usa的车辆位于图下方，每加仑汽油行驶英里数较小。

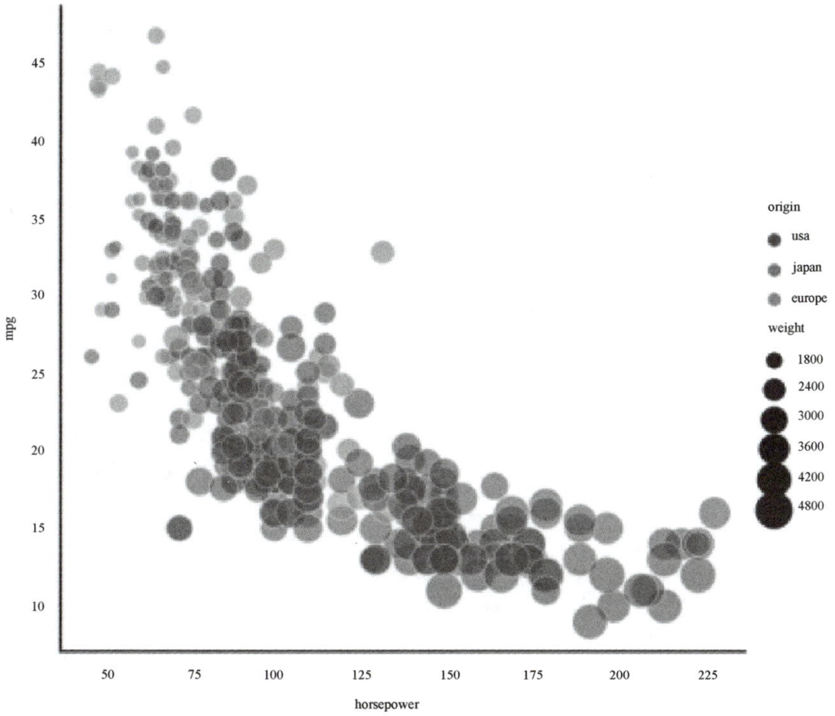

图6-85　seaborn关系图

程序源代码及注释说明如下：

```
import seaborn as sns
import matplotlib.pyplot as plt
sns.set_theme(style="white")

#加载示例mpg数据集
mpg=sns.load_dataset("mpg",data_home=r'.\seaborn-data')

#绘制每加仑英里数与马力的关系
sns.relplot(x="horsepower", y="mpg",            #x轴马力，y轴油耗
            hue="origin",                       #数据点用颜色hue表示origin产地
            size="weight",                      #数据点用大小size表示weight质量
            sizes=(40, 400),                    #数据点大小范围最小值、最大值
            alpha=.5,                           #透明度
            palette="muted",                    #颜色模式
            height=6,                           #图尺寸
            kind="scatter",                     #默认即为散点图
            data=mpg)
plt.show()
#height和aspect参数用于调整绘图的大小
#aspect参数设置宽高比
```

（10）热力图

热力图是一种通过颜色强调数据矩阵中关系的二维图表，它通常用于可视化二维数据，其中矩阵的每个单元格颜色强度表示该单元格值的大小。颜色越接近，表示数值越接近，通过热力图可以非常直观地感受到数值大小的差异状况。

seaborn绘制关系图的方法为heatmap()，程序以flights数据集为例，运行结果如图6-86所示。图中大致可以看出旅客数量随着年份和月份的变化而变化，其中夏季旅客数量最多。

程序源代码及注释说明如下：

```
#导入库
import seaborn as sns
import matplotlib.pyplot as plt
```

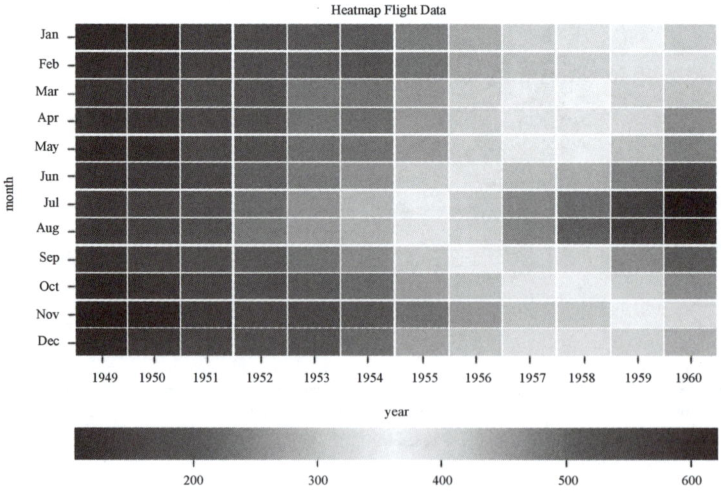

图6-86 seaborn热力图

```
#加载数据集flights，为dataframe类型
flights=sns.load_dataset("flights",data_home=r'.\seaborn-data')
print("before: \n",flights.head(3))#显示前3行
#before:
#     year   month     passengers
# 0   1949    Jan          112
# 1   1949    Feb          118
# 2   1949    Mar          132
#pivot: dataframe 重塑形式
flights=flights.pivot(index='month',columns='year',values='passengers')
print("after: \n",flights.head(3))                         #显示重塑后的前3行
#after:
# year    1949  1950  1951  1952  1953  1954  1955  1956  1957  1958  1959  1960
#month
#Jan      112   115   145   171   196   204   242   284   315   340   360   417
#Feb      118   126   150   180   196   188   233   277   301   318   342   391
#Mar      132   141   178   193   236   235   267   317   356   362   406   419
#绘制heatmap
ax=sns.heatmap(flights,                                     #数据集
        #annot=True,                                        #图形格上显示数据
        #fmt="d",                                           #图形格上显示数据格式
        linewidths=0.3,                                     #图形格分隔线宽度
        #linecolor="grey",                                  #图形格分隔线颜色
        cmap="RdBu_r",                                      #设置颜色模式
        cbar_kws={"orientation":"horizontal"})              #水平方向图示
plt.title("Heatmap Flight Data")
plt.show()
```

6.4　综合案例——全国主要城市空气质量

本节介绍一个综合案例，实现编写Python爬虫爬取$PM_{2.5}$实时数据网站（http://www.air-level.com）获取全国空气质量指数（AQI），借助Python第三方库pyecharts实现数据可视化。本节所有的Python源文件及代码注释说明可参考本书配套电子资源。

提示：本程序所需第三方库包括requests、BeautifulSoup、re和pyecharts，需要提前安装，安装可参考下述命令：

```
pip install requests
pip install pyecharts==0.1.9.4
#http: //www.air-level.com

import requests
from bs4 import BeautifulSoup
import bs4
import re
from pyecharts import Geo

data=[]                                     #存储城市和aqi值("哈尔滨",79)
```

```
aqi=[]                                          #储存城市AQI
citylink=[]                                     #储存城市链接
cityname=[]                                     #储存城市名字

def get_all_cityandlink():
   url="http://www.air-level.com"
   text=''
   try:
       kv={'user-agent': 'Mozilla/5.0'}         #伪装成浏览器，headers
       r=requests.get(url, headers=kv)
       r.raise_for_status()
       r.encoding=r.apparent_encoding
       text=r.text
   except:
       text="error all"

   demo=text
   soup=BeautifulSoup(demo, "html.parser")
   #################
   #print(soup)                                  #与相同print(text)解析html
   timeTag=soup.find('h4')                        #time是<class 'bs4.element.Tag'>
   time=timeTag.__str__()#time为str，内容是：<h4>更新时间 2022-12-30 17:00</h4>
   print(time[4:-5])                              #更新时间 2022-12-30 17:00

   for it in soup.find(id="citylist"):#<div id="citylist">网页源文件内容
      if isinstance(it, bs4.element.Tag):#检测it的类型，得是一个bs4.element.Tag类型
          for its in it.find_all('a'):
              citylink.append(its.get('href'))   #加入城市链接列表
              cityname.append(its.string)        #加入城市名称列表
   #print(citylink)
   #print(cityname)

def get_one_page(city):
   url="http://www.air-level.com" + city
   try:
       kv={'user-agent': 'Mozilla/5.0'}                 #伪装成浏览器，headers
       r=requests.get(url, headers=kv)
       r.raise_for_status()
       r.encoding=r.apparent_encoding
       text=r.text
   except:
       text="error one"
   demo=text
   soup=BeautifulSoup(demo, "html.parser")
   s=soup.find("span")
   aqi.append(s.__str__())

def main():
   get_all_cityandlink()
   print("开始爬取城市空气质量指数")
```

```
    citycount=0
    for it in range(len(citylink)):#len(citylink)
        get_one_page(citylink[it])

        taqi=re.findall("\d+", str(aqi[it]))
        lenlist=len(taqi)
        if lenlist > 0:
            newaqi=eval(taqi[1])
            a=(cityname[it],newaqi)
            print(a,it)
            data.append(a)
            citycount=citycount+1

    geo=Geo("全国主要城市空气质量", "data from pm2.5", title_color="#2E2E2E",
    title_text_size=24,
            title_top=20,title_pos="center",width=1000,
            height=600, background_color='#FFFFFF')
    attr, value=geo.cast(data)
    geo.add("", attr, value, visual_range=[0, 300], geo_normal_color="#FFFFFF",
    geo_emphasis_color='#F5D0A9',visual_text_color="#fff", symbol_size=15,
    border_color="#111", is_visualmap=True)
    #geo.show_config()
    geo.render()
    print("有效城市数据为",citycount,"个")
    print("现在可以查看可视化结果：render.html")

main()
```

扩展阅读

1. 汉斯 · 罗斯林

2006年，瑞典的汉斯·罗斯林（Hans Rosling）在TED关于数据统计的演讲*The best stats you've ever seen*，*The magic washing machine*，*Asia's rise—how and when*等，用动态数据图像生动地展示了世界正在经历的真实变化，涉及人口、经济、环境等备受关注却从未被真正了解的主题。《时代》杂志在2012年将汉斯·罗斯林评为全球100位最有影响力的人物之一，称赞他使用“令人惊叹的数据展示，让全球数百万人从全新的角度审视自己和这座星球”。

登录TED官网，观看汉斯·罗斯林演讲视频。

D3官网的Animation下The Wealth & Health of Nations模拟了汉斯·罗斯林的视频数据分析，如图6-87所示，动态显示了1800年到2005年期间180个国家的人均收入（x）、预期寿命（y）和人口（面积）的发展变化。

2. 南丁格尔玫瑰图

独立探究Excel使用圆环图实现南丁格尔玫瑰图，数据见表6-17。

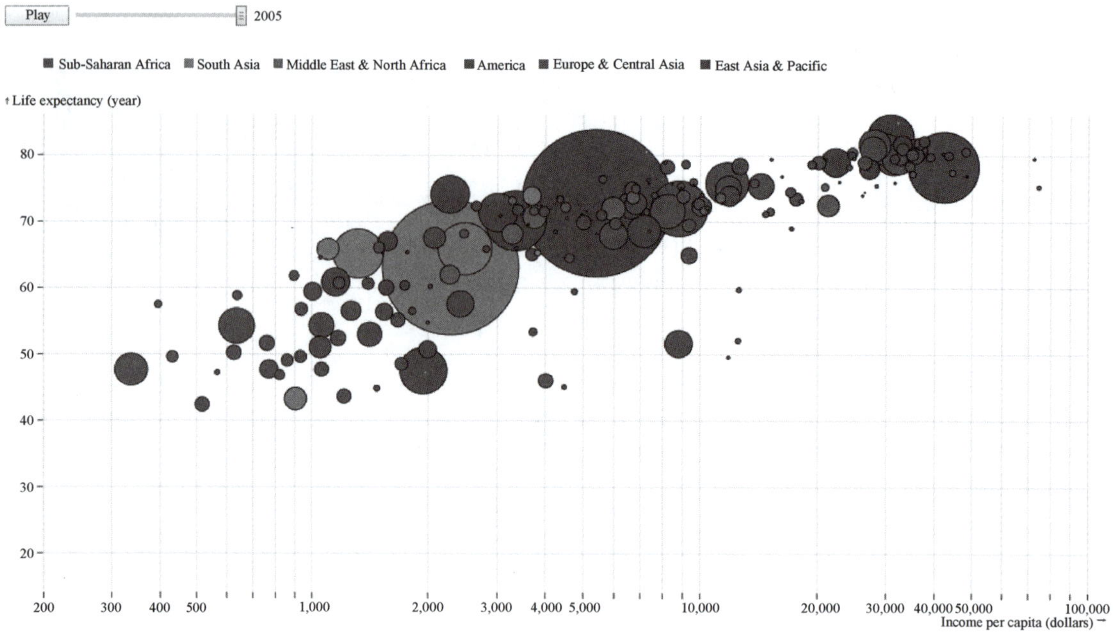

图6-87 The Wealth & Health of Nations

表6-17 畅销书评分模拟数据

书名	评分	评分	评分	评分	评分	评分	评分
红楼梦	10	10	10	10	10	10	10
活着	9	9	9	9	9	9	9
天龙八部	9	9	9	9	9	9	9
撒哈拉的故事	9	9	9	9	9	9	9
平凡的世界	9	9	9	9	9	9	9
围城	9	9	9	9	9	9	9
乡土中国	8	8	8	8	8	8	8
我与地坛	8	8	8	8	8	8	8
呼兰河传	8	8	8	8	8	8	8
我们仨	7	7	7	7	7	7	7
梦里花落知多少	7	7	7	7	7	7	7
亮剑	7	7	7	7	7	7	7
中国哲学简史	6	6	6	6	6	6	6
海子的诗	6	6	6	6	6	6	6
倾城之恋	6	6	6	6	6	6	6

绘制玫瑰图如图6-88所示。

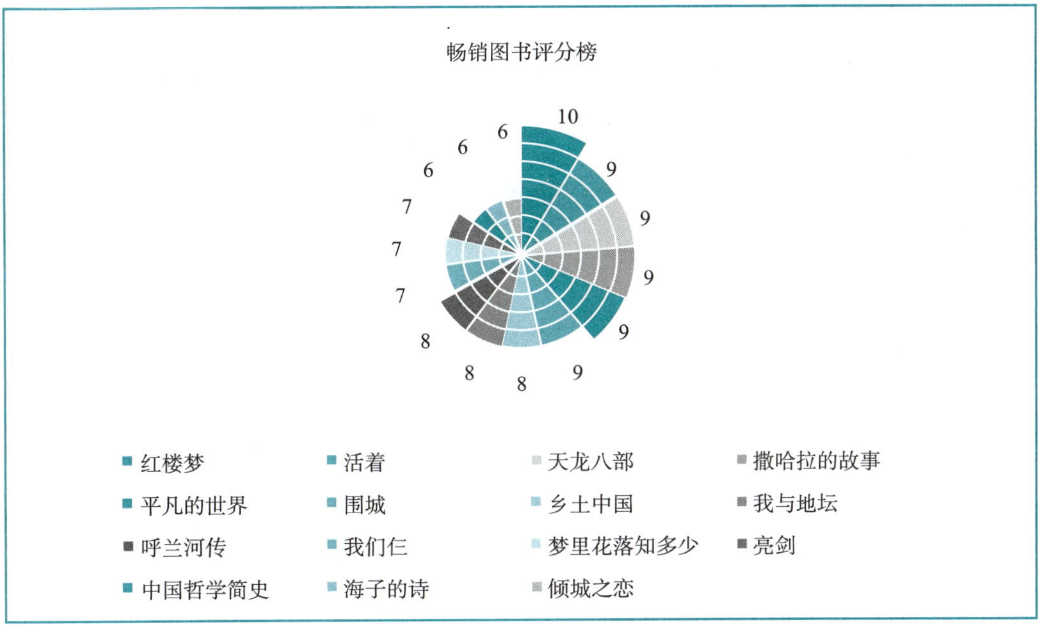

图6-88　畅销图书评分玫瑰图

提示步骤：选择数据，插入饼图→圆环图，设置标题字体、字号。选中图表中圆环并右击，在弹出的快捷菜单中选择“设置数据系列格式”命令，设置圆环圆内径大小为30%。按照数据依次设置特定圆环区域填充颜色为白色，即可得到所示图表。

3. pyecharts 玫瑰图 pie_rosetype

独立探究pyecharts实现图6-89所示的玫瑰图。

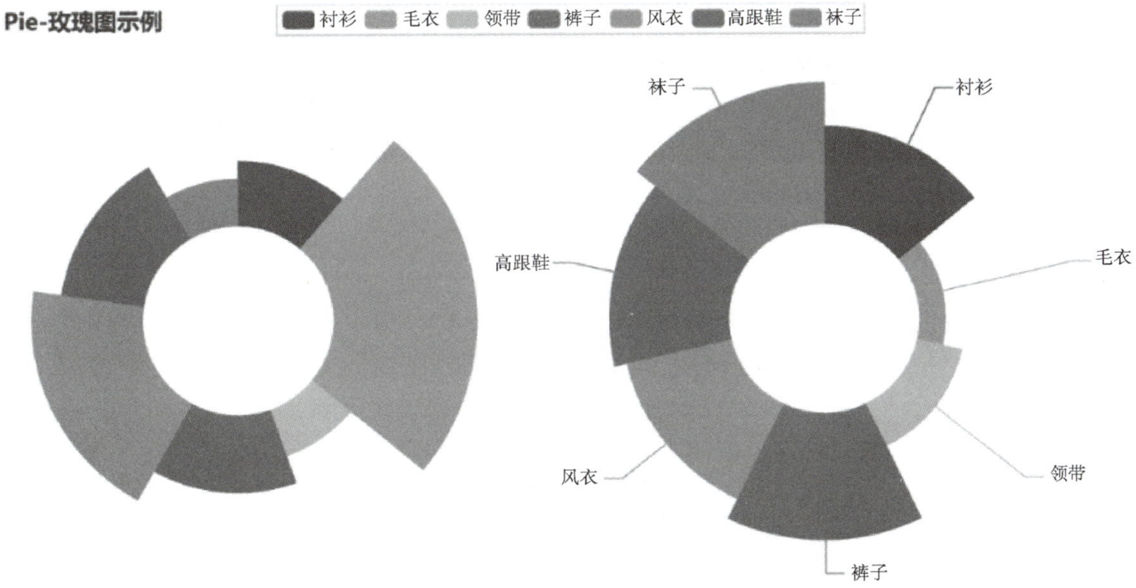

图6-89　pyecharts玫瑰图

参考如下源代码及注释说明：

```
#pyecharts Pie_rosetype玫瑰图
from pyecharts import options as opts
from pyecharts.faker import Faker
from pyecharts.charts import Pie

v=Faker.choose()
c=(
    Pie()
    .add(
        "",
        [list(z) for z in zip(v, Faker.values())],#准备数据
        radius=["30%", "75%"],        #内外半径所占比例大小
        center=["21%", "50%"],        #中心位置所占x轴(左开始算)、y轴比例大小
        rosetype="radius",

        label_opts=opts.LabelOpts(is_show=False),
    )
    .add(
        "",
        [list(z) for z in zip(v, Faker.values())],
        radius=["30%", "75%"],
        center=["72%", "50%"],
        rosetype="area",
    )
    .set_global_opts(title_opts=opts.TitleOpts(title="Pie-玫瑰图示例"))
    .render("t.html")
)
#参数rosetype即为选择展示数值大小的方式，共有两个取值可选：
#1)radius各扇区圆心角表示所占百分比，半径表示数值大小
#2)area表示各扇区弧度相等，半径表示数值大小
#3)缺省则为普通饼图
```

4. seaborn 多图表的二元图

独立探究seaborn实现图6-90所示包含多图表的二元图。

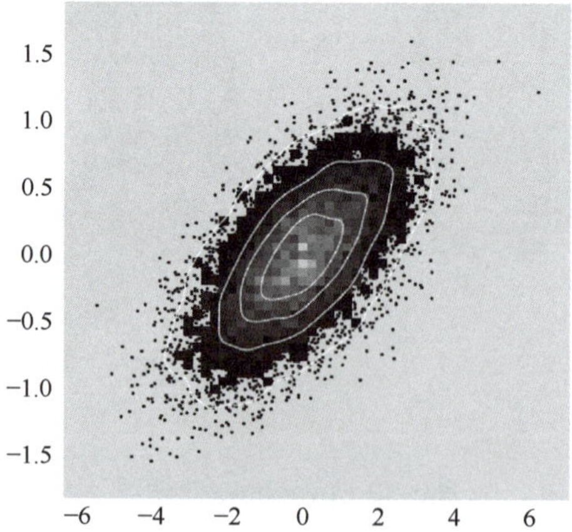

图6-90　seaborn多图表二元图

参考如下源代码及注释说明：

```
#导入库
import numpy as np
import seaborn as sns
import matplotlib.pyplot as plt
#设置主题
sns.set_theme(style="dark")

#Simulate data from a bivariate Gaussian
#模拟二元高斯数据(二元正态分布)
n=10000
mean=[0,0]
cov=[(2,.4),(.4,.2)]
#设置种子0，生成随机数相同
rng=np.random.RandomState(0)
x,y=rng.multivariate_normal(mean,cov,n).T

#Draw a combo histogram and scatterplot with density contours
#绘制具有密度等值线的组合直方图和散点图
f,ax=plt.subplots(figsize=(6,6))
#散点图：x，y数据点，s数据点大小
sns.scatterplot(x=x,y=y,s=5,color="black")
#直方图：x，y数据点，bins条数，cmap颜色模式，pthresh图形显示的数据范围
sns.histplot(x=x,y=y,bins=50,pthresh=.1,cmap="mako")
#level线的疏密
sns.kdeplot(x=x,y=y,levels=5,color="w",linewidths=1)
plt.show()
```

小　　结

本章实践内容较多，介绍了折线图、柱形图、饼图、散点图、气泡图、雷达图、箱形图等图形的基本概念和使用Excel、Python绘制常用图表，掌握了Python的Matplotlib、pyecharts和seaborn三个绘图库的使用，最后通过一个$PM_{2.5}$综合案例实现Python编程爬取指定网页$PM_{2.5}$实时数据并可视化的过程。

本章内容需要上机实践，要多练，秘籍“无他，但手熟尔”。

思考与练习

1. 深入探究本章没有介绍过的数据可视化工具，可以考虑不同领域，如地图数据、金融数据、时间轴数据等。

2. 查阅理解术语HTML、CSS、JavaScript、SVG、Canvas、HTML5。

3. 深入探究本章没有介绍过的或者自己感兴趣的图表类型及绘图方式。

4. 在matplotlib图形库中选择一个感兴趣的图形研究并弄懂，自己再绘制一个图形。

5. 探究Echarts可视化，选择一个感兴趣的图形研究并弄懂，自己再绘制一个图形。

6. 探究seaborn可视化，选择一个感兴趣的图形研究并弄懂，自己再绘制一个图形。

7. 读完本章，哪部分内容触发了你的思考？引发你查阅了哪些资料？练习了哪些编程操作？

第7章 数据安全与保护

信息技术与经济社会的交汇融合引发了数据迅猛增长，数据已成为国家基础性战略资源，大数据正日益对全球生产、流通、分配、消费活动以及经济运行机制、社会生活方式和国家治理能力产生重要影响，数据的战略价值越来越重要，成为除土地、劳动力、资本、技术以外的又一项关键生产要素。但是，当前大数据在收集、存储和使用过程中面临着诸多安全风险，大数据导致的隐私泄露为用户带来严重困扰，大数据安全与隐私保护面临着新的技术挑战。

学习目标

◎理解数据的安全与保护的基本理念。

◎了解典型病毒的危害及预防。

◎掌握数据加密的基本概念。

◎掌握DES和RSA加密算法。

◎理解数据保护技术，如身份认证、访问控制、数据脱敏等。

◎了解最新的数据安全技术发展，如安全多方计算、差分隐私、联邦学习、网络安全态势感知、可搜索加密和抗量子密码算法等。

学习指导

我们已经一起学习了前六章内容，相信读者已经形成了自己的学习习惯和解决问题的方法。本章内容基本是数据加密和保护技术理论基础的介绍，难度较大，有的内容比较烦琐，如DES加密过程，建议读者多读多思考，坚持做“难而正确的事”，相信读者在学习探究过程中一定能够不断突破自我，收获的将不仅是知识。

7.1 概　　述

随着物联网、人工智能、云计算的广泛应用，大数据正在重塑世界新格局，被誉为“21世纪的钻石矿”，成为国家基础性战略资源。我们在享受大数据福祉的同时，也面临着前所未有的挑战，大数据安全问题日益凸显。数据泄露、数据篡改、大数据杀熟、恶意软件和个人信息泄露等事件频发，地下数据交易造成数据滥用和网络诈骗，破坏社会秩序、损害公共利益，对个人生活造成危害，甚至威胁国家安全。

7.1.1 基本概念

1. 数据安全定义

2021年9月1日起施行的《中华人民共和国数据安全法》第三条指出："数据安全，是指通过采取必要措施，确保数据处于有效保护和合法利用的状态，以及具备保障持续安全状态的能力。"数据不受偶然的或者恶意的原因而遭到篡改、泄露或破坏，保证系统可靠、不间断地正常运行，服务不中断。

大数据时代的数据安全包括个人信息安全、重要数据安全、数据跨境安全等。个人信息是指以电子或者其他方式记录的能够单独或者与其他信息结合识别自然人个人身份的各种信息，包括但不限于自然人的姓名、出生日期、身份证号码、个人生物识别信息、住址、电话号码等。

个人信息可划分为两类：个人识别信息（personal identity information,PII）和个人隐私数据。其中个人识别信息是指能直接根据该信息识别和定位到个人的信息，如姓名、身份证号码、银行卡号等；个人隐私数据是指虽不能直接识别和定位到个人，但通过关联和综合分析，有可能定位到个人的信息，如健康信息、教育经历、征信记录等。

重要数据是指与国家安全、经济发展，以及社会公共利益密切相关的数据，一旦遭到篡改、破坏、泄露或者非法获取、非法利用，可能危害国家安全、公共利益。如未公开的政府信息，大面积人口数据、基因健康、地理、矿产资源等信息。

数据出境是指网络运营者将在中华人民共和国境内运行中收集和产生的个人信息和重要数据提供给位于境外的机构、组织、个人。网络运营者，是指网络的所有者、管理者和网络服务提供者。

接下来重点讨论与日常生活关系密切的个人信息部分。

2021年1月1日起施行的《中华人民共和国民法典》规定自然人享有隐私权。任何组织或者个人不得以刺探、侵扰、泄露、公开等方式侵害他人的隐私权。隐私是自然人的私人生活安宁和不愿为他人知晓的私密空间、私密活动、私密信息。

大数据系统中普遍存在大量的个人信息，在发生数据滥用、内部偷窃、网络攻击等安全事件时，个人信息泄露产生的后果远比一般信息系统严重。目前，大数据隐私已经不仅仅局限于个人隐私基本信息的泄露，也包括依据隐私资源对受保护者的状态、行为的分析预测等得出的衍生数据。

来看一个典型的案例，20世纪90年代中期，美国马萨诸塞州为了推动公共医学研究，公开发布了政府雇员的医疗数据。为了防止用户隐私泄露，在数据发布之前对数据进行了匿名化处理，即删除了所有的敏感信息，如姓名、身份证号和家庭住址等，仅保留了性别、出生日期和邮编三个关键字段。然而，Latanya Sweeney根据一份公开的马萨诸塞州选民登记表，成功破解了这份匿名化处理后的医疗数据。选民登记表里记录了投票人姓名、性别、出生年月、住址和邮编等个人信息，她将两份数据进行对比，发现匿名医疗数据中与选民登记数据中生日相同的人数有限，生日、性别和邮编三者都相同的人更是少之又少，由此Sweeney可以获取医疗数据中任何一个人的医疗记录。

2. 数据安全要素

传统的数据安全通常考虑机密性（confidentiality）、完整性（integrity）和可用性（availability）三个特点。除此之外还有认证性（authentication）和不可否认性（nonrepudiation）。

机密性是指保证信息不泄露给非授权的用户或实体，确保存储的信息和被传输的信息仅能被授权的各方得到，而非授权用户即使得到信息也无法知晓信息内容。实现机密性通常使用访问控制技术防止非授权用户获得机密信息，通过加密技术防止非授权用户获知信息内容。

完整性是指信息未经授权不能进行篡改的特征，确保信息的一致性，即信息在生成、传输、存储和使用过程中不应发生人为或非人为的非授权篡改（如插入、修改、删除、重排序等）。一般通过访问控制阻止篡改行为，同时通过算法来验证是否被篡改。

可用性是保障信息资源随时可提供服务的能力特性，即授权用户根据需要可以随时访问所需信息，保证合法用户对信息资源的使用不被非法拒绝。

认证性又称真实性，是确保一个消息的来源或消息本身被正确地标识，同时确保该标识没有被伪造，一般通过数字签名、消息认证码等方式实现。认证分为消息认证和实体认证两种。消息认证是对通信数据的认证，目的是验证消息在传送或存储过程中是否被篡改。实体认证是对通信主体的认证，目的是识别通信方的真实身份，防止假冒。

不可否认性是指能保障用户无法在事后否认曾经对信息进行的生成、签发、接收等行为，是针对通信各方信息真实性、一致性的安全要求。为了防止发送方或接收方抵赖所传输的消息，要求发送方和接收方都不能抵赖所进行的行为，一般使用数字签名来提供抗否认服务。当发送一个消息时，接收方能证实该消息确实是由既定的发送方发来的，称为源不可否认性。当接收方收到一个消息时，发送方能够证实该消息确实已经送到了指定的接收方，称为宿不可否认性。

3. 数据安全威胁因素

威胁数据安全的因素一般包括内部泄密、网络窃听、病毒感染、黑客攻击、非授权访问和物理安全等。

①内部泄密：主要是指由于组织或机构内部管理问题，导致数据被内部人员有意或无意地泄露了出去。

②网络窃听：是指非法用户在未授权的情况下，通过窃听软件，侦听网络传输通道或服务器、路由器等关键网络设备，获得敏感的信息。

③病毒感染：计算机病毒能够通过自我复制对计算机的功能和数据进行破坏，影响系统的正常运行甚至导致系统瘫痪。

④黑客攻击：通过扫描系统漏洞，利用系统中安全防护的薄弱环节或系统漏洞，攻击目标系统或窃取存储的敏感信息。

⑤非授权访问：是指通过各种手段规避系统的访问控制机制，未经系统授权使用网络或计算机资源、越权访问信息、篡改破坏数据、非正常获得个人隐私数据等。

⑥物理安全：是指因硬件设备故障、自然灾害、电力问题、电磁干扰等导致系统不能正常运行或无法提供服务。

7.1.2　安全挑战

大数据安全风险伴随大数据应运而生，当前环境下，大数据平台与技术、大数据环境下的数据和个人信息等方面都面临着极大的安全挑战，这些挑战不仅对个人有着重大影响，更直接威胁到社会的繁荣稳定和国家的安全利益。

1. 技术和平台挑战

大数据的飞速发展，各种大数据技术层出不穷，新的技术架构、支撑平台和大数据软件不断涌现，大数据平台和技术也面临着新的安全挑战。Hadoop对数据的聚合增加了数据泄露的风险；大数据平台中复杂多样的数据存储在一起，在数据管理和使用环节容易形成安全隐患；NoSQL技术在维护数据安全方面缺乏严格的访问控制和隐私管理；传统网络安全防御技术以及现有网络安全行政监管手段与大数据安全保护的需求之间还存在较大差距；安全防护手段的更新升级速度无法跟上数据量指数级增长的步伐等。大数据技术和平台挑战面临的挑战主要表现在以下四个方面。

（1）传统安全措施难以适配

海量、多源、异构、动态性等大数据特征导致其与传统的数据应用安全环境有较大区别。大数据平台一般采用分布式存储和分布式计算架构为其提供海量数据存储和高效计算服务，传统的安全保护措施不再有效。同时，新形势下的高级持续性威胁（APT）、分布式拒绝服务攻击（DDoS）、基于机器学习的数据挖掘和隐私发现等新型攻击手段出现，也使得传统的防御、检测等安全控制措施暴露出严重不足。

（2）平台安全机制严重不足

现有大数据应用中多采用通用的大数据管理平台和技术，如基于Hadoop生态架构的HBase、Hive、MongoDB、Spark等。这些平台和技术在设计之初，大部分考虑是在可信的内部网络使用，对大数据应用用户的身份鉴别、授权访问、密钥服务以及安全审计等方面考虑较少。即使有些软件做了改进，但整体安全保障能力仍然比较薄弱。同时，大数据应用中多采用第三方开源组件，对这些组件缺乏严格的测试管理和安全认证，使得大数据应用对软件漏洞和恶意后门的防范能力不足。

（3）应用访问控制愈加困难

由于大数据数据类型复杂、应用范围广泛，通常都要为来自不同组织或部门、不同身份与目的的用户提供服务。传统的基于集中数据存储的用户身份鉴别难以满足安全需求，大数据系统需要更准确地识别和鉴别用户身份。

一般情况下访问控制是实现数据受控访问的有效手段。但是，由于大数据应用场景中存在大量未知的用户和数据，预先设置角色及权限十分困难。即使可以事先对用户权限分类，但由于用户角色众多，难以精细化和细粒度地控制每个角色的实际权限，从而导致无法准确为每个用户指定其可以访问的数据范围。

（4）基础密码技术急需突破

面对日益发展的云计算和大数据应用，现有密码算法在适用场景、计算效率以及密钥管理等方面存在明显不足。为此，针对数据权益保护、多方计算、访问控制、可追溯性等方面的安全需求，近年来提出了大量的用于大数据安全保护的密码技术，包括同态加密算法、完整性校验、密文搜索等，为更好地保护大数据，这些基础密码技术急需突破。

2. 数据安全和个人信息保护挑战

大数据中包含了大量的数据，而其中又蕴含着巨大的价值。大数据的数据量大且相互关联，一次成功的攻击就能够获得大量的数据，可以从大数据中快速捕捉到有价值的信息，尤其是个人敏感信息。数据安全和个人信息保护是大数据应用和发展中必须面临的重大挑战，主要表现在以下六个方面。

（1）数据安全保护难度加大

大数据拥有巨大的数据，使其更容易成为网络攻击的显著目标。在开放的网络化社会，蕴含着海量数据和潜在价值的大数据更受黑客青睐，近年来也频繁爆发信息系统邮箱账号、社保信息、银行卡号等数据大量被窃的安全事件。分布式的系统部署、开放的网络环境、复杂的数据应用和众多的用户访问，都使得大数据安全面临更大的挑战。

（2）个人信息泄露风险加剧

由于大数据系统中普遍存在大量的个人信息，在发生数据滥用、内部偷窃、网络攻击等安全事件时，个人信息泄露产生的后果将远比一般信息系统严重。另外，大数据的优势在于从大量数据的分析和利用中产生价值，在对海量多源数据进行综合分析时，分析人员更容易通过关联关系挖掘出更多的个人信息，从而进一步加剧了个人信息泄露的风险。

（3）数据真实性保障更加困难

大数据系统中的数据来源广泛，如各种传感器、主动上传者或者公开网站。在这些数据源中，除了可信的数据来源外，同时存在大量不可信的数据来源，甚至有些攻击者会故意伪造数据，企图诱导数据分析结果。因此，对数据的真实性确认、来源验证等需求非常重要。然而，由于采集终端性能限制、技术不足、信息量有限、来源种类繁杂等原因，对所有数据进行真实性验证还存在很大的困难。

（4）数据所有者权益难以保障

大数据应用过程中，数据被多种角色用户接触，会从一个控制者流向另外一个控制者，甚至会在某些应用阶段挖掘产生新的数据。因此，在大数据的共享交换、交易流通过程中，会出现数据拥有者与管理者不同、数据所有权和使用权分离的情况，即数据会脱离数据所有者的控制而存在，从而会带来数据滥用、权属不明确、安全监管责任不清晰等安全风险，严重损害数据所有者的权益。

（5）大数据技术被作为攻击手段

企业用大数据技术进行数据挖掘与分析获取价值的同时，黑客也在利用大数据技术进行攻击，通过最大限度地收集更多有用信息，如社交网络、电子商务、邮件等，利用大数据分析实现更加精准的攻击。同时，大数据也为攻击提供了更多机会，如黑客可以利用大数据技术同时控制上百万台傀儡机，发起僵尸网络攻击。

（6）大数据成为高级可持续攻击（APT）的载体

传统的攻击检测是基于单个时间点进行的实时检测，而高级可持续攻击是一个连续长时间的实施过程，很难被实时检测。同时，因为大数据的价值密度低，安全分析工具很难集中在价值点上，黑客可以将攻击隐藏在大数据中，误导安全检测目标信息提取和检索，给安全服务的分析造成很大困难。

7.1.3　安全框架

大数据安全主要是保障数据不被窃取、破坏和滥用，确保大数据系统的安全可靠运行。为此需要构建包括系统层面、数据层面和服务层面的大数据安全框架，从技术保障、管理保障、过程保障和运行保障多维度保障大数据应用和数据安全。

从系统层面来看，保障大数据应用和数据安全需要构建立体纵深的安全防护体系，通过系统性、全局性地采取安全防护措施，保障大数据系统正确、安全可靠地运行，防止大数据被泄密、篡改或滥用。主流大数据系统是由通用的云计算、云存储、数据采集终端、应用软件、网络通信等部分组成，保障大数据应用和数据安全的前提是要保障大数据系统中各组成部分的安全，这是大数据安全保障的重要内容。

从数据层面来看，大数据应用涉及采集、传输、存储、处理、交换、销毁等环节，每个环节都面临不同的安全威胁，需要采取不同的安全防护措施，确保数据在各个环节的保密性、完整性、可用性。

从服务层面来看，大数据应用在各行业得到了蓬勃发展，为用户提供数据驱动的诸多信息技术服务，因此，需要在服务层面加强大数据的安全运营管理、风险管理，做好数据资产保护，确保大数据服务安全可靠运行，从而充分挖掘大数据的价值，提高生产效率，同时又防范针对大数据应用的各种安全隐患。

7.1.4 安全保障

大数据安全保障可以从物理安全、系统安全、网络安全、存储安全、访问安全、审计安全、运营安全等角度进行考虑，围绕大数据全生命周期，即数据采集、传输、存储、处理、交换、销毁等阶段进行安全防护，最大程度地保护大数据自身安全，防止数据泄露、越权访问、数据篡改、数据丢失、密钥泄露、侵犯用户隐私等问题的出现。

首先是传统的物理安全方面，可以更新最新补丁、操作系统内核安全加固、操作系统权限控制、部署防病毒软件，安装防火墙和入侵检测系统等手段保证节点正常运行。加强防震、防火、防水、避雷、防电磁泄漏或干扰等措施抵御自然灾害和意外事故，从集群容灾、备份等方面保证数据的安全。

其次，在数据采集、传输、存储、处理、交换、销毁等各个环节，每个环节都面临不同的安全威胁，需要采取不同的安全防护措施，确保数据在各个环节的保密性、完整性和可用性。

在数据收集阶段，用户数据上传到感知平台后，就失去了对数据及其属性的控制权，用户的身份、位置隐私、轨迹隐私和数据隐私将面临泄露的风险。针对这些隐私问题，可以利用身份加密、匿名技术、数据扰动和数据加密方法等保护隐私。

传输数据时为保证安全，可分别从数据传输加密、数据传输端点安全、数据传输通道安全和数据传输访问控制四个方面考虑。数据传输加密包括网络通道加密和信源加密，对数据传输端点搭建有效的安全防护体系，选取关键增强点进行加密，如通过安全通信协议如IPSec（internet protocol security）来确保应用服务器到互联网的数据传输安全，通过安全代理网关来进一步加强访问终端与应用服务器之间的传输安全。数据传输通道安全关注代理服务器到终端、代理服务器到互联网、代理服务器到代理服务器之间的安全。数据传输访问控制通过身份认证、权限限制、端口开放访问控制实现数据传输访问控制。

在数据存储和处理阶段，大数据平台要求用户提供身份位置、属性偏好等详细信息以获得高质量数据，这就可能造成个人隐私泄露。同时，对数据进行关联分析会进一步导致用户敏感信息泄露。为保证数据安全，在这个阶段可以采用同态加密、属性加密、差分隐私等手段来解决。

数据服务阶段，在为用户提供查询、分析服务的同时，服务平台会对聚合数据进行关联分析和深度的数据挖掘。同时各个平台为了追求利益最大化，可能存在数据泄露和数据非法交易等问题。可以使用同态加密、差分隐私、安全多方计算等技术有效保护用户隐私，防止隐私泄露。

此外，大数据时代个人信息安全问题备受关注。互联网经济、互联网社交等新业态的普及，越来越多的系统和平台收集个人信息，并对个人信息进行存储、处理甚至交换，越来越多的数据共享开放，交叉使用。个人信息的非法收集、泄露、滥用等已成为社会性关注的焦点问题，个人权益严重受损情况屡见不鲜，甚至出现很多与个人信息滥用有关的违法犯罪活动，迫切需要通过各种技术手段保障大数据背景下的数据安全和隐私保护。

本章接下来首先讨论典型病毒和APT（高级持续性威胁）基本概念，然后重点介绍数据加密技术，之后简单说明身份认证、访问控制、数据脱敏等技术的基本原理，最后讨论当前的热点隐私计算技术，如安全多方计算、差分隐私、联邦学习等。

7.2　病　　毒

我国《计算机病毒防治管理办法》中定义计算机病毒是指编制或者在计算机程序中插入的破坏计算机功能或者毁坏数据，影响计算机使用，并能自我复制的一组计算机指令或者程序代码。目前读者一般对计算机病毒比较了解，本节不再罗列有关病毒发展、特性和防范等内容，主要介绍目前危害较大的典型病毒和APT。

7.2.1　典型病毒

1. 蠕虫病毒

作为一种常见的计算机病毒，蠕虫病毒传播媒介包括电子邮件、即时通信软件、系统漏洞等。蠕虫病毒可以独立运行，通过不停止地控制网络中存在漏洞的计算机进行传播。2010年，世界上首个专门针对工业控制系统编写的破坏性病毒“震网”（Stuxnet）蠕虫攻击了伊朗布什尔核电站，致使核电站无法正常运转生产，给伊朗核设施带来极大危害。核电站的网络属于内部核心网络，与外网是物理隔离的，但是内网却遭到了攻击，请先尝试思考原因，再看下面具体攻击细节。

因为攻击者无法通过公共网络对该核电站进行攻击，于是利用核电站的一个工作人员的家庭计算机作为跳板，首先对家庭计算机进行攻击，获取该目标计算机的权限；然后对该计算机的移动设备进行攻击，嵌入蠕虫病毒；该工作人员使用已经被嵌入蠕虫病毒的USB插入核电站的计算机上时，Stuxnet蠕虫病毒便开始了传播。

2017年的WannaCry病毒也是一种蠕虫病毒，同时也是勒索病毒。勒索病毒利用各种加密算法对被感染者文件进行加密，加密的文件一般无法解密，必须拿到解密的密钥才能破解。勒索病毒以加密用户文件为由勒索金钱进行网络非法犯罪，已成为政企用户计算机最大的安全威胁之一。勒索病毒一旦入侵计算机，就会有选择地遍历用户文件夹下文件进行加密，使用户无法正常读取文件，必须支付赎金才能解密。

2. 木马病毒

木马病毒源自古希腊特洛伊战争中著名的“木马计”而得名，它通过伪装潜伏等手段侵入受害计算机或移动存储介质中，控制对方计算机，以窃取计算机内部机密信息非法获利，如重要文件、账号和密码等。

现在比较流行的木马病毒是“挖矿木马”，随着加密货币价格的攀升，国内外频频爆出各种“挖矿木马”事件。比特币是以区块链技术为基础的虚拟加密货币，比特币的获得需要高性能计算机（又称矿机，一般配置顶级CPU和GPU）按特定算法计算，计算的过程被形象地称为“挖矿”。当用户下载安装某些带“挖矿木马”病毒的软件后，木马也会入侵计算机，利用受害者计算机的运算能力进行挖矿活动，从而获取非法收益。

7.2.2 APT

1. 定义

APT（advanced persistent threat）即高级持续性威胁。美国国家标准技术研究所将其定义为攻击者掌握先进的专业知识和有效的资源，通过多种攻击途径（如网络、物理设施和欺骗等），在特定组织的信息技术基础设施建立并转移立足点，以窃取机密信息，破坏或阻碍任务、程序或组织的关键系统，或者驻留在组织的内部网络，进行后续攻击。APT攻击是针对大数据系统的最具代表性的网络攻击之一。

2. 特点

APT攻击的特点为高级、持续和威胁大。

Advanced指技术高级，攻击者掌握先进复杂的攻击技术，使用多种攻击途径，而且攻击过程复杂，持续攻击过程中攻击者能够动态调整攻击方式，从整体上控制攻击过程。

Persistent是持续时间长。与传统黑客进行网络攻击的目的不同，实施APT攻击的黑客组织通常具有明确的攻击目标和目的，通过长期不断的信息搜集、信息监控、渗透入侵实施攻击步骤，攻击成功后一般还会继续留在网络中，等待时机执行后续攻击。

Threat是威胁性大。APT攻击通常拥有雄厚的资金支持，由经验丰富的黑客团队发起，一般以破坏国家或是大型企业的关键基础设施为目标，窃取内部核心机密信息，危害国家安全和社会稳定。

3. 发展

APT演化发展历程可划分为三个阶段，即初级阶段、中级阶段和高级阶段。

在威胁初级阶段（1986—2000年），主要以感染式的计算机病毒、跨节点自我复制的蠕虫和相关威胁意图的木马等恶意代码为攻击载体，以炫耀编程技术和知识产权报复为攻击动力，涉及的通常是小规模网络攻击，恶意代码选择系统中的防御脆弱点进行攻击。

在威胁中级阶段（2000—2010年），利用软件漏洞和社工邮件为渗透工具，以持续性网络攻击为主要攻击手段，以经济获利为攻击动力，其目标明确、持续性强、具有稳定性。此阶段的网络攻击多伴随着网络犯罪和网络间谍行为，以经济利益为主要目的。在此期间，利用前阶段的恶意代码技术积累，仍以脆弱处（如软件漏洞和社工邮件）为攻击点。

在威胁高级阶段（2010年至今），以攻击基础设施、窃取敏感情报为目的，具有强烈的国家战略意图。在此期间，网络攻击行为更综合、更隐蔽，即尽可能利用多种技术与工具，更为隐蔽、悄无声息地潜伏于目标系统中，以伺机发起窃密与破坏攻击。由于有雄厚的资金支持，此时的网络攻击持续更长、威胁更大；由于攻击背后包含国家战略意图，APT攻击已具备网络战雏形，现实威胁极大。

三个阶段比较总结见表7-1。

表7-1 APT的发展阶段

阶段	时间	工具	目的	危害
初级	1986—2000年	恶意代码	炫耀编程技术和知识产权报复	小规模网络攻击
中级	2000—2010年	软件漏洞和社工邮件	获取经济利益	网络犯罪和网络间谍行为
高级	2010年至今	多种技术与工具	攻击基础设施、窃取敏感情报	网络战雏形，现实威胁大

4. 生命周期

APT的攻击生命周期可以分为信息收集期、入侵期、潜伏期和退出期四个阶段。一般每个阶段都是以其前面的阶段所取得的成果为基础，整个过程表现出循序渐进的特征，而各阶段所取得的成果是否充分制约着该阶段持续的时间。

（1）信息收集期

信息收集期是APT攻击的基础阶段。攻击发起者需要利用各种工具、各种方法收集被攻击对象网络系统中的各种相关信息，如相关业务流程和使用情况。通常目标企业员工会变成攻击发起者的首要突破口，利用社会工程能够轻易地获取目标网络环境、架构框架、人力信息等一些重要资料。在获取到足够多的信息后，结合目标网络内的网络流量、软件使用版本、可利用端口和其他因素进行整理分析，做必要的逻辑推理，最后得到可用的消息。

APT发起者通常是利用欺骗手段收取相关的情报信息，具体的方法包括冒充权威或组织、利用他人的同情心理、许诺个人利益等，这些都是利用社会工程学获取资料的有效形式。

（2）入侵期

入侵期是APT攻击的实施阶段。攻击发起者利用各种手段以突破目标网络的安全防线，进一步收集资料。一旦入侵成功，目标网络的所有资料基本暴露无遗。APT攻击者会依据目标人员的特点来制定相应的入侵方案。如利用目标的同情、好奇心理，结合当前发生的重大事件给其发送捆绑有染毒附件的电子邮件，或者将正常的网址请求重定向到精心准备的恶意站点。攻击的方法多种多样，最终目的是尽量绕开目标网络的网络安全产品的检测，成功入侵宿主网络。

（3）潜伏期

APT攻击在成功入侵后，并不满足于一时获取的大量有用数据，为确保能够长期得到目标网络中有用的数据，APT会做到选择合适的时间进行窃密活动，其余时间则潜伏，这样可以保证其在很长时间内不被检测系统发觉。

（4）退出期

当窃取信息的目的完成后，植入目标网络内的恶意程序已完成使命。为了防止其被再次利用或暴露，要将APT的入侵痕迹在目标网络内清除，根据之前收集到的系统信息，将目标终端进行状态还原，恢复网络参数，并将相关的日志删除。

5. 攻击检测

对APT攻击的检测方法主要有三种类型：基于APT攻击生命周期、大数据分析和动态行为分析。

围绕APT攻击生命周期的每个阶段与环节建立起防御体系，可以进行逐点拦截、整体识别攻击，攻击者将难以从整体上逃避检测。

从数据空间的角度来看，由于APT攻击载体存在于大数据中，利用大数据分析，对各层面、各阶段的全方位数据进行检测，依据不同数据关联不同阶段的原则，进行APT攻击检测分析。基于大数据分析的检测容易发现关联攻击事件，缺点是数据复杂、系统复杂、成本过高。

当APT攻击执行时才会表现出其攻击行为，因此从本质上说，只有动态行为分析才能实时获知APT攻击特征，动态监控并分析文件系统、进程、注册表及网络连接等行为，以此判断其行为是否正常，进而及时响应攻击事件。

7.3 数据加密

先看一个例子，电视剧《潜伏》里多次出现组织通过广播给余则成发指令的情节。在约定的频率和时间，余则成和翠平用普通收音机收听广播，记录下广播里播放的一连串阿拉伯数字，通过查看一本《蝴蝶梦》，将每个数字（或者每几个数字）对应书中某页某行的某个字，把一串阿拉伯数字翻译成明文获得指令内容。

再看下面的图，一张奇怪的纸条如图7-1所示，上面用线条画着一些跳舞的小人，这些可爱的小人似乎是出自孩子的手笔。

这是英国侦探小说作家柯南·道尔《福尔摩斯探案集》中的一个叫《跳舞的小人》（*The Dancing Men*）的故事，小说中福尔摩斯用一个跳舞小人的密码本如图7-2所示，破解上述纸条的内容。

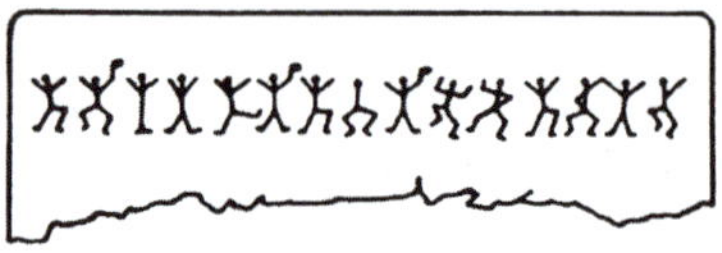

图7-1　一张奇怪的纸条

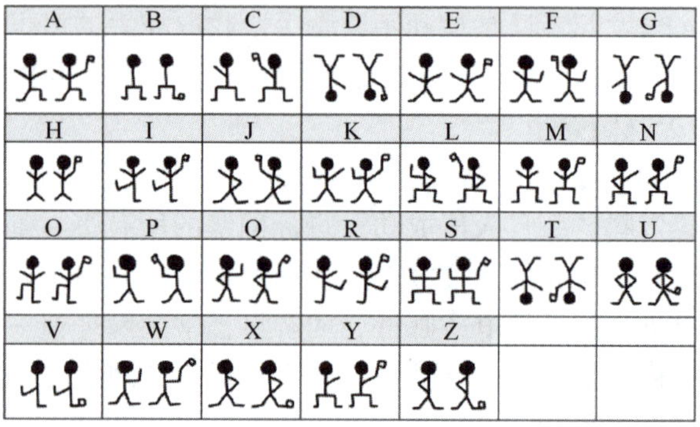

图7-2　跳舞小人密码

请尝试根据上面的密码表，破解出图7-1纸条的内容（AM HERE ABE SLANEY）。

不管是《潜伏》中的听广播翻译密码还是福尔摩斯的跳舞小人，都是一种传统加密方法“简单代替密码”，就是用一个符号代替另一个符号，而代替的规则是确定的。比如几个数字代表一个汉字，或者一个小人就代表一个英文字母。本节将主要介绍有关加密的内容。

7.3.1 密码发展史

密码（cryptology）是一种用来混淆的技术，它将正常的、可识别的信息转变为无法识别的信息。《中华人民共和国密码法》第二条定义密码“是指采用特定变换的方法对信息等进行加密保护、安全认证的技术、产品和服务”。

密码学是一个非常古老的学科，拥有几千年的历史，密码学一词源自希腊语kryptós和gráphein，直译即为“隐藏”及“书写”之意。1949年信息论创始人Shannon发表了《保密系统的通信理论》（*Communication Theory of Secrecy Systems*），成为密码学历史上具有里程碑式的事件，这篇著名的论文为密码学的发展奠定了坚实的理论基础。1976年，Diffie和Hellman发表了《密码学的新方向》（*New Directions in Cryptography*），开创了非对称密钥（即公钥密码）的探索。1977年，美国数据加密标准（DES）的公布使密码学的研究公开，密码学得到了迅速发展。1978年由罗纳德·李维斯特（Ronald Rivest）、阿迪·萨莫尔（Adi Shamir）和伦纳德·阿德曼（Leonard Adleman）首先提出第一个实用的公钥密码体制RSA，使公钥密码的研究进入了快速发展阶段。

密码学的发展大概经历了三个阶段：古典密码阶段、近代密码阶段和现代密码阶段。

1. 古典密码阶段

中国古代军事著作《六韬》据说为周朝姜子牙所著，其中《龙韬•阴符》篇和《龙韬•阴书》篇讲述了在战争中君主如何与在外的将领进行保密通信，摘录《龙韬•阴符》部分内容如下：

武王问太公曰：引兵深入诸侯之地，三军卒有缓急，或利或害，吾将以近通远，从中应外，以给三军之用，为之奈何？

太公曰：主与将有阴符凡八等。凡大胜克敌之符，长一尺；破军杀将之符，长九寸；降城得邑之符，长八寸；却敌报远之符，长七寸；警众坚守之符，长六寸；请粮益兵之符，长五寸；败军亡将之符，长四寸；失利亡士之符，长三寸。诸奉使行符，稽留者，若符事泄，闻者告者，皆诛之。八符者，主将秘闻，所以阴通言语不泄，中外相知之术。敌虽圣智，莫之能识。

公元前700年左右，古希腊军队用一种称为“Scytale”的圆木棍进行保密通信。把长带子状羊皮纸缠绕在圆木棍上，然后在上面写字。解下羊皮纸后，上面只有杂乱无章的字符，只有再次以同样的方式缠绕到同样粗细的棍子上，才能看出所写的内容。这种Scytale圆木棍也许是人类最早使用的文字加密解密工具，据说主要是古希腊城邦中的斯巴达人（Sparta）在使用它，所以又称“斯巴达棒”，如图7-3所示。

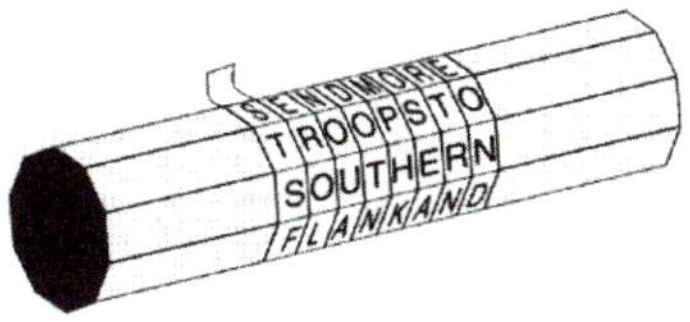

图7-3　斯巴达棒

这种类型的密码属于置换密码，又称换位密码。加密过程中明文的字母保持相同，但是顺序被打乱，接收者只要把位置恢复，就能得到明文。

除上述密码之外，古典密码学中另一种经典的算法是代换密码，明文中的每一个字符被替换成密文中的另一个字符，接收者对密文做反向替换就可以恢复明文，公元前1世纪高卢战争时使用的恺撒密码就是一种代换密码。

恺撒加密（Caesar cipher）是一种最简单而又最广为人知的加密方法，它是一种替换加密的技术，明文中的所有字母都在字母表上向后（或向前）按照一个固定数目进行偏移后被替换成密文。如当偏移量是左移3的时候，对应的明文密文字母对应关系见表7-2。

表7-2　恺撒密码对应关系

明文字母表	…	H	I	J	K	L	M	…
密文字母表	…	K	L	M	N	O	P	…

整个字母对应表如下所示：

明文字母表：ABCDEFGHIJKLMNOPQRSTUVWXYZ

密文字母表：DEFGHIJKLMNOPQRSTUVWXYZABC

所以当Bob发送信息“Hello Alice”时，根据上面对照表，密文就是“Khoor Dolfh”。

读者可以尝试使用Python编程实现上述恺撒加密。

古典密码阶段主要采用手工的方式对明文进行加密，典型密码包括恺撒密码和维吉尼亚密码，维吉尼亚密码是一种以恺撒密码为基础的多表密码，感兴趣的读者可以自行查阅资料了解。

2. 近代密码阶段

近代密码是指从第一次世界大战到1976年这段时期密码的发展阶段。

20世纪初，德国人布劳恩（Karl Braun）和意大利人马可尼（Guglielmo Marconi）共同推进了无线电报发展并因此而获得1909年诺贝尔物理学奖。无线电波成为新的通信手段，实现了远距离通信的即时传输。但是通过无线电波送出的信息不仅传给了己方，也可以传送给敌方，这就意味着必须给每条信息加密。

第一次世界大战结束前，世界上绝大部分的密码都是通过情报员逐个字母将情报转换为密文再进行发送，这种人工编码的方式不仅效率非常低，而且安全性也很差，容易被敌人窃取后通过频率分析破解密文。

1918年，德国人阿瑟·谢尔比乌斯（Arthur Sherbius）发明了一种能够进行加密和解密的Enigma密码机。Enigma这个名字来自希腊语，意为“谜团”或“谜题”。Enigma密码机包括一个键盘、一个转子装置、一个插线板和一个显示板。用户可以使用键盘输入明文，然后通过转子装置进行编码，进而产生一串密文。接收方使用相同的密码机设置进行解码，将密文转换回明文。这个过程通过一系列转子的旋转来进行，使每个输入字符在输出时都发生变化。

1925年，德国军队全面装备Enigma密码机。1939年9月，第二次世界大战全面爆发，在此期间，德国使用Enigma密码机传递军事情报，很多人认为Enigma是一种无法破译的密码机。当时德国每日更换的密码参数，使用了一种称为“密钥表”的文件，其中包含当天用于设置转子的参数。这些参数包括转子的初始位置、转子顺序和插线板连接。正是这种每日更换的密码设置使得破解Enigma变得异常困难。

英国的数学家、逻辑学家、密码分析学家艾伦·图灵（Alan Turing）参加破译团队，秘密从事德国的密码破译工作。图灵在之前众多密码学家的研究成果基础上，1941年终于找出能够破解Enigma的方法并制造了破译机器，帮助盟军破译德国的军事密码，让二战提前至少两年结束，拯救了几千万人的生命。

近代密码阶段密码不再只使用手工的方式，增加了机械设备工具实现复杂的代换及置换，使用电报传递信息，以Enigma密码为代表。

3. 现代密码阶段

现代密码学的发展与计算机技术、电子通信技术密切相关。这一阶段的加密一般是对二进制位而不是对字符进行，通信方式包括无线通信、有线通信和计算机网络等，密码类型包括对称密码（又称分组密码、序列密码）和非对称密码（又称公钥密码），密码理论有坚实的数学理论基础，成为一门科学得到蓬勃发展。典型密码有ZUC、DES和RSA等。

ZUC是一个序列密码算法，是中国自主设计的对称密码算法，以中国古代著名数学家祖冲之的拼音（ZU Chongzhi）首字母命名，中文称为祖冲之算法，可用于数据保密性保护、完整性保护等。祖冲之算法集包括祖冲之算法（ZUC）、机密性算法（128-EEA3）和完整性算法（128-EIA3）三部分，2011年9月被批准成为新一代宽带无线移动通信系统（LTE）的国际标准，即4G的国际标准，是中国第一个成为国际密码算法标准的密码算法。

DES（data encryption standard）算法，即美国数据加密标准算法，是1972年IBM公司研制的对称密码算法。DES是一个分组密码算法，明文和密文的长度相同，分组长度为64位。加密解密用的都是同一个密钥，密钥长度为64位。目前由于DES的密文可以在短时间内被破译，因此除了用它来解密以前的密文以外，现在已不再使用。

RSA是一种公钥密码算法，名字是由它的提出者Ronald Rivest、Adi Shamir和Leonard Adleman

名字的首字母组成。1977年三人提出RSA算法，1987年7月首次在美国公布。RSA可以实现非对称加密，是一种基于大素数因子分解的困难问题上的算法。这种算法非常可靠，密钥越长，越难破解。一般1024位的RSA密钥基本安全，2048位的密钥极其安全，破解难度极大，但是随着未来量子计算机的发展这一密码可能很快会被破解。

7.3.2　基本概念

1. 密码系统

一个密码系统是由明文（plain text）、密文（cipher text）、密钥（key）、加密算法（encryption algorithm）和解密算法（decryption algorithm）五部分组成，如图7-4所示。

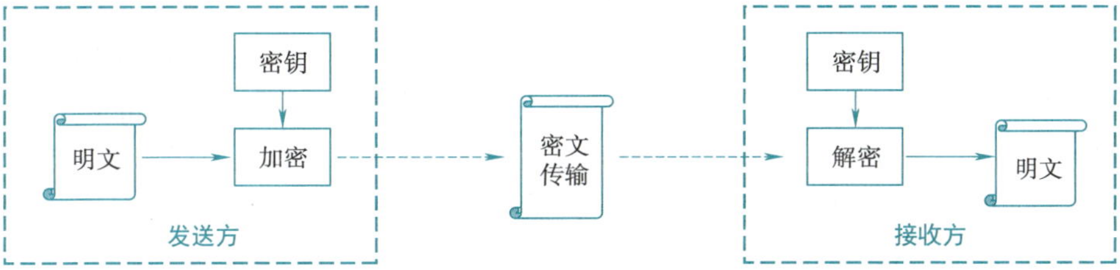

图7-4　密码系统

明文是信息的原始形式，密文是明文经过加密处理后生成的信息。密钥是加密或解密时输入的参数，加密算法是将明文转化为密文的算法，解密算法是将密文恢复为明文的算法。

以下面一个简单的例子说明，密钥K为1，实际应用中为保证安全，K值比较复杂，如国际数据加密算法IDEA的密钥长度为128位（bit）。

明文：“This is a book”

加密算法：将字母的ASCII码值加1

密文：“Uijt jt b cppl”

解密算法：将字母的ASCII码值减1

密钥：K=1

2. 对称加密与非对称加密

对称加密和非对称加密是两种常用的加密算法。对称加密（symmetric encryption）发送方和接收方使用相同的密钥进行加密和解密。发送方和接收方需要事先共享同一个密钥，使用该密钥进行加密和解密操作。对称加密算法的优点是加密解密速度快，适合对大量数据进行处理。但密钥管理较为困难，因为发送方和接收方需要事先共享密钥，并确保密钥的安全传递。

请读者思考，尝试找出一个日常生活中对称加密的例子。

对称加密一般分为两类，一种是对位（bit）或者字节（byte）进行操作，称为序列密码算法或流密码算法；另一种是对明文分组即多位（如64位）进行操作，称为分组密码算法。分组密码算法将明文信息编码后的二进制序列，划分为固定大小的块，每一块分别加密转换成等长的二进制序列。

典型的对称加密有DES算法、三重DES算法（triple data encryption algorithm, TDEA）、高级加密标准（advanced encryption standard, AES）等。

在对称加密中，由于加密和解密的密钥是相同的，因此必须向接收方发送密钥，又称单密钥加密。如果使用另外一种公钥加密方式则无须向接收方发送用于解密的密钥。公钥加密可以说是密码学历史上伟大的发明，又称非对称加密，意思是加密和解密使用的是不同的密钥。典型的非对称加密有RSA算法、椭圆曲线加密（ellipse curve cryptography, ECC）算法等。

非对称加密需要两个密钥：一个是公开密钥（public key，公钥），一个是私有密钥（private key，私钥）。公钥与私钥是一对，用公钥对数据进行加密，只有使用对应的私钥才能解密，这是非对称加密的核心概念。

通信时非对称加密需要四个密钥，通信双方各自准备一对公钥和私钥。其中公钥是公开的，由信息接收方提供给信息发送方用于加密要传输的信息。私钥由信息接收方保留，用来解密收到的密文。由于公钥是公开的，不存在保密问题，因此非对称加密完全不存在密钥发送的问题。

*7.3.3 DES

DES（data encryption standard）是IBM公司在1971—1972年研制的Lucifer加密算法上发展而来的对称加密算法，加密和解密使用相同的密钥。1977年美国将其作为非绝密信息的正式标准，是一种著名的分组加密算法。

DES算法将64位的明文加密处理为64位密文输出，算法有三个入口参数Key、Data和Mode。Key是DES算法的工作密钥，一共64位，奇偶校验位为第8、16、24、32、40、48、56、64位；Data为64位要加密或解密的数据；Mode为DES的工作方式，可以设置为加密或解密。

DES算法加密过程可以分为三部分，即初始置换IP（initial permutation）、16轮迭代过程和最终置换FP（final permutation），加密过程如图7-5所示。最终置换FP是初始置换IP的逆运算，常表示为IP^{-1}。

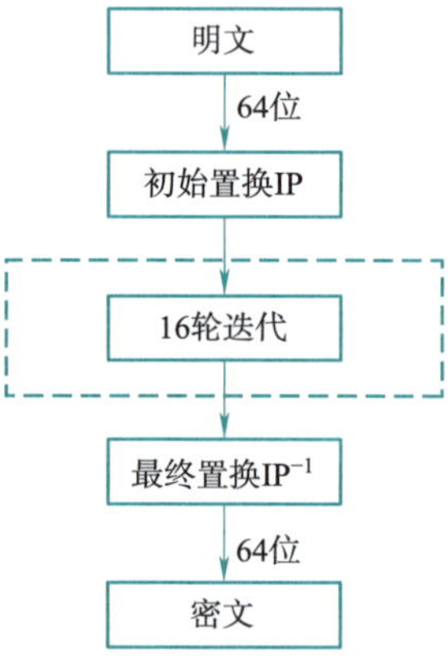

图7-5 DES加密过程

如图7-5所示，DES加密时明文以64位为单位被分成多个分组，不够64位按规定形式补全。加密算法的输入为64位明文，输出为64位密文，整个加密过程，迭代是关键部分。按照执行顺序，首先介绍初始置换IP，置换即打乱数据位的顺序。

DES加密涉及多个表的使用，不同阶段使用不同的表，初始置换IP需要使用初始置换表。

下面举例说明，假设二进制表示的64位明文数据为“11111110 11011100 10011000 01110110 01110110 01010100 00110010 00010000”，每8位中间插入空格方便区分。为方便描述，定义这64位明文数据为$M=\{m_1, m_2, m_3, m_4, m_5, m_6, m_7, m_8\}$，$m_1$到$m_8$依次为从左到右的一个8位数据序列，如$m_1$为“11111110”，$m_2$为“11011100”，…，$m_8$为“00010000”，见表7-3。

表7-3 明文数据示例表

明文数据	8位数据序列
m_1	11111110
m_2	11011100
m_3	10011000
m_4	01110110
m_5	01110110
m_6	01010100

续表

明文数据	8位数据序列
m_7	00110010
m_8	00010000

下面按照初始置换表（见表7-4）的数据进行数据置换。

表7-4 初始置换表IP

58	50	42	34	26	18	10	2
60	52	44	36	28	20	12	4
62	54	46	38	30	22	14	6
64	56	48	40	32	24	16	8
57	49	41	33	25	17	9	1
59	51	43	35	27	19	11	3
61	53	45	37	29	21	13	5
63	55	47	39	31	23	15	7

第1行第1列数值为58，则将明文数据中第58个二进制位即m_8的第2位“0”，写入置换后的数据序列的第1位。

第1行第2列数值为50，则将明文数据中第50个二进制位即m_7的第2位“0”，写入置换后的数据序列的第2位。

第1行第3列数值为42，则将明文数据中第42个二进制位即m_6的第2位“1”，写入置换后的数据序列的第3位。

……

第8行第8列数值为7，则将明文数据中第7个二进制位即m_1的第7位“1”，写入置换后的数据序列的第64位。最终置换后的数据序列为“001……1”。

最终置换IP^{-1}与初始置换IP操作方法类似，区别是置换时需要使用逆置换表IP^{-1}，见表7-5。

表7-5 逆置换表IP^{-1}

40	8	48	16	56	24	64	32
39	7	47	15	55	23	63	31
38	6	46	14	54	22	62	30
37	5	45	13	53	21	61	29
36	4	44	12	52	20	60	28
35	3	43	11	51	19	59	27
34	2	42	10	50	18	58	26
33	1	41	9	49	17	57	25

下面介绍图7-5 DES加密过程中虚线矩形框圈起来的16轮迭代，迭代流程如图7-6所示。

16轮迭代的每轮迭代操作基本相同，采用Feistel密码结构。Feistel密码结构是分组密码采用的一种对称结构，命名源自德国物理学家、密码学家霍斯特·费斯妥（Horst Feistel）。

Feistel密码结构的基本思想是先将明文分成两半各32位数据，对其中一半进行一系列的加密操作，最后交换两半位置，重复这个过程多轮后得到最终密文。Feistel密码结构的优点在于加密和解密过程非常相似，在某些情况下甚至相同。

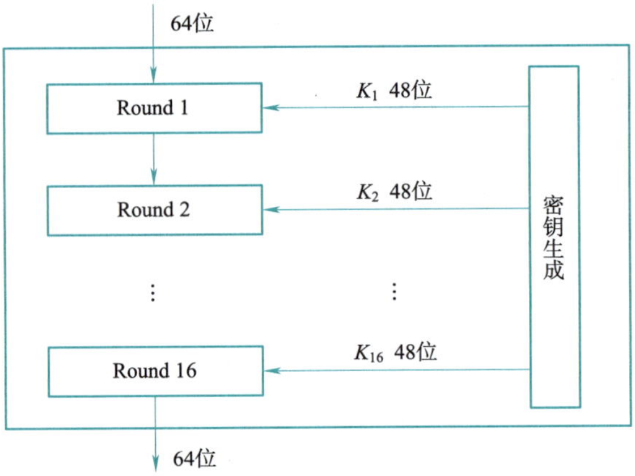

图7-6 16轮迭代

下面以图7-6左侧一个矩形框Round i即第i轮迭代为例说明。Round i流程如图7-7所示，i−1轮输出的64位数据平均分成左右各32位，右侧32位R_{i-1}首先经过扩展置换E转换为48位，再与i轮的48位密钥K_i进行异或运算生成48位数据，接着经过S盒压缩得到32位数据，然后再进行P盒置换后生成的32位数据作为本轮输出数据的左侧32位L_i，i−1轮输出的左侧32位L_{i-1}作为本轮输出数据右侧的32位R_i，最终本轮输出64位数据。

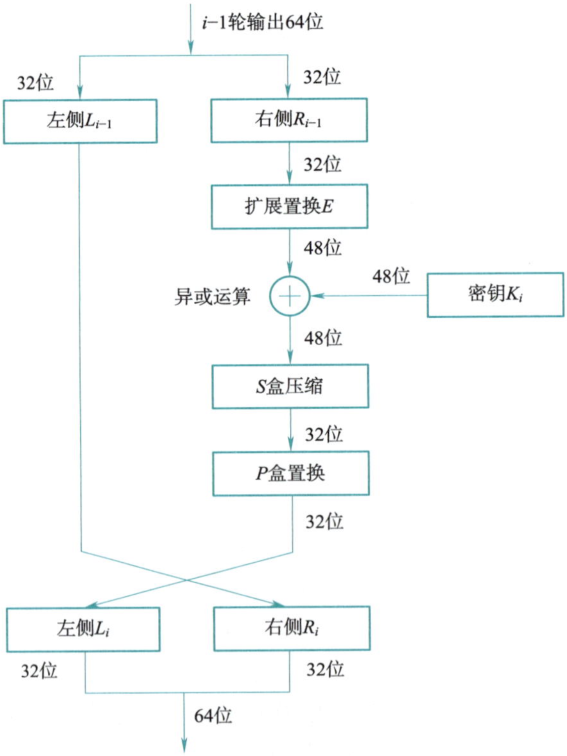

图7-7 Round i 流程

按照流程顺序，首先介绍扩展置换E的操作步骤。扩展置换E实现将32位数据扩展并置换为48位数据。具体过程为先将32位数据分成8行4列，在每一行的首部和尾部各扩充1位数据，扩充数据需要按照表7-6扩展置换E表进行填充。

表7-6　扩展置换E表

扩展位e_1	原始数据r				扩展位e_2
32	1	2	3	4	5
4	5	6	7	8	9
8	9	10	11	12	13
12	13	14	15	16	17
16	17	18	19	20	21
20	21	22	23	24	25
24	25	26	27	28	29
28	29	30	31	32	1

以第一行为例，中间四位为原始数据的第1~4位数据，首部扩充一位e_1是原始数据的第32位，尾部扩充一位e_2是原始数据的第5位，其他各行类似。这样一行数据由原来的4位扩展成6位，8行32位扩展成48位后再与48位K_i子密钥进行异或运算得到48位数据。

接下来是S盒压缩的实现。S盒压缩的输入为48位数据，输出为32位数据。48位数据分为8组，每组6位数据作为输入进行压缩操作输出4位数据，图7-8所示为一个S盒实现将6位输入转换为4位输出。S盒压缩需要使用8个类似的S盒同时操作实现将48位输入转换为32位输出，如图7-9所示。

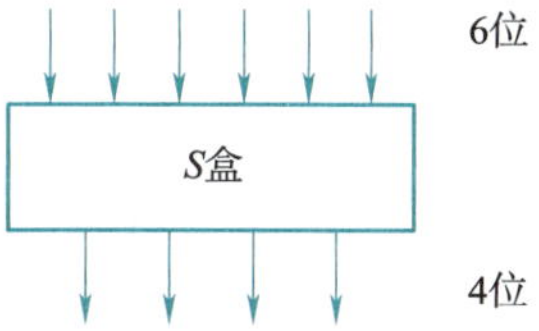

图7-8　1个S盒示例

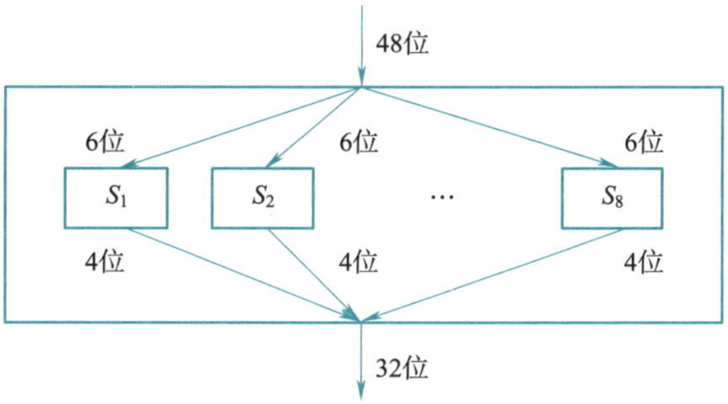

图7-9　S盒压缩

S盒压缩需要按照8张4行16列的表组成的8个S_1~S_8盒进行，见表7-7。第1组数据使用S_1盒表，第2组数据使用S_2盒表……第8组数据使用S_8盒表。

表7-7　DES的S盒

	0	1	2	3	4	5	6	7	8	9	10	11	12	13	14	15	
0	14	4	13	1	2	15	11	8	3	10	6	12	5	9	0	7	S_1
1	0	15	7	4	14	2	13	1	10	6	12	11	9	5	3	8	
2	4	1	14	8	13	6	2	11	15	12	9	7	3	10	5	0	
3	15	12	8	2	4	9	1	7	5	11	3	14	10	0	6	13	

续表

	0	1	2	3	4	5	6	7	8	9	10	11	12	13	14	15	
0	15	1	8	14	6	11	3	4	9	7	2	13	12	0	5	10	S_2
1	3	13	4	7	15	2	8	14	12	0	1	10	6	9	11	5	
2	0	14	7	11	10	4	13	1	5	8	12	6	9	3	2	15	
3	13	8	10	1	3	15	4	2	11	6	7	12	0	5	14	9	
0	10	0	9	14	6	3	15	5	1	13	12	7	11	4	2	8	S_3
1	13	7	0	9	3	4	6	10	2	8	5	14	12	11	15	1	
2	13	6	4	9	8	15	3	0	11	1	2	12	5	10	14	7	
3	1	10	13	0	6	9	8	7	4	15	14	3	11	5	2	12	
0	7	13	14	3	0	6	9	10	1	2	8	5	11	12	4	15	S_4
1	13	8	11	5	6	15	0	3	4	7	2	12	1	10	14	9	
2	10	6	9	0	12	11	7	13	15	1	3	14	5	2	8	4	
3	3	15	0	6	10	1	13	8	9	4	5	11	12	7	2	14	
0	2	12	4	1	7	10	11	6	8	5	3	15	13	0	14	9	S_5
1	14	11	2	12	4	7	13	1	5	0	15	10	3	9	8	6	
2	4	2	1	11	10	13	7	8	15	9	12	5	6	3	0	14	
3	11	8	12	7	1	14	2	13	6	15	0	9	10	4	5	3	
0	12	1	10	15	9	2	6	8	0	13	3	4	14	7	5	11	S_6
1	10	15	4	2	7	12	9	5	6	1	13	14	0	11	3	8	
2	9	14	15	5	2	8	12	3	7	0	4	10	1	13	11	6	
3	4	3	2	12	9	5	15	10	11	14	1	7	6	0	8	13	
0	4	11	2	14	15	0	8	13	3	12	9	7	5	10	6	1	S_7
1	13	0	11	7	4	9	1	10	14	3	5	12	2	15	8	6	
2	1	4	11	13	12	3	7	14	10	15	6	8	0	5	9	2	
3	6	11	13	8	1	4	10	7	9	5	0	15	14	2	3	12	
0	13	2	8	4	6	15	11	1	10	9	3	14	5	0	12	7	S_8
1	1	15	13	8	10	3	7	4	12	5	6	11	0	14	9	2	
2	7	11	4	1	9	12	14	2	0	6	10	13	15	3	5	8	
3	2	1	14	7	4	10	8	13	15	12	9	0	3	5	6	11	

以原始数据的第1组6位数据为例说明。假设这6位数据为“101100”，将最高位“1”和最低位“0”取出组成1个数“10”作为行号，对应的十进制数为“2”，因此取第2行；中间的4位“0110”作为列号，“0110”对应的十进制数为“6”，因此取第6列。使用S_1盒表查找到“第2行第6列”对应的数为“2”，将该数“2”转化为4位二进制数即“0010”，即为S盒的输出。至此，1组6位输入数据“101100”转换为4位输出数据“0010”，8组共48位数据转换为32位数据。

第2组数据的操作与第1组的类似，只是需要使用表7-7中S_2盒表查找对应数据，第3组数据使用S_3盒表查找对应数据，其他组类似操作。

接下来是P盒置换，P盒置换后得到的32位即为本轮的输出。P盒置换使用P置换表确定置换顺序，见表7-8，方法与初始置换类似。

表7-8　P置换表

16	7	20	21
29	12	28	17
1	15	23	26
5	18	31	10

续表

2	8	24	14
32	27	3	9
19	13	30	6
22	11	4	25

初始置换之后经过相同的15轮迭代，第16轮不同之处在于左右两个32位数据不交换。

最后介绍密钥生成的实现。初始密钥为64位，去掉其中的8位校验位，剩余有效密钥56位，需要利用这56位密钥生成16个48位的子密钥给16轮迭代的每一轮分别使用，具体过程如图7-10所示。因每次生成子密钥的过程基本相同，下面以第一轮为例进行介绍。

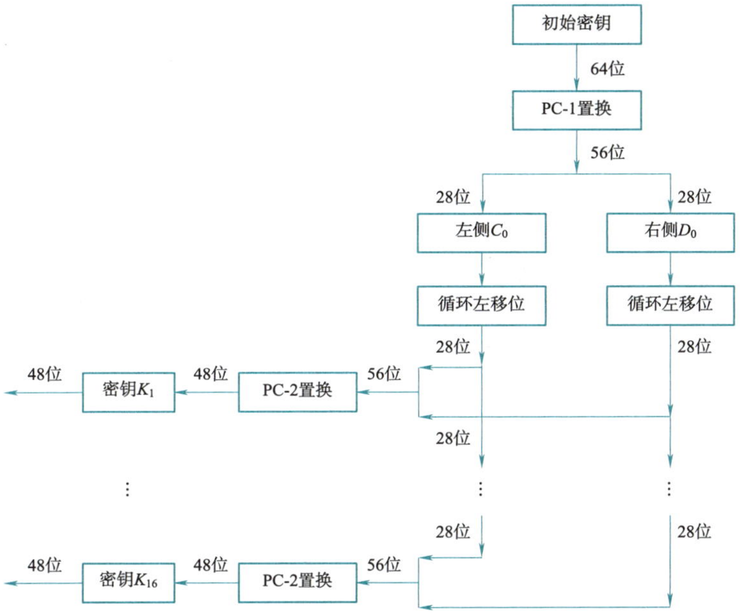

图7-10 密钥生成流程

初始密钥经过PC-1置换去掉8、16、24、32、40、48、56、64位共8位校验位后变为56位，按照表7-9所示PC-1表进行置换，操作与初始置换类似。

表7-9 PC-1置换表

57	49	41	33	25	17	9
1	58	50	42	34	26	18
10	2	59	51	43	35	27
19	11	3	60	52	44	36
63	55	47	39	31	23	15
7	62	54	46	38	30	22
14	6	61	53	45	37	29
21	13	5	28	20	12	4

置换后生成的56位数据平均分成左右各28位，左侧C_0，右侧D_0，两侧分别进行循环左移操作，循环左移位数通过查找表7-10所示子密钥左循环位数表确定。

表7-10 子密钥左循环位数

轮数	1	2	3	4	5	6	7	8	9	10	11	12	13	14	15	16
位数	1	1	2	2	2	2	2	2	1	2	2	2	2	2	2	1

表中第1、2、9、16轮移动位数为1，其他轮移动位数为2，因此第1轮左右两侧数据均循环左移1位后组合成56位数据按照PC-2置换表进行置换后生成K_1子密钥，K_1子密钥与明文右侧32位数据经扩展置换后生成的48位数据进行异或运算，准备进行下一步S盒压缩。

PC-2置换将56位子密钥数据压缩为48位数据，PC-2置换表见表7-11，操作与初始置换类似。至此DES加密算法过程介绍结束。

表7-11 PC-2置换表

14	17	11	24	1	5
3	28	15	6	21	10
23	19	12	4	26	8
16	7	27	20	13	2
41	52	31	37	47	55
30	40	51	45	33	48
44	49	39	56	34	53
46	42	50	36	29	32

DES解密与加密使用相同算法，不同之处是解密使用的轮密钥与加密使用的次序相反，输入为密文，输出为恢复的明文。

7.3.4 RSA

RSA是目前使用最广泛的公钥密码之一，1978年由Ronald Rivest（罗纳德·李维斯特）、Adi Shamir（阿迪·萨莫尔）和Leonard Adleman（伦纳德·阿德曼）共同提出的非对称加密算法，算法名字即取自三个人姓氏的首字母（Rivest，Shamir，Adleman）组成。1973年，英国国家通信总局的数学家Clifford Cocks（克利福德·柯克斯）在一份内部文件中提出了相同的算法，但被列入机密，直到1997年才被发表。

RSA算法的安全性主要基于大整数因子分解问题，已知两个大素数p和q，求$n=p\times q$很容易，但由n因式分解出p和q比较困难。

RSA算法分为生成密钥、加密和解密三部分，下面举例说明RSA算法，假设Alice要给Bob发送一份加密数据，生成密钥的具体步骤如下：

①选择两个不相等的素数p和q。

Alice选择了3和89，实际应用中，这两个素数越大，就越难破解。

②计算素数p和q的乘积n。

$n=3\times 89=267$

n的长度就是密钥长度，267转换为二进制是“100001011”，一共有9位，所以这个密钥就是9位。实际应用中，RSA密钥一般是1 024位，重要场合则为2 048位。密钥位数越大被破解的难度越大，据估计我国超级计算机神威·太湖之光使用穷举法破解一个1 024位的RSA密钥大约500万年，但未来随着量子计算等新技术的发展，可接受时间内破解RSA密钥也许会成为可能。

③计算欧拉函数$\varphi(n)$。根据公式$\varphi(n)=(p-1)(q-1)$计算n的欧拉函数$\varphi(n)$，欧拉函数$\varphi(n)$的含义是小于n的正整数中与n互素的数。如$\varphi(8)= 4$，因为小于8的正整数中，有1、3、5、7共4个数与8互素。

Alice计算出$\varphi(267)=2\times 88=176$。

④选择整数e。选择条件为$1<e<\varphi(n)$，且e与$\varphi(n)$互素。公钥即为(e, n)。

为确保e与$\varphi(n)$互素，Alice在1~176之间选择了3，则公钥为(3, 267)。

⑤计算私钥d。求满足公式$(d\times e)\bmod \varphi(n)=1$的$d$值。

满足公式$(d\times 3)\bmod 176=1$要求的d值有无数个，Alice选择了59，即$(59\times 3)\bmod 176=1$。

⑥将e和n封装成公钥$E(e, n)$，d和n封装成私钥$D(d, n)$。

Alice发送数据给Bob的例子中，$n=267$，$e=3$，$d=59$，所以公钥就是$E(3, 267)$，私钥就是$D(59, 267)$。

数据加密时首先对明文进行数据位分组，使得每个分组对应的十进制数小于n，然后依次对每个分组m做一次加密，所有分组的密文构成的序列即是原始消息的加密结果。即m满足$0\leqslant m<n$，则加密公式为$c=m^e \bmod n$，c为密文，且$0\leqslant c<n$。

用简单例子说明，假设Alice要给Bob发送的明文为“8”，即公式中$m=8$，$e=3$，$n=267$，$d=59$，计算密文$c=m^e \bmod n=8^3 \bmod 267=245$。

数据解密时，对于密文$0\leqslant c<n$，解密公式为$m=c^d \bmod n$。

Bob收到的密文为“245”，则解密出明文$m=c^d \bmod n=245^{59} \bmod 267=8$。

注：可以使用计算机自带计算器的科学计算功能验证上述结果，如图7-11所示。

图7-11　计算器的科学计算功能验证结果

为方便读者理解，下面以图表的形式简单总结上述RSA算法流程示例，见表7-12。

表7-12 RSA算法流程示例

序号	步骤	示例
1	选择两个不相等的素数p和q	Alice选择了3和89
2	计算素数p和q的乘积n	$n=3\times 89=267$
3	计算欧拉函数$\varphi(n)=(p-1)(q-1)$	$\varphi(267)=2\times 88=176$
4	选择整数e，选择条件为$1<e<\varphi(n)$，且e与$\varphi(n)$互素，公钥即为$E(e, n)$	Alice在1到176之间选择了3，公钥为$E(3, 267)$
5	计算私钥d，求满足公式$(d\times e)\bmod \varphi(n)=1$的$d$值，私钥即为$D(d, n)$	满足公式要求的d值有无数个，Alice选择了59，私钥即为$D(59, 267)$
6	使用公式$c=m^e \bmod n$对明文m加密为密文c	Alice对发送的明文“8”使用公式加密，$8^3 \bmod 267=245$ 得到密文245
7	使用公式$m=c^d \bmod n$解密密文c为明文m	Bob将接收到的密文“245”使用公式解密，$245^{59} \bmod 267=8$ 得到明文“8”

7.4 数据保护

数据保护一般可以采用身份认证、访问控制、数据脱敏、数据隔离、数据加密、安全多方计算、差分隐私、联邦学习、安全审计、数据销毁等方法，下面选取部分内容进行简单介绍。

7.4.1 身份认证

身份认证是系统对登录者身份进行辨认的过程，即系统证实用户真实身份与自己所声称的身份是否一致的过程。常用的身份认证主要包括基于用户口令的认证、基于密码系统的认证和基于生物特征的认证。

基于口令认证是最简单、最常用的认证技术。通过比较用户输入的口令与系统内部存储的口令是否一致来判断用户的身份，如密码。由于口令认证容易受黑客攻击，因此安全性较差。

基于密码系统的认证主要包括基于对称密钥的认证和基于非对称密钥的认证技术，一般Hadoop集群中采用的Kerberos认证就基于DES对称加密算法的认证。在Hadoop集群中，Kerberos可以验证用户的身份，用户需要通过Kerberos身份验证才能访问集群资源，这样可以确保只有授权用户才能执行相应的操作。Kerberos还可以用于验证不同Hadoop组件之间的身份。这确保组件之间通信时，数据不会被未经授权的组件访问或篡改。Kerberos还提供了数据传输的加密功能。通过使用Kerberos进行身份验证，Hadoop可以使用加密算法对数据进行加密和解密，确保数据在传输过程中的机密性。

基于生物特征的认证是指计算机通过使用人固有的生理特征或行为特征识别用户的身份。生理特征多为先天性的，不易改变；而行为习惯大部分是后天养成的，称为行为特征。常见的生物特征认证主要有指纹、人脸、声音、虹膜、笔迹等。生物特征认证具有不易伪造、不易复制的特点，故此认证方式安全性较高。手机中普遍使用的指纹识别和人脸识别就属于生物特征认证。

7.4.2　访问控制

访问控制是通过预先定义访问控制策略，根据这些策略授予主体（一般为用户）访问客体（一般为计算机系统资源）的权限以实现有效控制主体对客体的访问，从而保障信息资源不被非法访问。访问控制技术的核心是校验资源访问的合法性，保证只有经过授权的主体访问资源。

常见的访问控制技术主要包括自主访问控制、强制访问控制技术、基于角色的访问控制和基于属性的访问控制。

自主访问控制（discretionary access control, DAC）是一种接入控制服务，依据主体的判断力授予访问权限，通常由客体的拥有者授权，例如，将文件、文件夹设置为共享资源，授予或取消其他用户对文件或文件夹的访问权限。

强制访问控制（mandatory access control, MAC）与DAC强调自主决定访问策略不同，在强制访问控制下，主体和客体的安全属性（如安全级别、访问权限等）固定，系统在用户访问客体前通过安全属性判断其是否拥有访问特定客体的权限。通常情况下，安全属性由系统管理人员人为设置或者由操作系统依据严格的安全策略和设定规则进行设置，用户和相关进程都不能修改这些属性，一般用于军事领域。

基于角色的访问控制（role-based access control, RBAC）核心思想是将访问权限与角色相联系，角色是权限的集合，通过给用户分配合适的角色，让用户与访问权限相联系。一个系统中可以有多个角色，每个角色对不同的资源有不同的权限。当用户访问资源时，系统首先识别用户的角色，然后决定该用户是否具有访问该资源的权限。角色（role）是RBAC的基础，系统管理员可以根据组织、工作职责等创建不同的角色并授予不同的权限，之后把角色分配给不同的用户。系统可以根据需求的变化动态地为用户增添或删除角色，操作起来也更加方便，简化了权限的管理。如专任教师升职系主任，则需将在以前教师的角色的基础上，增加系主任的一些管理角色。

随着大数据、云计算等新兴技术的快速发展，在某些应用场景中，角色呈爆炸式增长，带来访问控制的配置复杂度也随之呈指数式提升，出现了基于属性的访问控制（attribute based access control, ABAC）。ABAC定义了三种属性：主体属性、资源属性和环境属性。对资源进行操作的实体（如用户、进程）所具有的属性为主体属性，如ID、姓名、单位、职位等；资源属性是被执行操作的实体（如服务器、数据库）的属性，如名称、IP等；环境属性则包括主体在访问客体过程中的环境和上下文，如日期、时区等。ABAC将属性作为授权依据，当访问请求所具有的属性符合访问控制策略的属性要求时，授权对客体资源的访问。

在大数据场景下，数据、应用和用户规模激增，用户的访问请求复杂多变，跨数据中心、跨安全域的数据共享越来越频繁，访问控制面临海量数据的细粒度访问控制和跨域访问控制的挑战。基于属性的访问控制模型ABAC和基于角色的访问控制模型RBAC是大数据环境下主要应用的访问控制模型。

7.4.3　数据脱敏

敏感数据又称隐私数据，常见的有姓名、身份证号码、住址、电话、银行账号、邮箱、密码、医疗信息、教育背景等。敏感数据在其生命周期的各个环节，也即数据的产生、存储、应用、交换等环节中均存在被泄露和攻击的风险。

数据脱敏（data masking）是对数据中包含的敏感信息进行标定和处理，以达到数据变形的效果，使得恶意攻击者无法从已脱敏数据中获得敏感信息。

按照应用场景的不同，数据脱敏处理的实现可以分为静态数据脱敏（static data masking，SDM）和动态数据脱敏（dynamic data masking，DDM）。静态数据脱敏主要用于开发、测试等非生产环境下对数据的脱敏，防止开发人员对数据的滥用。动态数据脱敏则用于生产环境，当低权限用户访问包含敏感信息的数据时，对数据进行实时脱敏。

常见的脱敏方法除去本书第3章介绍过的替换、无效化、置乱、均值化、随机化外还有如下几种方法。

①反推断：查找可能由某些字段推断出另一敏感字段的映射，并对这些字段进行脱敏，如从身份证号可推断出出生日期、性别、地区。

②偏移：通过随机移位改变数据。

③格式保留加密（format preserving encryption, FPE），是一种特殊的可逆脱敏方法。通过加密算法对原始数据进行加密，密文格式与原始数据在逻辑规则上一致，如都为日期、卡号、结构化值等，通过解密密钥可以恢复原始数据。

④基于其他参考信息进行屏蔽：根据预定义规则仅改变部分返回结果内容，例如屏蔽某些特殊类型客户姓名，但显示其他客户等。

⑤限制返回行数：仅提供响应数据的子集，防止用户访问到全部符合要求的数据。

*7.4.4 安全多方计算

安全多方计算（secure multi-party computation, SMC）是一种隐私保护分布式计算技术，通过使用密码学技术，对数据进行加密和分散处理，共同计算某一函数，并获取自己的结果，实现多方数据计算。该合作计算可能发生在相互信任的合作者之间，也可能发生在不完全信任甚至相互竞争的用户之间。在计算过程中，每个参与方都只知道自己加入的数据，无法看到其他人的数据，所有计算结果也都是以加密形式传递，直到最后一个阶段才被解密以生成最终结果。相比于传统的计算方式，多方安全计算技术可以提供更高的隐私保护和安全性。但同时，这种技术的计算复杂度也较高，可能需要更长的计算时间和更大的计算资源。

安全多方计算适用场景如拍卖且有多个参与方报价，但大家都不想在自己未中标的情况下让别人知道自己出价多少，也就是说，除了最后的中标者需要让卖方知道自己的出价，其他人都不想透露自己的出价。

安全多方计算用到的关键技术主要有同态加密（homomorphic encryption）、不经意传输（oblivious transfer）、秘密分享（secret sharing）、混淆电路（garbled circuit）和零知识证明（zero-knowledge）等。下面仅对不经意传输进行简单介绍。

不经意传输是一种可保护隐私的双方通信协议、接收者的隐私不被发送者所知道，使通信双方以一种选择模糊化的方式传送消息。不经意传输可以分为1：1、2：1、n：1、n：k多种不经意传输协议。

1：1模型是1981由Michael O.Rabin提出，Alice发送一条消息给接收者Bob，而Bob以1/2的概率接收到信息，结束后Alice并不知道Bob是否接收到了信息，而Bob能确信地知道自己是否收到了信息。

2：1模型是1985年由Shimon Even、Oded Goldreich和Abraham Lempel共同提出，Alice每次发两条信息（m_1，m_2）给Bob，Bob提供一个输入，并根据输入获得输出信息，结束后Bob得到了自己想要的那条信息（m_1或者m_2），而Alice并不知道Bob最终得到的是哪条。

n：1模型是1986年由Brassard、Crepeau和Robert提出，Alice每次发n条信息（m_1，m_2，…，m_n）给Bob，Bob提供一个输入，并根据输入获得输出信息，在协议结束后，Bob得到了自己想要的那条信息（m_1或者m_2……或者m_n中的一个），而Alice并不知道Bob最终得到的是哪条。

后来又被推广到n：k模型，Alice每次发n条信息（m_1，m_2，…，m_n）给Bob，Bob提供k个输入（w_1，w_2，…，w_k），并根据输入获得输出信息，在协议结束后，Bob得到了自己想要的k条信息（m_{w1}，m_{w2}，…，m_{wk}），而Alice并不知道Bob最终得到的是哪些信息。

*7.4.5　差分隐私

差分隐私（differential privacy, DP）是密码学中的一种手段，可以提高数据查询的准确性，同时最大限度减少识别其具体记录的可能。先看一个例子方便读者更容易理解差分隐私的概念。表7-13所示为一个部门员工收入表。

表7-13　部门员工收入

姓　名	性　别	收入/元
小朵	女	8 900
小明	男	5 600
小红	女	6 600
Alice	女	9 600
Bob	男	5 900

其中姓名、性别可以公开，收入数据是个人隐私信息不希望别人了解。请思考下面三个查询。

①查询小朵的收入：因为收入属于隐私，拒绝提供结果。

②查询该部门有多少名员工收入高于6 000：查询结果是总体信息，不涉及个人隐私问题，可以提供结果。

③查询有多少名男性员工的收入高于6 000：表面看查询结果也是总体信息，似乎不涉及个人隐私问题。但是在上面这个数据集中，是会泄露隐私的，因为数据集中只有两名男性员工，而性别数据是公开的，这个查询的结果是0，根据结果能够推断小明和Bob的收入不超过6 000。

在这个例子中，通过一些公开的信息，再加上数据分析的结果可以获得一些敏感数据，这种情况是应该避免的。需要提供一种模式，能够对查询提供有用的结果，同时又能够保护数据中的个人隐私。可以设计这样一种随机机制，当用户对数据发起查询请求时，不提供真实的结果R，而是给出$R+N$，N是一个满足某些特定概率要求的随机值。如果查询q的真实响应是N，返回的结果是N的概率为25%，返回范围在[$N-1$，$N+1$]内的概率是55%，返回范围在[$N-2$，$N+2$]内的概率是73%，依此类推。以上面第③个查询收入数据为例，给出的查询结果为0的概率为25%，查询结果为0或1的概率为55%，查询结果为0或1或2的概率为73%，等等。所以根据查询结果是0，很难断定真实的结果是0、1还是2，这就是差分隐私的基本思想。

差分隐私是Dwork在2006年针对数据库的隐私泄露问题所提出的一种概念。差分隐私保护模型立在严格的数学基础之上，它可以在保证数据使用的准确性和有效性的同时，最大限度地减少对个人隐私的侵犯。

差分隐私技术的实现通常涉及两个阶段：数据处理和噪声添加。数据处理阶段将原始数据进行预处理和转换，计算噪声所需的扰动参数。噪声添加阶段将噪声添加到处理后的数据中，从而防止敏感信息泄露。加入噪声会影响最后的数据计算结果，但差别不大。添加更多的噪音会增加隐私保护级别，同时也会降低数据准确性。差分隐私技术将敏感数据转化为经过加噪声处理过的数据，这些添加的噪声可以隐藏原始数据中的细节，从而使得攻击者难以以准确的方式推断出用户的敏感信息。

差分隐私广泛应用于网络空间安全等领域，特别是在大数据环境下，从理论研究的角度看，差分隐私保护表现出极高的兼容性。一方面，大数据环境下的数据集体积大，数据集中存在大量的记录，这一条件有利于区分隐私，因此可以用较小的噪声实现差分隐私保护；另一方面，差分隐私保护在为大数据提供隐私保护时，不需要改变原始数据，一般只在输出中加入随机噪声，不会对原始数据处理的速度造成影响；同时，差分隐私保护独立于底层数据结构并兼容多种数据类型，能够兼容所有类型的数据集，适用于大数据中存在结构化、非结构化以及半结构化等多种数据形式的现实情况。

*7.4.6 联邦学习

联邦学习最早由Brendan McMahan等提出，2016年McMahan等将联邦学习应用于谷歌输入法Gboard系统，实现输入法的候选词预测。

联邦学习（federated learning, FL）本质上是一种分布式的机器学习方法。在传统的机器学习中，通常是将所有数据集中到一起，由一个中心化的组织或算法对数据进行训练和优化，这种方式存在着数据泄露和隐私问题。联邦学习就是解决这类问题的一种方法，参与方对本地数据进行训练后将更新的参数上传至服务器，采用加密方式传输，再由服务器进行聚合得到总体参数。

联邦学习的一次迭代过程如图7-12所示。联邦学习的流程一般为客户端在中心服务器的协调下共同训练模型，其中客户端负责训练本地数据得到本地模型（local model）。中心服务器负责加权聚合本地模型，得到全局模型（global model），经过多轮迭代后最终得到一个趋近于集中式机器学习结果的模型w，有效地降低了传统机器学习源数据聚合带来的许多隐私风险。

具体步骤如下：

①客户端从服务器下载全局模型第$i-1$轮迭代w_{i-1}。

②客户端k训练本地数据得到本地模型$w_{i,k}$，表示第k个客户端第i轮迭代的本地更新模型。

③各客户端上传本地模型加密后更新至中心服务器。

④中心服务器接收各方数据后进行加权聚合操作，得到全局模型w_i，即为第i轮迭代的全局更新模型。

与传统机器学习技术相比，联邦学习不仅可以提高学习效率，还能解决数据孤岛问题，保护本地数据隐私。适合处理训练数据涉及隐私敏感或者训练数据太大，无法集中收集的任务。

根据联邦学习不同参与方之间的数据重叠程度，联邦学习可分为横向联邦学习（horizontal federated learning, HFL）、纵向联邦学习（vertical federated learning, VFL）、联邦迁移学习（federated transfer learning, FTL）。

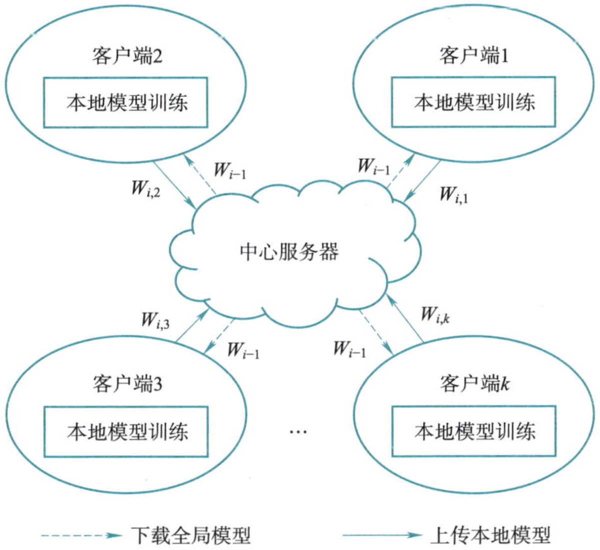

图7-12　联邦学习流程

当两个参与方的用户重叠部分很少，但是两个数据集的用户特征重叠部分比较多时，这种场景下的联邦学习称为横向联邦学习。如同一地区的两个不同银行A和B之间，银行A和B各自分别有自己的客户，但两个银行需要分析的数据特征如公司客户的公司类别、企业规模、资产规模、贷款额度，或者个人客户的工作单位、文化程度、存款额度等，这两个银行之间的合作，就属于横向联邦学习。

当两个参与方的用户重叠部分很多，但是两个数据集的用户特征重叠部分比较少时，这种场景下的联邦学习称为纵向联邦学习。比如同一个地区的两个不同机构A和B，A机构有用户的消费记录，B机构有用户的银行记录，两个机构有很多重叠用户，但是记录的数据特征是不同的，两个机构想通过加密聚合用户的不同特征来联合训练一个更强大的联邦学习模型，这种类型的机器学习模型就属于纵向联邦学习。

当两个参与方的用户重叠部分很少，两个数据集的用户特征重叠部分也比较少，且有的数据还存在标签缺失时，这种场景下的联邦学习称为迁移联邦学习。比如两个不同地区的机构A和B，A机构拥有所在地区的用户消费记录，B机构拥有所在地区的银行记录，两个机构具有不同的用户，同时数据特征也各不相同，在这种情况下联合训练的机器学习模型就是迁移联邦学习。

联邦学习在人工智能和大数据应用场景下，可以实现数据隔离、信息和模型参数的加密计算和交换，并能够保证计算模型质量无损，实现参与各方保持独立性情况下，满足用户隐私保护和数据安全的需求，是目前研究的热点之一。

7.4.7　其他热点技术

大数据所面临的安全威胁和攻击种类多，且攻击行为具有一定的隐蔽性、攻击特征变化快，单纯依赖传统信息安全防护技术来防范大数据攻击存在一定局限性。同时，大数据分析及应用场景更为复杂，隐私问题尤为突出，这就需要创新性解决海量数据分析场景下的应用和数据安全问题。

针对大数据安全问题和安全风险，必须加大大数据安全技术的研究力度，必须以现有安全技术为依托，深入研究新型的大数据安全技术，确保大数据在存储、处理、传输等过程的安全性，在充分挖掘数据价值的同时保护用户隐私，从而避免因大数据安全问题而给用户的利益造成损失。

除去前文介绍的几种技术，大数据环境下数据安全和隐私保护技术还有很多，下面简单介绍可信执行环境、网络安全态势感知、可搜索加密和抗量子密码算法等几种技术的基本概念。

1. 可信执行环境

可信执行环境（trusted execution environment, TEE）是指通过软硬件方法在CPU中隔离出一块受保护的“飞地”（enclave），可安全地存放敏感的代码，并保证其机密性和完整性。目前较为成熟的TEE技术主要有Intel的SGX和ARM提出的TrustZone，它们分别面向计算机端和手机端。与纯软件的隐私保护方法相比，TEE支持更多复杂的算法，还可提供算法全流程计算的一致性证明。其缺点是开发和部署成本比较高，且依赖于可信的芯片生产厂商。一旦生产厂商在芯片中植入后门，则将会威胁其安全性。

SGX（intel software guard extensions）是2013年Intel公司提出的处理器安全技术，它是一种基于内存加密和证明的硬件机制，可以为应用程序提供用户空间的可信执行环境，并将程序执行和状态与底层操作系统、虚拟机管理程序、固件、I/O设备等隔离开来，保障用户关键代码和数据的机密性与完整性不受恶意软件的破坏。

SGX的核心概念就是Enclave，Enclave是一个被保护的安全容器，用于加密存储应用程序的敏感数据和代码，可以将其理解为一个可信执行环境TEE，是一个被硬件隔离的内存区域。

SGX把应用程序分为两部分：安全应用程序和非安全应用程序，将合法软件的安全操作加密封装在一个Enclave中，只有Enclave内部才能够解密和访问这些数据，防止拥有特殊权限的恶意软件的破坏。SGX支持远程认证，用以证明程序在安全区域内正确执行。

2. 网络安全态势感知

网络安全态势感知（network security situation awareness, NSSA）是近几年发展起来的一个热门研究领域。1999年美国空军通信与信息中心的T.Bass提出网络空间态势感知（cyberspace situation awareness, CSA）的概念。

网络安全态势感知是指通过收集网络环境中综合、全面的安全要素并进行数据融合后，对网络的安全态势有宏观、全面的认知，并且能对网络系统的安全趋势进行预测的过程，是保障网络安全的有效手段。

网络安全态势感知过程一般分为以下四个过程：

①数据采集：通过各种检测工具，对各种影响系统安全性的要素进行检测采集获取。在采集阶段，要求网络安全数据来源要尽可能丰富，一般包括网络结构数据、网络服务数据、漏洞数据、脆弱性数据、威胁与入侵数据、用户异常行为数据等，以最大限度确保态势评估结果准确。

②态势理解：对各种网络安全要素数据进行分类、归并、关联分析等手段进行融合，将融合的信息进行综合分析，得出影响网络的整体安全状况。

③态势评估：定性、定量分析网络当前的安全状态和薄弱环节，并给出相应的应对措施。此阶段要进行多个层次、多个角度的评估，包括评估网络的业务安全、数据安全、基础设施安全和整体安全状况，并且应该针对不同的应用背景和不同的网络规模选择不同的评估方法。

④态势预测：通过对态势评估输出的数据，预测网络安全状况的发展趋势。态势感知要能支持对不同的评估结果预测其发展趋势并提供相应的改进措施，预防大规模安全事件的发生。

涉及的关键技术包括网络安全态势特征提取技术、网络入侵检测技术、网络安全态势感知评估技术、网络安全态势预测技术等。

3. 可搜索加密

云存储和云计算技术的发展为用户带来了很多方便，但同时也出现了许多安全风险，特别是当数据中包含敏感信息时，数据拥有者难以对敏感信息提供安全保护。为了避免云服务器侵犯敏感数据的隐私性，需要对文件加密后再上传。然而，加密会导致数据之间的关联性被破坏，给文件检索带来了困难。虽然能够保护用户数据的安全但也给用户带来了极大的不便，用户无法灵活地访问外包的加密数据。

传统的搜索加密数据的方式要求授权用户在搜索之前需要将所有加密的个人数据下载到本地硬盘，先对加密数据进行解密后，再对明文数据进行关键字搜索。当加密数据很多时，该方法会严重浪费带宽资源，加重用户的负担，因此如何让用户实现灵活地搜索加密数据是一个关键的问题。

为了解决云服务器对密文实现高效检索的问题，可搜索加密成为研究者关注的方法之一。可搜索加密（searchable encryption）是一种将数据加密并在加密的数据上进行搜索的技术。该技术允许用户在不解密数据的情况下搜索加密数据，以保护数据的隐私。

可搜索加密无须从云存储服务器上下载所有密文文件，当用户需要搜索某个关键词时，可以将该关键词的搜索凭证发给云存储服务器；在接收到搜索凭证之后，云存储服务器试探性地将其与每个文件进行匹配，如果匹配成功，则说明该文件中包含该关键词；最后，云端将所有匹配成功的文件返回给用户。

可搜索加密分为两种：对称可搜索加密（symmetric searchable encryption, SSE）和非对称可搜索加密（asymmetric searchable encryption, ASE），后者又称公钥可搜索加密（public key encryption with searching, PEKS）。两者的区别在于前者使用对称加密算法，即加密和解密的密钥一样，后者使用非对称加密算法，加密和解密的密钥不同。

4. 抗量子密码算法

目前，大多数密码系统和算法都是基于数学难题如巨大数字的因式分解，虽然经典计算机无法在有效时间内解决此类难题，但量子计算机原则上能够快速破解这类加密。

随着量子计算机的研制与量子计算的发展，目前大多数密码系统中用于身份认证的数字签名方案不能有效抵抗来自量子计算的攻击，直接影响数据与用户隐私的安全性。因此，寻找更加安全的能够抵抗量子计算攻击的密码算法，是一项非常迫切的工作。

近年来为应对量子计算的攻击，发展起来抗量子密码算法，如基于哈希的密码、基于编码的密码、基于格的密码等。格密码是一种能有效抵抗量子计算攻击的加密算法，非常适合于量子计算机时代的签名认证方案设计。

扩展阅读

1. 苏轼的故事

北宋末年叶梦得《避暑录话》中记载关于苏轼因乌台诗案入狱举例说明。“苏子瞻元丰间赴诏狱。与其长子迈俱行，与之期，送食惟菜与肉，有不测则撤二物而送以鱼。使伺外间以为候，迈谨守逾月，忽粮尽，出谋于陈留。委其一亲戚代送，而忘语其约。亲戚偶得鱼鲊送之，不兼他物。子瞻大骇，知不免，将以祈哀于上而无以自达，乃作二诗寄子由，祝狱吏致之，盖意狱吏不敢隐，则必以闻。”

由于父子不能见面，苏轼与儿子苏迈约好平时只送蔬菜和肉食，如有死刑判决的坏消息，就改送鱼，以便心里早做准备。苏轼父子事先约好通过送饭的方式秘密传递判决结果，其他人都不知道，也没有告诉临时送饭的亲戚这个约定，亲戚恰好送了鱼，使得苏轼以为自己凶多吉少。

请思考这是什么类型的加密？

2. 容灾系统

容灾系统是指在相隔较远的异地，建立两套或多套功能相同的IT系统，互相之间可以进行健康状态监视和功能切换，当一处系统因意外停止工作时，整个应用系统可以切换到另一处，使得该系统功能可以继续正常工作。而备份是为了应对灾难来临时造成的数据丢失问题，它只保护数据的安全性。

3. 零日漏洞

零日漏洞（Zero-day Exploit）就是还没有提供修复系统的补丁的系统漏洞。攻击者进入目标网络后，可轻易利用零日漏洞对目标进行攻击，轻松获得敏感数据，所以APT前期会搜集目标的各种信息，包括使用的软件环境，就是便于寻找零日漏洞，绕过系统部署的各种安全防护体系发动有效的破坏性攻击。

小　结

本章展示了数据安全与隐私保护涉及的各种技术，先自己试着想想都了解了哪些内容，掌握了哪些难点。本章主要介绍了几种典型的病毒，如蠕虫病毒、木马病毒，密码系统的组成包括明文、密文、密钥、加密算法和解密算法五部分，对称加密和非对称加密的区别是加密和解密是否采用相同的密钥，几种隐私保护技术如身份认证用自己的语言解释是证明你是你，目前研究的热点技术如安全多方计算解决的问题是在保护各方隐私的情况下多方协同合作获取计算结果，数据安全和保护用到的硬件技术是可信执行环境。

思考与练习

1. 自主探究僵尸网络概念。

2. 什么是社会工程学？社工邮件？

参考：社会工程学通常是利用人性的弱点，随着人类生活和网络空间变得越来越交融，再加之人性的弱点无法避免，社会工程学攻击的危害也将越来越大。

*3. 为什么感觉现在计算机病毒少了？

4. 查阅资料研究使用Python第三方库实现本文介绍的加密算法，如DES、RSA等。感兴趣的读者可以尝试不要调库，自己手工编程实现加密算法。

5. 查阅数字签名资料，准备相关PPT，课堂上给同学们讲解。
6. 查阅区块链在数据安全方面应用的相关资料，准备相关PPT，课堂上给同学们讲解。
7. 自主探究数据孤岛概念。
8. 自主探究数据中台概念。
9. 读完本章，哪部分内容触发了你的思考？引发你查阅了哪些资料？

附录 A
大数据编程导引

为方便读者深入探究，简单介绍有关大数据编程实践方面的内容，供读者参考。

学习目标

这部分主要是读者自主深入探究大数据技术，提高编程能力、提升资料搜集整理能力和解决问题能力，养成终身学习的习惯。

学习指导

多思考、多实践、多总结。

A.1　学习路径

本书为入门类教材，为方便读者深入拓展，下面简单介绍大数据的一般学习路径。

1. 编程语言选择

大数据技术涉及的编程语言一般有Python、Java和Scala。Python入门简单，且提供丰富的第三方库可以直接导入使用，可以方便地实现科学计算、数据分析及可视化，Python被称为人工智能时代的第一语言。

Java语言具有极高的跨平台能力，适合用于分布式计算和高性能处理等场景。大数据框架大多采用Java语言进行开发，Hadoop大部分代码是用Java实现的，HBase、Flume、ZooKeeper等也是用Java开发的，而且几乎全部的框架都会提供Java API接口。同时，Java是一种通用的、高级的、面向对象的编程语言，具有广泛的应用领域。如开发桌面应用程序、移动应用程序、企业级应用程序、Web应用程序、嵌入式系统软件和云平台应用程序等。

Scala语言名字来源于单词scalable，意即随着用户的需求而扩充。Scala语言兼容Java，运行在Java平台上，其特点是简洁高效，支持面向对象和函数式编程。Spark就是使用Scala语言编写的计算框架，目前Spark、Kafka和Flink都提供Scala语言接口，使用Scala进行开发，比使用Java所需要的代码更少，开发效率高，但Scala比Java和Python难掌握。

综上，读者可以结合自身情况选择编程语言。

2. 编程基础

学习大数据必须掌握Linux系统和MySQL关系型数据库。大数据框架都部署在Linux服务器上，所以需要掌握一定的Linux知识。

大数据处理关系型数据库一般采用开源的MySQL数据库，而且大数据的一些组件和模块如Hive、SparkSQL、Flink SQL等，它们共同的基础就是SQL语法。所以借助MySQL还可以掌握SQL的使用。

还需要一些网页基础知识，有时候需要从网页上爬取数据，编写爬虫代码需要解析网页数据。

数据挖掘是数据分析的重要方法，因此需要掌握一些数据挖掘思想和算法。

可视化知识，进行数据分析后一般需要以可视化形式展示，方便理解。

3. Hadoop

此部分需要掌握Hadoop环境搭建，Hadoop常用命令，HDFS、MapReduce和YARN三大组件基本概念、原理、架构及使用。

4. 其他组件

大数据生态系统常用的组件有如下四个，必须掌握。

①Zookeeper：一个针对大型分布式系统的可靠协调系统。

②Hive：基于Hadoop的一个数据仓库工具。

③HBase：一个建立在HDFS上的分布式列数据库。

④Spark：开源大数据基于内存的计算框架，实质为微批处理。

其他组件举例如下，可以需要时再查看学习。

①Sqoop：主要用于在Hadoop、Hive与传统的关系数据库（如MySQL）间进行数据的传递。

②Kafka：分布式发布订阅消息系统。

③Flink：开源大数据内存计算框架，用于实时计算的场景较多。

④Flume：海量日志采集、聚合和传输系统。

5. 案例实践

网上学习资料丰富，读者可以查找培训机构提供的自己感兴趣的案例跟着一步一步完成，然后再重新独立实现。

6. 其他

（1）数学基础

数学基础主要是线性代数、概率和离散数学。如在协同过滤中使用矩阵存储商品打分表，矩阵是线性代数概念；或者使用二部图存储，涉及的是离散数学概念。计算用户或物品的相似度涉及线性代数向量的概念，两个向量之间的相似度计算方法主要有如下两种：

①Cosine相似度：用向量空间中两个向量夹角的余弦值作为衡量两个个体间差异的大小。余弦值越接近1，就表明夹角越接近0°，也就是两个向量越相似。

②Pearson相关性系数：是衡量向量相似度的一种方法。输出范围为[-1,+1],0代表无相关性，负值为负相关，正值为正相关。

PageRank算法中，网页的链接可以抽象成图模型，属于离散数学概念。

数据发掘中的贝叶斯公式，数据分析中的方差、均值等都属于概论统计概念。

（2）AI相关

AI相关如机器学习等。进行数据挖掘，需要使用一些机器学习库，如Spark ML。Python也有一些库如sklearn、SciPy、Tensorflow、PyTorch等，理解机器学习算法能帮助读者更好地进行数据分析。Python机器学习相关常用库见表A-1。

表A-1　Python机器学习相关库

名　称	简　介
Numpy	用于矩阵向量计算
Pandas	用于数据分析任务
Matplotlib	方便的绘图工具库
Scikit-learn	几乎集成了所有常见的机器学习算法
Keras/Tensorflow/Pytorch	主要用于深度学习

（3）英语

有时需要看官网资料，需要英语基础。

A.2　大数据生态组件总结

下面对常用的大数据生态组件进行总结，见表A-2，方便读者查阅记忆。

表A-2　数据仓库与数据库比较

名称	Logo	简　介	贡献者
Hadoop		开源大数据平台，组件如下： HDFS MapReduce YARN ……	2006 Doug cutting 2008 Apache
Hive		数据仓库 提供类似SQL的语法	Facebook Apache
Pig		基于Hadoop的大规模数据分析平台，提供的SQL-LIKE语言Pig Latin	Yahoo Apache
Sqoop		ETL，替代工具 DataX Kettle	Apache 阿里巴巴 Pentaho
HBase		列式数据库可伸缩的分布式存储	2006 Microsoft收购Powerset 2007 Apache
Spark		基于内存的实时计算（微批） Spark SQL、 Spark Streaming、 MLlib、Graphx	2009年加州大学伯克利AMPLab Apache

续表

名称	Logo	简　介	贡献者
ZooKeeper		分布式应用程序协调服务	Yahoo Apache
Oozie		工作流作业调度程序	Yahoo Apache
Mahout		机器学习算法库	Apache
Storm		流（实时）计算 Spout Bolt Tuple Stream Topology	Twitter收购BackType Apache
Flink		开源流计算 有界流和无界流 将批处理看成是流处理的一种特殊情况，有明确界限的数据流	2010德国柏林工业大学、柏林洪堡大学项目 2014 Apache
Flume		日志采集系统 Agent：source接收，channel缓存，sink传输下一级agent或存储	Cloudera Apache
Kafka		消息订阅系统 Producer生成数据 Consumer拉取数据 Topic主题消息的标识 Partition topic物理分区	LinkedIn Apache
Redis		开源的key-value数据库，支持数据的持久化，可以将内存中的数据保存在磁盘中	2009意大利Merzia公司
MongoDB		开源的文档数据库	2007年10gen 现在MongoDB公司

A.3 案例开发流程

A.3.1 环境搭建流程

1. Linux 系统的安装、配置和使用

Hadoop运行在Linux系统下，如果是Windows操作系统需要先安装虚拟机，然后在虚拟机上安装Linux。虚拟机是在计算机中，通过软件手段，模拟出来的一个虚拟的计算机。

2. Java JDK 安装、配置

因为Hadoop是用Java语言开发的，所以需要安装JDK来编译和运行Hadoop程序。另外，Hadoop的其他组件（如Hive、Pig等）也是用Java开发的，也需要JDK来运行这些组件。

3. Hadoop 伪分布式模式安装、配置和使用

学习Hadoop一般是在伪分布式模式下进行。这种模式是在一台机器上运行Hadoop的各个节点，伪分布式的意思是虽然各个模块是在各个进程上分开运行的，但是只是运行在一个操作系统上的，并不是真正的分布式。

大数据软件安装的一般流程：下载→安装→配置文件→使用。

4. MySQL 数据库安装、配置和使用

参考网络自主探究。

5. Spark 的安装、配置和使用

参考网络自主探究。

6. 其他需要的组件

参考网络自主探究。

A.3.2 案例编程参考

1. 高校学生画像大数据平台

（1）数据采集

数据源及数据库类型如下所示：

- 学生信息数据Oracle
- 教务管理系统Oracle
- 上网身份认证系统Oracle
- 上网行为管理系统MySQL
- 图书馆管理系统Oracle
- 校园一卡通系统Oracle
- 考勤系统MySQL

（2）数据导入到数据仓库Hive

编写Shell代码交给Sqoop自动完成。

（3）数据预处理

具体可参考第3章相关知识点。

（4）数据分析

数据建模、统计分析、机器学习聚类、关联规则、*k*近邻、*k*-means等分析，具体可参考第5章相关知识点。

（5）结果输出

- 可视化：每个人的词云图、成绩分布、生源等。
- 学业预警、推荐图书。

2. 农业大数据预测平台

系统主要功能包括农产品价格数据采集、农业产品价格数据处理、农业大数据存储与管理平台、农业大数据预测分析。

（1）数据采集

从全国的农产品市场网站爬取到最新的农产品价格数据，为农业大数据平台提供数据源，便捷、高效地获取大量农产品价格数据。举例如下：

http://pfsc.agri.cn/#/indexPage全国农产品批发市场价格信息系统。

http://www.xinfadi.com.cn/index.html北京新发地农产品价格信息网。

https://www.myagric.com/农产品信息网。

https://www.cnhnb.com/nongchanpinjiage.html惠农网。

http://www.znw58.com/知农网。

（2）数据分析

利用时间序列预测算法对处理完的数据进行预测分析，从而对今后的价格走势进行有效预测，为农业生产提供科学、合理、有效的预报，并为国家在农业方面的决策制定提供依据。

（3）实现流程

①利用Python爬虫工具爬取农业网站上的农产品价格数据，并用MySQL关系型数据库进行临时存储。

②利用Sqoop数据导入导出工具，实现数据在MySQL数据库和农业大数据平台之间的数据传输。

③随着数据采集的不断进行，农产品价格数据逐渐增多，利用HDFS文件系统对采集到的数据进行分布式存储，从而克服由于某个节点出现故障，导致数据丢失的问题。

④在进行数据统计、分析时，使用Hadoop生态中的Hive数据仓库进行数据的查询等管理。

⑤农产品价格历史大数据采用Hadoop生态中的HBase分布式数据库，对文本等格式的非结构化数据进行存储。

⑥对于要进行时间序列算法预测的预测数据采用MySQL数据库进行存储。

小　　结

这部分给读者展示了对大数据编程技术深入研究的流程例子，大数据应用领域广泛，学好这门课程可以帮助读者提升数据素养、成为信息时代的引领性人才。

思考与练习

本章内容就是激发读者自己的思考与练习，请总结记录好自己的实践过程，开始自己的探究之路。

参考文献

[1] 陈明. 大数据技术概论[M]. 北京：中国铁道出版社，2019.
[2] 林子雨. 大数据导论[M]. 北京：人民邮电出版社，2020.
[3] 舍恩伯格，库克耶. 大数据时代[M]. 盛杨燕，周涛，译. 杭州：浙江人民出版社，2013.
[4] 陆汉权. 数据与计算：计算机科学基础[M]. 3版. 北京：电子工业出版社，2017.
[5] 张学工，汪小我. 模式识别：模式识别与机器学习[M]. 4版. 北京：清华大学出版社，2021.
[6] 吴泽欣. SEO教程：搜索引擎优化入门与进阶[M]. 3版. 北京：人民邮电出版社，2014.
[7] 项亮. 推荐系统实战[M]. 北京：人民邮电出版社，2012.
[8] 许春香，李发根，汪小芬，等. 现代密码学[M]. 2版. 北京：清华大学出版社，2015.
[9] 陈为，沈则潜，陶煜波，等. 数据可视化[M]. 北京：电子工业出版社，2013.
[10] 曾毅，刘成林，谭铁牛. 类脑智能研究的回顾与展望[J]. 计算机学报，2016，39(1)：212-222.
[11] 黄一鸣，雷航，李晓瑜. 量子机器学习算法综述[J]. 计算机学报，2018，41(1)：145-163.
[12] LI W G，ENAMOTO L M，LI D L，et al. New directions for artificial intelligence：human，machine，biological，and quantum intelligence[J]. Frontiers of Information Technology & Electronic Engineering，2022，23(6)：984-990.
[13] 孙哲南，赫然，王亮，等. 生物特征识别学科发展报告[J]. 中国图象图形学报，2021，26(6)：1254-1329.
[14] 王欣宇，周颖玥，李佳阳，等. 基于质量评价与特征提取网络的手指静脉识别[J]. 计算机仿真，2023，40(7)：440-446.
[15] 刘健虎，刘星，谷淼，等.基于GaitPart的跨视角步态识别方法[J/OL].太原理工大学学报，1-10[2024-05-22]. http://kns.cnki.net/kcms/detail/14.1220.N.20230615.1407.008.html.
[16] 蔡江辉，杨雨晴. 大数据分析及处理综述[J]. 太原科技大学学报，2020(12)：417-423.
[17] 张锋军. 大数据技术研究综述[J]. 通信技术，2014，47(11)：1240-1248.
[18] 张瑜，潘小明，曹均阔，等. APT攻击与防御[J]. 清华大学学报(自然科学版)，2017，57(11)：1127-1133.
[19] 冯登国，张敏，李昊. 大数据安全与隐私保护[J]. 计算机学报，2014，37(1)：246-258.
[20] 陈性元，高元照，唐慧林. 大数据安全技术研究进展[J]. 中国科学 ：信息科学，2020，50(1)：25-66.
[21] 张锋军，杨永刚，李庆华，等. 大数据安全研究综述[J]. 通信技术，2020，53(5)：1063-1076.
[22] 陈天莹，陈剑锋. 大数据环境下的智能数据脱敏系统[J]. 通信技术，2016，49(7) ：915-922.
[23] 钱文君，沈晴霓，吴鹏飞，等. 大数据计算环境下的隐私保护技术研究进展[J]. 计算机学报，2022，45(4)：669-701.
[24] 梁天恺，曾碧，陈光. 联邦学习综述：概念、技术、应用与挑战[J]. 计算机应用，2022，42(12) ：651-662.
[25] 周传鑫，孙奕，汪德刚，等. 联邦学习研究综述[J]. 网络与信息安全学报，2021，7(5)：77-92.
[26] 吴晓琴，黄文培. Hadoop安全及攻击检测方法[J]. 计算机应用，2020，40（增刊）：118-123.